U0334371

全国机械行业高等职业教育“十二五”规划教材
高等职业教育教学改革精品教材

软件工程技术

主　编　付　雯　李　响
副主编　李　林　杨友斌
参　编　肖　雪　周　静
　　　　李法平　冉小彬
主　审　刘昌明

机 械 工 业 出 版 社

软件工程技术是将计算机科学理论和现代工程方法论相结合的一门课程。本书用简单的案例描述了软件工程中软件项目开发的实际过程，涵盖了软件项目开发前期的可行性分析、需求分析、总体设计，项目开发中期的详细设计、编码和测试以及项目开发后期的维护等一系列过程，其中涉及理论、实际方法、提交的阶段性产品和文档等。此外，本书还介绍了面向对象方法学、软件项目的立项和项目管理等内容。本书力求使读者在一个较短的时间内掌握软件项目开发的基本知识和熟悉软件项目开发的基本过程，同时有效地提高实践中的动手能力。

全书分为3个部分共10章，深入介绍了软件开发的工程化思想。本书可作为我国高职高专院校软件技术专业的教材。本书既适合计算机软件专业，也适合非计算机软件专业但从事软件开发与应用的学生和技术人员学习使用，同时也可作为软件开发人员与软件项目管理人员的学习参考书。

本书配有电子课件，凡使用本书作教材的教师可登录机械工业出版社教材服务网（http://www.cmpedu.com）下载，或发送电子邮件至cmpgaozhi@sina.com索取。咨询电话：010-88379375。

图书在版编目（CIP）数据

软件工程技术/付雯，李响主编. —北京：机械工业出版社，2013.6

全国机械行业高等职业教育“十二五”规划教材　高等职业教育教学改革精品教材

ISBN 978-7-111-42679-0

Ⅰ.①软…　Ⅱ.①付…②李…　Ⅲ.①软件工程-高等职业教育-教材　Ⅳ.①TP311.5

中国版本图书馆CIP数据核字（2013）第126367号

机械工业出版社（北京市百万庄大街22号　邮政编码100037）
策划编辑：边　萌　责任编辑：边　萌
版式设计：常天培　责任校对：任秀丽
封面设计：鞠　杨　责任印制：张　楠
北京京丰印刷厂印刷
2013年7月第1版·第1次印刷
184mm×260mm·13.75印张·335千字
0 001—3 000册
标准书号：ISBN 978-7-111-42679-0
定价：28.00元

凡购本书，如有缺页、倒页、脱页，由本社发行部调换

电话服务	网络服务
社服务中心：(010)88361066	教材网：http://www.cmpedu.com
销售一部：(010)68326294	机工官网：http://www.cmpbook.com
销售二部：(010)88379649	机工官博：http://weibo.com/cmp1952
读者购书热线：(010)88379203	**封面无防伪标均为盗版**

前　言

高等职业教育的目标是培养具有一定理论基础、专业知识水平和有较强实践操作技能的技术应用型人才。高等职业教育院校需要紧跟时代脚步，为学生提供一个好的平台，为学生跨入社会提供一个较高的起点。为适合社会发展的需要，需要有针对性地开设一些专业对接课程，因此，在计算机软件专业开设了软件工程基础理论课程，为学生提供一个良好的学习软件项目开发的基础环境，让学生学习到软件项目开发的正确技术方法。

软件工程的概念提出至今已有40多年，在这40多年的发展过程中，软件行业从业人员不断探索改进软件项目开发的方法，建立了一套完整的软件项目开发体系和流程，为软件项目的开发和软件维护提供了理论指导和基本原则。实践证明：用科学的方法来完成软件项目的建设工作，可以大大促进软件产品和软件行业的快速发展，同时也促进了软件工程自身的理论体系的完善和发展。

本书分为3个部分，共10章，全面叙述了软件工程的基本概念、软件工程的技术方法以及软件项目管理。书中按照软件项目开发的实际流程，详细介绍了软件项目开发各阶段中的可行性分析、需求分析、总体设计、详细设计、编码与测试和软件维护等过程，此外还介绍了面向对象方法学。本书采用学生易于接受的案例形式进行举例描述，多年的教学经验表明，该方法能够让学生更快地接受新的知识点。

本书在编写过程中力求体现自身的特点，同时又不违背软件工程发展的理论方向。本书注重理论、方法和实际应用的结合，针对软件工程中的实际问题的解决方法和思路，进行总结归纳，提出新的观点。全书结构符合应用型人才培养的规律和软件工程的学科特点，概念清晰、逻辑严谨、内容详实、通俗易懂。

本书可作为我国高职高专院校软件技术专业的教材，既适合计算机软件专业，也适合非计算机软件专业但从事软件开发与应用的学生和技术人员学习使用，同时也可作为软件开发人员与软件项目管理人员的学习参考书。

本书由付雯、李响任主编，李林、杨友斌任副主编，参编人员还有肖雪、周静、李法平、冉小彬。编写分工为：第1章由杨友斌编写，第2~4章由付雯编写，第5~6章由李响编写，第7章由李林编写，第8章由李法平编写，第9章由肖雪编写，第10章由周静、冉小彬编写。刘昌明教授对本书进行了多次审核，在此表示衷心感谢。本书在编写过程中还参考和查阅了大量资料。由于软件工程技术发展迅速及编者水平有限，书中难免存在不妥和疏漏之处，恳请广大专家、读者给予指正，以使本书得到进一步修正和完善。可发邮件到电子邮箱：fuwen429@126.com。

付　雯

目　　录

前言

第1部分　软件工程的基本概念

第1章　软件工程概述 …… 2
1.1　软件的概念及其分类和特点 …… 2
1.2　软件工程的定义及内涵 …… 5
1.3　软件开发的范型要素 …… 7
1.4　软件危机 …… 8
1.5　软件工程的发展历史 …… 9
1.6　软件的生命周期 …… 10
1.7　软件生命周期的模型 …… 11
1.8　软件工程的学习目标 …… 15
1.9　课后练习 …… 15

第2部分　软件工程的技术方法

第2章　软件可行性分析 …… 18
【本章案例：学分管理系统】 …… 18
【知识导入】 …… 18
2.1　可行性分析的任务 …… 18
2.2　可行性分析的步骤 …… 30
2.3　可行性分析文档的编写 …… 31
【实战练习】 …… 33
第3章　软件需求分析 …… 34
【本章案例：图书馆图书信息管理系统】 …… 34
【知识导入】 …… 34
3.1　需求的分析原则和获取方法 …… 35
3.2　需求分析的方法 …… 38
3.3　确定需求优先级 …… 49
3.4　需求文档 …… 49
3.5　需求评审 …… 51
3.6　需求变更 …… 52
3.7　需求跟踪 …… 53
【实战练习】 …… 55
第4章　软件总体设计 …… 56
【本章案例：家政服务平台】 …… 56
【知识导入】 …… 56
4.1　设计过程 …… 57

4.2　设计原理 …… 60
4.3　面向数据流的设计方法 …… 65
【实战练习】 …… 72
第5章　软件详细设计 …… 73
【本章案例：在线考试系统】 …… 73
【知识导入】 …… 73
5.1　结构化程序设计 …… 73
5.2　详细设计的任务 …… 76
5.3　详细设计的工具 …… 76
5.4　面向数据结构的设计方法 …… 85
5.5　程序复杂程度的定量度量 …… 91
【实战练习】 …… 93
第6章　编码和测试 …… 94
【本章案例：教务管理系统】 …… 94
【知识导入】 …… 94
6.1　程序设计语言 …… 95
6.2　编码风格 …… 96
6.3　软件测试 …… 99
6.4　单元测试 …… 100
6.5　集成测试 …… 104
6.6　确认测试 …… 108
【实战练习】 …… 130
第7章　软件维护 …… 131
【本章案例：网吧管理系统】 …… 131
【知识导入】 …… 131
7.1　软件维护的概念 …… 131
7.2　软件维护的方法 …… 141
【实战练习】 …… 147
第8章　面向对象的方法学 …… 148
【本章案例：通用日记账财务系统】 …… 148
【知识导入】 …… 148
8.1　面向对象的概念 …… 149
8.2　面向对象模型 …… 152
8.3　面向对象分析 …… 157
8.4　面向对象设计 …… 157
8.5　面向对象实现 …… 171
【实战练习】 …… 173

第3部分　软件项目管理

第9章　软件项目立项 …… 176
【知识导入】 …… 176
9.1　软件项目立项方法 …… 176

9.2 软件项目规模成本估算 …… 177
9.3 成本/效益分析 …… 180
9.4 制订软件项目开发计划 …… 180
9.5 软件项目立项文档 …… 181
9.6 软件项目团队的建立 …… 182
【实战练习】 …… 186
第10章 软件项目管理 …… 187
【知识导入】 …… 187
10.1 项目与项目管理 …… 187
10.2 CMMI 评估 …… 192
10.3 软件项目管理过程 …… 196
【实战练习】 …… 210
参考文献 …… 211

第 1 部分　软件工程的基本概念

学习目标

- 了解软件的概念、分类及特点。
- 了解软件危机产生的原因及表现。
- 掌握软件生命周期的概念。
- 掌握软件工程的基本概念及所包含的内容。
- 掌握软件开发模型的特征及适应范围。

第 1 章　软件工程概述

计算机技术的发展至今已有 50 多年历史，其发展成果是有目共睹的，其应用领域也从单纯的科学计算发展到了军事、经济、教育和文化等各方面，极大地推动了各行业和领域的发展，改变了人们的学习、工作及生活方式，使人类顺利地从工业社会跨入了信息社会。

计算机软件系统是信息化的重要组成部分。软件已成为一个独立的产业，推动着国民经济的发展，成为信息社会的支柱产业之一。

软件工程在软件中占据着重要地位，是一个需要创新思维的高新技术工程。软件工程用工程学的方法、技术和管理手段，将软件开发带进工程化的领域来进行探究。在 20 世纪 90 年代，软件工程取得了突飞猛进的发展，已形成一个比较完整的学科。

软件工程是指开发、使用和维护软件系统的系统化、规范化和可度量的方法和工具，包括软件需求、软件设计、程序编码、软件测试、软件维护、软件配置管理、软件工程质量管理等方面。

本章作为软件工程概述，主要介绍软件的基本概念、软件的分类及特点、软件开发范型要素、软件危机产生的原因及缓解途径和软件过程的基本活动，让读者了解软件工程的发展历史、现状及其所面临的困境。

1.1　软件的概念及其分类和特点

本节将带领大家了解什么是软件，明确软件的概念，掌握软件的特点。从理论上认真体会软件的含义以及分类和特点，是本节的首要内容。

1.1.1　软件的概念

软件（Software）是计算机程序的另一种称呼，软件一词的概念也随着计算机的发展在逐步完善。20 世纪 50 年代，人们将软件等同于程序，到了 60 年代，随着软件领域的发展，人们开始意识到文档在软件中的作用，于是有了“软件 = 程序 + 文档”这个概念。到了 70 年代，因为软件的广泛应用，软件中出现了数据。目前人们这样定义软件的概念：与计算机系统操作有关的程序、规程、规则及任何与之有关的文档和数据。软件的组成如图 1-1 所示。

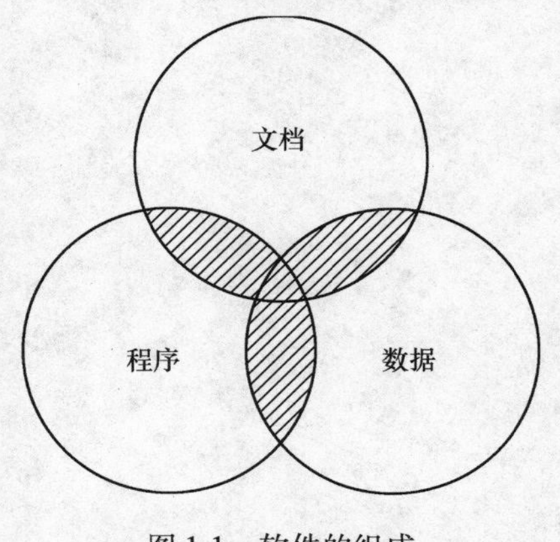

图 1-1　软件的组成

数据（Data）是计算机所处理信息的形式化表示。在计算机系统中，各种字母和数字符号的组合、语音、图形、图像等能够对事物进行直观描述的载体统称为数据。数据需经过加工后才成为信息，其本身是没有任何具体含义的，因此数据是信息的表现形式。数据可以是连续的值也可以是离散的值。数据是程序运行的基础，是具体的操作对象。

程序（Program）是按照特定的顺序组织起来的计算机数据和指令的集合。程序是用程序设计语言描述的、适合于计算机处理的语句序列，是软件开发人员根据用户需求而开发出来的。程序通过程序编译器被编译成一组由机器来执行的指令，称这组指令为机器语言程序，即最早程序诞生时人们对程序的称呼。机器语言程序通过各种指令控制计算机硬件，来完成用户对各种数据的处理并输出结果。

程序设计语言分为三类，分别是：机器语言、汇编语言和高级语言。

文档（Document）是与软件开发、运行、维护、使用及培训有关的资料，是不可被计算机执行的。文档是用来记录在软件开发活动过程中软件的具体要求和设计细节，是最具权威的软件能力和限制条件的说明，在软件运行期内使用或保障软件操作指令。文档记录了软件开发的整个活动过程和阶段成果，并具有永久性，可供人或者机器阅读。文档也用于专业人员和用户之间的通信和交流，它贯穿软件开发活动的整个过程和运行维护阶段。文档包括：软件开发计划书、需求规格说明书、设计说明书、测试分析报告和用户手册等。

1.1.2 软件的分类

计算机硬件系统和计算机软件系统伴随着计算机系统的发展而发展。硬件是指实际的物理设备，包括计算机的主机和外部设备；软件是指实现算法的程序和相关文档包括计算机本身运行所需的系统软件和用户完成特定任务所需的应用软件。

计算机软件是计算机系统的重要组成部分，是为运行、维护、管理、应用计算机所编制的所有程序和支持文档的总和。

计算机软件按照功能划分主要由系统软件、支撑软件和应用软件三大部分组成。应用软件必须在系统软件的支持下才能运行。没有系统软件，计算机无法运行；有系统软件而没有应用软件，计算机还是无法解决实际问题。支撑软件往往介于系统软件和应用软件之间，有些应用软件要运行于支撑软件之上，支撑软件则需要系统软件的支持才能良好地运行。计算机软件分类如图 1-2 所示。

1. 系统软件

系统软件是管理、监控和维护计算机资源的软件，是用来扩大计算机的功能、提高计算机的工作效率、方便用户使用计算机的软件。人们借助于软件来使用计算机，系统软件是计算机正常运行不可缺少的，一般由计算机厂家或专门的软件开发公司研制，出厂时写入 ROM 芯片或存入磁盘（供用户选购）。任何用户都要用到系统软件，其他程序都要在系统软件的支持下运行。

系统软件主要分为操作系统（软件的核心）和各种语言处理程序两大部分。

（1）操作系统　系统软件的核心是操作系统。操作系统是由指挥与管理计算机系统运行的程序模板和数据结构组成的一种大型软件系统。例如现在常用的 Windows、Linux 系统等。

（2）语言处理程序　语言处理程序包括机器语言处理程序、汇编语言处理程序和高级语言处理程序。这些语言处理程序除了个别常驻在 ROM 中可以独立运行外，其余都必须在操作系统的支持下运行。

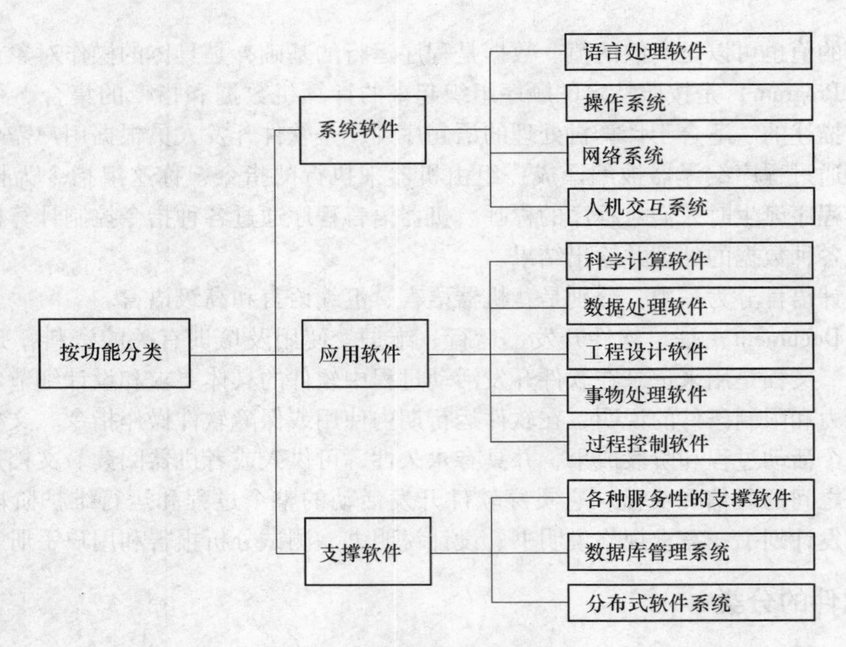

图 1-2 计算机软件分类

2. 支撑软件

支撑软件主要由各种数据库管理系统组成。数据库是以一定的组织方式存储起来的、具有相关性的数据的集合。数据库管理系统就是在具体计算机上实现数据库技术的支撑软件，由它来实现用户对数据库的建立、管理、维护和使用等功能。目前在计算机上流行的数据库管理系统有 Oracle、SQL Server、DB2、Access 等。

3. 应用软件

为解决计算机各类问题而编写的程序统称为应用软件，它又可以分为用户程序和应用软件包。

用户程序是为了解决特定的问题而开发的软件。编制用户程序应充分利用计算机系统的各种现成软件，在系统和应用软件包的支持下可以更加方便、有效地研制用户专用程序。例如：火车站的票务管理系统、人事管理部门的人事管理系统和财务部门的财务管理系统等。

应用软件包是为实现某种特定功能而精心设计的、结构严密的独立系统，是一套满足同类应用的、许多用户所需要的软件。应用软件包随着计算机应用领域的不断扩展而扩增。

应用软件按照应用领域可分为通用软件、管理软件、办公软件、网络软件等。

应用软件按应用领域分类如图 1-3 所示。

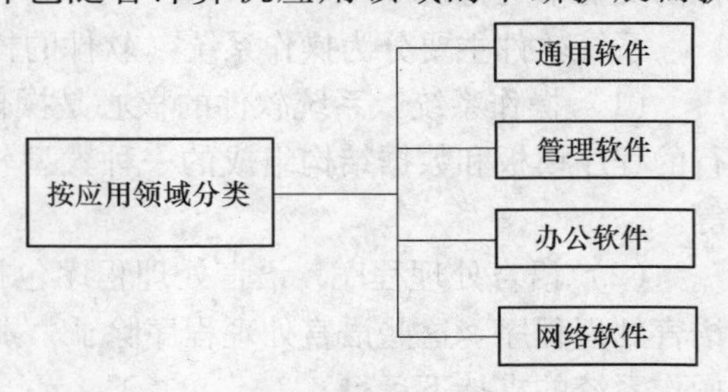

图 1-3 应用软件按应用领域分类

（1）通用软件　通用软件是向用户提供的计算机软件、信息系统，或是在提供计算机信息系统集成、应用服务等技术服务时提供的计算机软件。

（2）管理软件　管理软件包括用于事务管理的应用软件，例如财务管理软件、客户关系管理软件等。

（3）办公软件　办公软件主要用于企业或个人办公用，例如现在常用的 Microsoft 的 Office 办公软件、桌面办公系统等。

（4）网络软件　网络软件是在计算机网络环境中，用于支持数据通信和各种网络活动的软件。常用的有网站管理软件、代理服务器、各种下载工具等。

1.1.3　软件的特点

任何事物都有自己的特点，软件产品也不例外，它也有自己独有的特征，让人们更加深刻、更加准确地认识其本质。

首先，计算机系统包含了计算机硬件系统和计算机软件系统。计算机硬件是看得见摸得着的实际存在的实体物质产品，是物理产品；软件是无形的，是看不见摸不着的逻辑实体，具有抽象性，通常会用一些规则去度量它。相对硬件而言，软件具有一些特点。

（1）软件产品依赖脑力劳动　软件产品是一种复杂的智力产品，它的开发更依赖于开发人员的业务素质、智力，人员的组织以及合作和管理，是开发人员将理论与实践相结合的具体表现。软件开发成功后，能够对原版进行大量复制，产生大量软件产品。

（2）软件不会磨损和老化　硬件设备是一种有形的产品，长期的使用和磨损，会使其老化生锈，直至不能用。软件是一种无形的产品，因此不存在“磨损”的说法。软件在使用过程中出现故障，可以通过对程序的调试来解决。虽然软件不会被磨损和老化，但是它会随着事务的发展慢慢退化，而这种退化是在不断改进过程中留下的后果。

（3）软件产品的可复用性　软件产品一旦研制成功，其生产过程不像硬件设备那样有明显的生产流程，其整个生产过程就变成了复制的过程。但是，复制又引出了软件产品版权保护和打击盗版的问题，这对我国法律制度的健全和完善提出了一个新的课题。

（4）软件在使用过程中维护复杂　软件的维护大致由四部分组成，分别是①纠错性维护，即改正软件在运行期间发现的潜伏的错误；②完善性维护，即为了提高和完善软件的性能而进行的修改；③适应性维护，即对软件进行修改，以适应软硬件环境的变化；④预防性维护，即对软件未来的可维护性和可靠性进行改进。

1.2　软件工程的定义及内涵

“软件工程”的概念自 1968 年提出以来，专家们陆续提出了 100 多条关于它的准则，并总结了许多经验。但是到目前为止，对软件工程仍然没有一个统一的定义。

1968 年，在北大西洋公约组织（NATO）召开的计算机科学会议上，首次提出了“软件工程”的概念，并将其定义为“为了经济地获得可靠的和能在实际机器上高效运行的软件，而建立和使用的健全的工程规则”。

此外，对软件工程的定义还有几个具有代表性的表述。

IEEE 在软件工程术语汇编中的定义：软件工程是将系统化、规范化、可量化的方法应用于软件的开发、运行和维护，即将工程化方法应用于软件开发。

《计算机科学技术百科全书》中的定义：软件工程是应用计算机科学、数学及管理科学等原理，来开发软件的工程。

软件工程（Software Engineering，简称为 SE）是一门研究用工程化方法构建和维护有效的、实用的和高质量的软件的学科。它涉及程序设计语言、数据库、软件开发工具、系统平台、标准、设计模式等方面。

我国 2006 年国家标准 GB/T 11457—2006《软件工程术语》中将软件工程定义为“应用计算机科学理论和技术以及工程管理原则和方法，按预算和进度，实现满足用户要求的软件产品的定义、开发、发布和维护的工程或进行研究的学科”。

软件工程是一门交叉学科，需要用到管理学的原理和方法来对软件进行生产管理，用工程化的观点来对费用进行估算，制订项目开发进度和实施方案，并用数学方法来建立软件可靠性模型分析的各种算法。总之，无论人们对软件工程做怎样的定义，软件工程就是工作人员运用系统的、有效的方法展开工作，高质量地保证软件的可靠性。

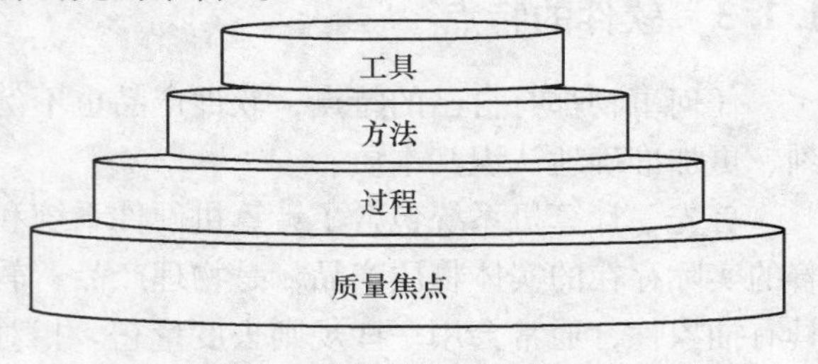

图 1-4　软件工程层次图

软件工程主要包括三要素：工具、方法和过程。软件工程层次图如图 1-4 所示。

【知识小百科】

Institute of Electrical and Electronics Engineers（IEEE）美国电气和电子工程师协会

IEEE 是在 1963 年 1 月 1 日由美国无线电工程师协会（IRE，创立于 1912 年）和美国电气工程师协会（AIEE，创立于 1884 年）合并而成。它有一个区域和技术互为补充的组织结构，以地理位置或者技术中心作为组织单位。它管理着推荐规则和执行计划的分散组织，总部在美国纽约市。IEEE 在 150 多个国家中拥有 300 多个地方分会，是世界上最大的专业技术组织之一（成员人数）。透过多元化的会员，该组织在太空、计算机、电信、生物医学、电力及消费性电子产品等领域中都是主要的权威机构。专业上它有 35 个专业学会和两个联合会。IEEE 创办和出版多种杂志、学报、书籍并每年组织 300 多次专业会议。IEEE 定义的标准在工业界有极大的影响。

IEEE 定位在科学和教育，并直接面向电子电气工程、通信、计算机工程、计算机科学理论和原理研究。

IEEE 发表了全世界电子和电气还有计算机科学领域 30% 的文献，另外它还制定了超过 900 个现行工业标准。每年它还发起或者合作举办超过 300 次国际技术会议。IEEE 由 37 个协会组成，同时还组建了相关专门技术机构，涉及多领域。IEEE 出版广泛的同级评审期刊，是主要的国际标准机构（900 个现行标准，700 个研发中标准）。

IEEE 被国际标准化组织授权为可以制定标准的组织，设有专门的标准工作委员会，有 30000 名义务工作者参与标准的研究和制定工作，每年制定和修订 800 多个技术标准。

IEEE 的标准制定内容有：电气与电子设备、试验方法、元器件、符号、定义以及测试方法等。

1.3 软件开发的范型要素

目前，在软件工程方法学中，使用最广泛的分别是结构化范型和面向对象范型。范型实际上就是对模型或者模式的总称。但是，在软件工程学科中，范型则是用来表示整个软件生产过程的总的生产技术的集合。范型的选择影响整个软件开发周期；另外不同的编程语言提倡不同的编程范型。

1.3.1 结构化范型

结构化方法（Structured Method）产生于20世纪60年代。随着结构化编程技术的不断发展，系统的实现开始变得越来越复杂，结构化范型的提出缓解了系统开发的不合理性，逐渐形成一套完整的体系。结构化范型包含结构化分析与设计、结构化编程与测试。结构化分析与设计的出现，标志着第一个软件工程方法学的引入。方法学描述整个软件开发过程的技术集合，采用结构化技术来完成软件开发的各项任务，并适当使用软件工具或软件工程环境来支持结构化技术的运用。这种范型模式即传统方法学，同时也称为生命周期方法学，它将软件的生命周期一次划分为若干个阶段，然后顺序地完成每个阶段的任务。由于采用这样的方法，使得软件开发中每个阶段相对独立、简单，便于不同人员的协同工作，降低了开发和维护的难度。因为每个阶段的连贯性，使每个阶段都能集中良好的技术和管理力量，使每个步骤都能有条不紊地进行，并保质保量完成。这种方法操作简单、成功率高，因此被广泛应用。

常见的结构化方法：

（1）Yourdon方法，即结构化分析与设计方法，适合于一般的数据处理，是一种目前较流行的软件开发方法，在实际开发中被较多用到。

（2）Jackson方法，适用于一般数据处理系统的结构化方法。

（3）Warnier方法（逻辑构造程序的方法，LCP），是一种面向数据结构的方法。

结构化方法的基本思想可以简单概括为“自顶向下、逐步求精；采用模块化技术、分而治之；模块内部由顺序、分支、循环等基本控制结构组成”。

1.3.2 面向对象范型

面向对象方法（Object-Oriented Method）自20世纪90年代提出以来得到飞速发展，并运用到各种各样的软件开发中，是目前软件方法学的主要研究方向，同时也是目前最有效、最实用和最流行的软件开发方法之一。

面向对象的范型认为客观世界中的万事万物是由各种各样的对象组成的，而对象有自己的内部状态和运动规律，不同对象之间的相互作用和联系构成了各种不同的系统，也就构成了客观世界。对象的概念反映了事物的实际存在，符合人们分析事物的本质习惯。

面向对象的方法汲取了结构化方法的优点，又结合自身的特点，采用数据抽象和信息隐蔽的技术，将问题求解看作是一个分类演绎的过程。也就是说无论对象发生什么样的变换，只要对象提供的方法始终保持不变，那么整个软件产品的其他部分就不会受到影响，不需要去了解对象的内部结构是否发生变换。这也是面向对象方法的一个优点，即可在维护阶段发挥很大作用，使软件维护更快、更容易，从而降低软件开发维护的时间和费用。

1.4 软件危机

1946年世界上第一台电子计算机的诞生，标志着人类由工业化社会进入了信息化社会，以计算机产业和计算机应用服务业为支柱的信息产业，成为了信息化社会的主要基础之一。但此时计算机软件的开发技术却远远没有跟上硬件技术的发展，使得软件开发的成本逐年剧增。更为严重的是，软件的质量和管理没有可靠的保证，软件开发的速度与计算机普及的速度不相适应，软件开发技术已经成为影响计算机系统发展的“瓶颈”。

在计算机系统发展的过程中，早期所形成的一些错误概念和做法曾严重地阻碍了计算机软件的开发，导致了20世纪60年代的软件危机。当软件危机的出现日趋严重之时，软件产业在早期的发展过程中存在的各种问题开始充分暴露，严重影响了日益成熟和壮大的信息产业的发展。

1.4.1 案例分析

[案例1] 美国银行1982年进入信托商业领域，并规划发展信托软件系统。计划原定预算2千万美元，开发时间9个月，预计于1984年12月31日以前完成。后来至1987年3月都未能完成该系统，期间已投入6千万美元。美国银行最终因为此系统不稳定而不得不选择放弃，并将340亿美元的信托账户转移出去，同时失去了6亿美元的信托生意机会。

[案例2] 世界上服役时间最长的核电站，距离伦敦90英里的塞兹韦尔核电站正式投入运行，工作人员很快发现核电站的反应堆内温度控制失灵。事后查明，在反应堆的主要保护程序中，有一个10万行代码的控制软件几乎有一半未能通过测试。

[案例3] 1996年欧洲航天局发射的阿丽亚娜5型火箭，在发射40s后，距地面约4000m时发生爆炸，发射场上2名法国士兵当场死亡。这个耗资10亿美元、历时9年、上万人参与的航天计划严重受挫，引起了国际宇航界的震惊，是世界航天史上的又一大悲剧。事故发生后，专家组的调查分析报告指明，爆炸的原因在于惯性导航系统软件中的技术要求和设计的错误。

[案例4] 我国于2008年承办奥运会，其间奥运会售票系统于2007年10月30日上午瘫痪。经专家分析，系统瘫痪的原因在于系统的架构设计上的失误。

1.4.2 软件危机产生的原因

软件危机是指：落后的软件生产方式无法满足迅速增长的计算机软件需求，从而导致软件开发与维护过程中出现一系列严重问题的现象。

（1）用户对软件需求的描述不精确。

（2）软件开发人员对用户需求的理解有偏差，这将导致软件产品与用户的需求不一致。

（3）缺乏处理大型软件项目的经验。开发大型软件项目需要组织众多人员共同完成，一般来说，多数管理人员缺乏大型软件的开发经验，而多数软件开发人员又缺乏大型软件项目的管理经验，致使各类人员的信息交流不及时、不准确，容易产生误解。

（4）开发大型软件易产生疏漏和错误。

(5) 缺乏有力的方法学的指导和有效的开发工具的支持。软件开发过多地依靠程序员的“技巧”，从而加剧了软件产品的个性化。

(6) 人们在开发软件前进行沟通是非常有必要的。只有软件开发人员与用户进行了良好的沟通，充分理解了用户的需求后才能开发出更适合用户的软件产品。但正是由于双方的沟通没有得到进一步的保障，才导致了软件开发出来后出现的各种各样的问题。

1.4.3 软件危机的几种表现

(1) 人们对软件开发的成本和进度的估计常常不够准确。

(2) 用户对已完成的软件不满意的现象时有发生。

(3) 软件常常是不可维护的。

(4) 软件产品的质量往往不可靠。

(5) 软件开发生产率提高的速度远远跟不上对软件日益增长的需求，满足不了社会发展的需要。

1.4.4 解决软件危机的途径

人们已经越来越清晰地认识到软件危机对计算机的发展所带来的阻碍作用，因此，采取必要的途径和措施来解决软件危机显得越来越重要。

(1) 加强软件开发过程的管理，做到组织有序，各类人员协同配合，共同保证工程项目的完成，避免软件开发过程中个人单干的现象。

(2) 推广使用开发软件的成功技术和方法，并且不断探索更好的技术和方法，消除一些错误的概念和做法。

(3) 开发和使用好的软件工具，支持软件开发的全过程。

计算机软件专家们经过多年的研究，采用现代工程的原理和技术进行软件的开发、管理、维护、预测和更新，开创了计算机科学技术的一个新的研究领域——软件工程技术。严格遵循软件工程技术的原理、采用软件工程技术的工具和方法，可以有效地避免软件危机现象的不断延伸。

1.5 软件工程的发展历史

自20世纪40年代世界上产生了第一台计算机开始，就出现了程序，逐渐地出现了软件。60多年来，计算机的发展经历了四个阶段，软件的发展与其是相匹配的，也经历了四个阶段。

第一阶段：20世纪50年代到60年代中期。这个时期硬件已经进入通用化阶段，软件的生产仍处于个体化状态。软件的开发还没进入系统化，对程序员的工作就带来了巨大的麻烦和挑战。由于程序员在工作过程中没有系统的方法，就导致编程的随意性很大。一个人写的程序，另一个人很难读懂，更谈不上理解和对程序进行后期的维护了，于是在这个阶段就出现了“软件危机”。

第二阶段：20世纪60年代中期到70年代初期。由于人们对软件应用的需求越来越大，单个程序员开发的程序已经不能满足用户需求，于是软件开发开始步入作坊式的生产方式，即出现了“软件车间”。但是“软件车间”的开发模式缺乏系统的经营和管理方法，缺乏有力的方法学和工具的支持，过分依赖开发人员在开发过程中的技巧和创造性思维，导致软件产品的个性化进程加快，产品的不成熟开始日渐暴露。到 20 世纪 60 年代末，“软件危机”变得十分严重。

第三阶段：20 世纪 70 年代中期到 20 世纪 80 年代末期。软件开发进入了产业化生产阶段，在此期间出现了众多大型的“软件公司”。人们汲取过去项目中的得失，总结经验，逐渐建立起一套实用、科学的软件开发的方法。渐渐地，软件开发工作开始采用这种方法，突出了“工程”这一理念，使得软件产品的质量得到很大程度的提高。

第四阶段：20 世纪 80 年代末期至今。这是一个软件产业大发展的时期，同时也是软件工程大发展的时期。人们开始采用面向对象的技术和可视化的集成开发环境，一系列以软件的产品化、系列化、工程化及标准化为特征的软件生产技术迅速发展，有力推动了软件工程学的发展，软件产业正走向欣欣向荣的明天。软件工程发展阶段如图 1-5 所示。

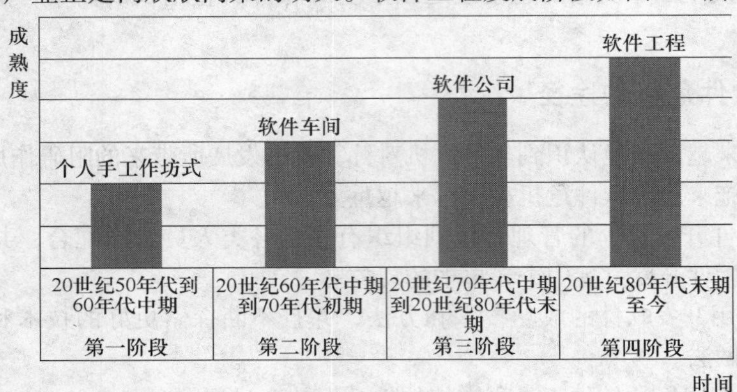

图 1-5　软件工程发展阶段

软件产业的发展是符合自然发展规律的，是必然的。它推动了人类思维的进步，其发展始终是理论的不断创新和实践的不断深入的体现。

1.6　软件的生命周期

任何事物都有其生存过程，软件也是一样，从孕育、诞生、成长、成熟、衰亡，要经历一个完整的生命周期。作为一种工业化产品，软件产品的生命周期是指从对该产品的最初构想到软件需求的确定、软件设计、软件实现、软件测试以及最后产品投入使用后的维护这一系列过程。软件在生命周期的每个阶段，都要持续一定的时间，最后都有自己阶段性的成果。这是组成一个完整的软件项目的必要因素，这个周期划分为六个阶段。

1. 可行性分析阶段

本阶段的任务是要解决在成本和时间都有很大限制的情况下，是否能够顺利解决问题，是否值得去做。在本阶段必须：确定待开发软件系统的总体目标，确定其功能、性能、约束、接口以及可靠性等方面的需求；与用户进行良好的沟通，从技术、经济、法律和用户操作方面选择制定一个针对性强的可行方案；对可利用的资源进行估算，制订出开发任务的实施计划，并连同拟好的可行性分析报告一并提交相关部门审核。

2. 需求分析阶段

“做什么”是本阶段首要解决的任务。所以，开发人员必须对用户的要求进行分析，明确目标系统的功能需求和非功能需求。通过需求获取手段，建立分析模型；通过数据等信息来对目标系统的需求做进一步细化，确定系统的各种需求的具体环节，确定必须满足的用户需求；与用户沟通确认后编写出软件需求规格说明书；确认测试计划和初步用户手册，并提交管理机构进行分析评审。

3. 软件设计阶段

在本阶段里要解决的问题是“怎么做”。该阶段建立在需求分析基础之上，是软件工程的技术核心。本阶段的设计分为总体设计和详细设计。总体设计是建立在系统总体结构之上的设计；详细设计关注的是每个模块的内部细节，为后期的编程打下基础。此阶段的阶段性成果为总体设计说明书和详细设计说明书。此外还应完成对单元测试计划和集成测试计划的编写工作，然后再执行设计评审，进入下一阶段的工作。

4. 编码阶段

在编码阶段，开发人员根据设计阶段制定出来的设计方案，认真完成代码的编写工作。将前期完成的对目标系统的描述，通过算法描述转换为用某种程序设计语言实现的程序。在此阶段，开发人员必须遵循编码原则，开发出高质量的代码，这有助于后期工作的顺利开展。

5. 软件测试阶段

软件测试是保证软件质量的重要步骤，其目的是执行程序，发现并排除程序中潜伏的错误，从而保证软件产品的质量。为了尽早发现软件中存在的缺陷，必须进行有效的软件测试。在软件开发过程的各阶段，其测试点也不同，因此测试又分为单元测试、集成测试、系统测试和验收测试。软件测试是对软件规格说明、软件设计和编码的最全面也是最后的审查。

6. 软件维护和运行阶段

当软件产品交付用户后，在用户的使用过程中，该软件产品还在其生命周期中。这个阶段会持续很长时间，软件在运行过程中会出现很多问题，这些问题产生的原因来自多方面，此时便需要对软件进行修改，即软件的维护。软件的维护分为改正性维护、适应性维护、完善性维护和预防性维护四种。维护阶段工作量的大小直接与开发阶段对软件的设计有关，因此在软件开发时就应考虑到维护阶段的工作，使软件具有可维护性。

1.7 软件生命周期的模型

软件的生命周期也称软件开发模型。任何一个软件项目的开发，都需要选择一个适合它的开发模型。正确选择一个软件开发模型，能科学指导软件开发的完成，保证软件产品的质量。反之，选择了一个错误的软件开发模型，就有可能导致软件开发失败。

软件开发模型都具有以下四个特征：①对主要的开发阶段进行详细描述；②对每个阶段要完成的任务做定义；③对每个阶段的输入和输出做出统一规范；④提供一个模型，要求每个阶段的活动映射到模型框架中。

在软件技术发展的60多年时间里，出现了不同的软件开发模型，适应于不同的软件开发项目。这里简单介绍几种常见的软件开发模型。

1.7.1 瀑布模型（Waterfall Model）

瀑布模型也称线性顺序模型，在20世纪80年代之前是一种被广泛应用的软件生命周期模型。这种模型各阶段之间的组织方式像瀑布一样，逐级下落，因而得名“瀑布模型”。瀑布模型要求开发人员必须在完成前一阶段任务后，才能开始下一阶段的工作，并强调每一阶段的严格性，各阶段之间按固定顺序连接，前一阶段的输出是后一阶段的输入。它规定了软件开发各阶段的任务和应提交的成果及文档。每一阶段的任务完成后，都必须对其进行阶段性评审，才能进入下一阶段的工作。所以它是一种以文档为驱动的模型。瀑布模型如图1-6所示。

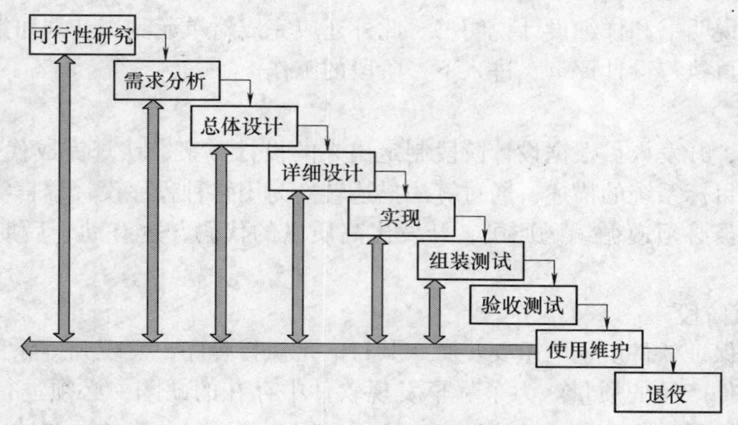

图1-6　瀑布模型

瀑布模型具有几个特点：

（1）瀑布模型是一种线性开发模型。在开发过程中，必须遵循一个阶段的活动完成后才能进入下一个阶段，各阶段之间按顺序进行过渡的原则。如果后续阶段出了问题，修复起来将是非常困难的事情，因此它的回溯性非常差。

（2）严格保证质量。在开发过程中开发人员严格按照开发流程进行工作，一个阶段结束，必须进行严格的评审，确保产品质量后才能进入下一阶段。也可以将这样的方式称为“里程碑”式，每一阶段都是一个里程碑，标志项目的进程。

（3）复审与验证。为了保证产品质量，瀑布模型还在各阶段结束时，以及各阶段的各项活动中，插入若干技术复审和验证环节，以便尽早发现问题，采取合理有效的手段规避问题，确保软件产品的质量。

瀑布模型的优点：①规范了开发人员的开发方法；②每个阶段都有阶段性的评审标准和必须提交的相关文档；③每个阶段完成后，开发人员可以直接开始后续工作，而不需要考虑前面阶段的工作。

瀑布模型的缺点：①在项目开始前要制订好项目的所有工作计划；②只有在项目生命周期结束后才能看到结果；③项目各阶段的反馈太少，导致只能依赖书面文档进行项目的开发工作。

瀑布模型一般适用于功能及性能明确、完整且变化不大的软件系统的开发。

1.7.2 原型模型（Prototype Model）

原型模型又称快速模型，是为了快速获取需求而常采用的一种方法。当开发人员根据用户提出的要求获得软件需求信息后，快速开发出一个原型模型，然后征求用户意见，进一步修改、完善，直到确认软件系统的需求达到一致认可。原型模型如图1-7所示。

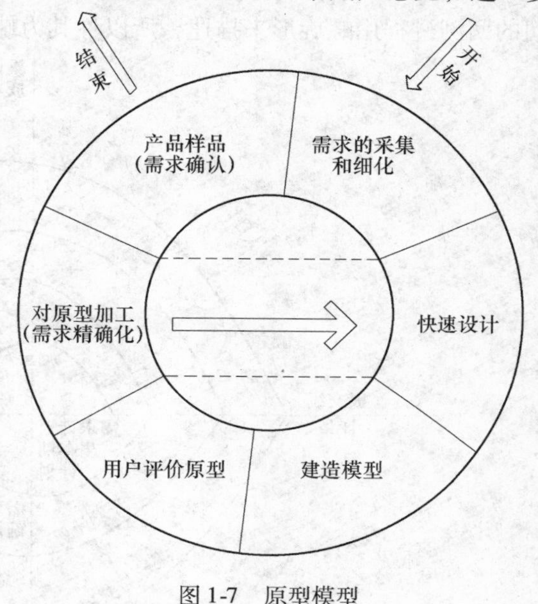

图1-7 原型模型

原型模型的特点：

（1）开发人员与用户的沟通达成一致后，可以减少设计中的错误，也使开发中的风险降低，减少项目完成后对用户的培训，从而提高系统的实用性和用户的满意程度。

（2）缩短了开发周期，降低了开发成本，加快了工程进度。

1.7.3 增量模型（Incremental Model）

增量模型也称渐增模型，它是结合了瀑布模型和原型模型的优点的一种软件构件化的递增式模型。在增量模型中软件作为一系列的增量构建来实现设计、编码、集成和测试工作。增量模型如图1-8所示。

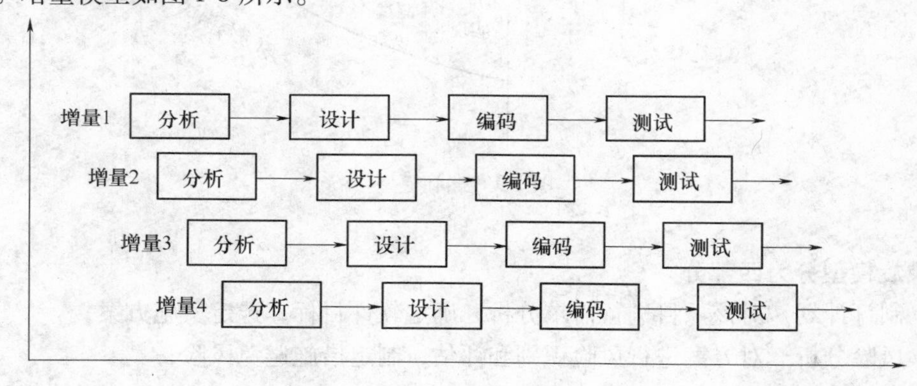

图1-8 增量模型

增量模型的特点：引入了增量包的概念，即只要其中一个需求的增量包被确认便可进行开发。虽然某个增量包可能还需要进一步适应用户的需求并且更改，但只要这个增量包足够小，其影响对整个项目来说是可以承受的。

增量模型的优点：人员分配灵活，并能够有计划地管理技术风险。

增量模型的缺点：①由于各构件是逐渐并入已有的软件体系结构中的，所以加入构件必须不破坏已构造好的系统部分，这需要软件具备开放式的体系结构；②在开发过程中，需求的变化是不可避免的；③如果增量包之间存在相交的情况且未很好处理，则必须做全盘系统分析。

1.7.4 螺旋模型（Spiral Model）

螺旋模型最早是在1988年由Barry Boehm提出来的。它结合了瀑布模型和原型模型的优点，并加入了风险分析，其目的是降低风险。因该模型将软件开发过程中一系列活动和活动间的回溯过程用螺旋形来描述，所以称其为螺旋模型。螺旋模型如图1-9所示。

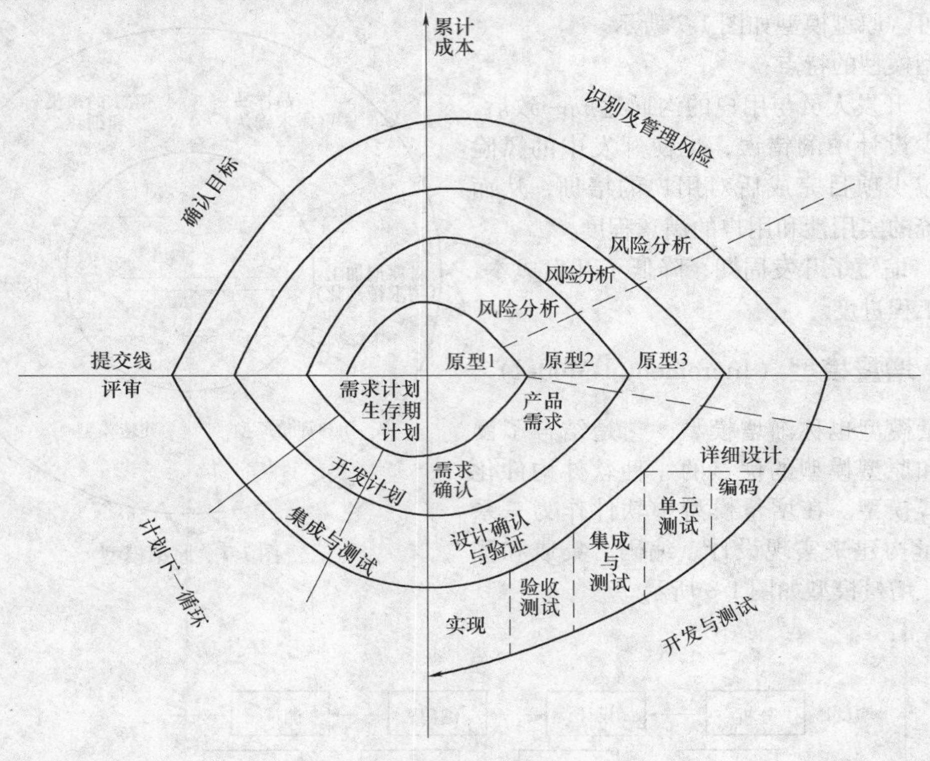

图1-9 螺旋模型

1. 螺旋模型分为四部分

（1）制订计划 对该项目进行需求分析，确定软件目标，选定实施方案；

（2）风险分析 对方案进行风险识别和评估，制定措施避免风险；

（3）实施工程 开发软件产品；

（4）用户评估 评估开发工作，提出修正建议，如果决定继续，便制订下一步计划。

2. 螺旋模型的开发步骤

（1）明确本阶段目标、备选方案的限制。

（2）对备选方案进行评估，确立风险所在，并采取应对措施解决风险。

（3）风险解决后，按照瀑布模型对项目进行阶段性的开发和测试。

（4）对下一阶段进行计划部署。

（5）进行阶段性评审。

螺旋模型的缺点：①由于风险分析在整个项目过程中所占地位较重，所以一旦风险分析过程中出现错误，将造成较大损失；②该模型适用于较大型软件，所以过大的风险管理支出将直接影响用户的最终受益，导致开发者与用户之间不易协调。

1.8 软件工程的学习目标

计算机软件工程是一门交叉性的工程学科，涉及面包含数学、计算机科学、工程学和管理学等，将这些学科的基本原理应用于软件项目的开发过程中。对于软件专业的从业人员来说，深入了解和学习软件工程是十分必要的。

本课程的内容包括：介绍软件工程的基本概念、软件危机产生的原因、软件工程的方法学和软件的生命周期以及软件过程的基本概念；讨论软件系统的可行性分析的任务和过程、系统流程图和数据流图的概念、数据字典的概念以及成本/效益分析；介绍系统需求分析的方法、与用户沟通获取需求的方法、系统分析建模的方法、软件需求规格的说明、实体关系图、数据规范化、状态转换图等；介绍软件总体设计的方法，包括设计过程、设计原理、启发规则、描绘软件结构的图形工具、面向数据流的设计方法等；论述详细设计的内容和方法，包括结构程序设计、人机界面设计、过程设计的工具、面向数据结构的设计方法、程序复杂程度的定量度量；介绍系统实现的方法，包括程序编码、软件测试基础、单元测试、集成测试、确认测试、白盒测试技术、黑盒测试技术、调试、软件可靠性等；介绍软件维护的原理和方法，包括软件维护过程、软件的可维护性、预防性维护、软件再工程过程；介绍软件项目管理的方法，包括软件规模估算、工作量估算、进度计划、人员组织、质量保证、软件配置管理、能力成熟度模型等。

通过对这些知识的学习，使学生能够独立设计和组织实现计算机应用系统，对计算机应用系统进行维护，能独立进行软件项目的设计开发工作。

1.9 课后练习

总结归纳本章谈及的软件工程中一系列过程所涉及的知识点，并回答下列问题。

1. 软件危机是怎样产生的？解决软件危机的途径主要是什么？
2. 什么是软件工程？软件开发模型各有什么特点？
3. 列举一个你所了解的软件工程实例。

第 2 部分　软件工程的技术方法

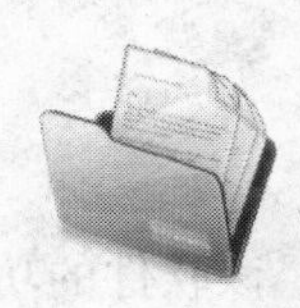

学习目标

- 了解软件开发的一系列流程。
- 了解在开发软件过程中各阶段的概念。
- 了解具体的软件开发手段和方法。
- 掌握需求分析的方法。
- 掌握具体的软件设计方法和设计理念。
- 掌握软件编码知识。
- 掌握软件测试和维护的基本方法。

第 2 章　软件可行性分析

【本章案例：学分管理系统】

“学分管理系统”是借助计算机来完成高校学生的日常管理工作的软件。该软件的功能包括考核课程安排，成绩录入，期末学分的确定、累计、查询、统计、排序和报表输出等工作。该软件可为学生考评、教研教改、全面掌握学生状况等工作提供准确及时的信息，使高校学生管理科学化、现代化和统计快速化。因此，“学分管理系统”对于各大高校的学生日常管理工作可起到至关重要的作用。

【知识导入】

当拿到一个项目时，首先要确定该项目是否可行，而项目是否可行这个问题，需要对具体的项目进行具体分析。当项目所定义的问题确定之后，是否可行这个问题有没有简单明确的答案呢？许多问题不能在预定的系统规模内解决。如果项目所定义的问题没有可行性的话，那么开发这个项目花费的任何时间、人力和经费都是无谓的浪费。可行性分析是项目开始开发之前的一个重要阶段，在任何软件系统开发之前，都要进行必要的可行性分析。所谓可行性分析就是分析员站在较全面的角度去调查研究现行系统及用户提出的项目目标，并且去寻找是否有一种手段能够在现有条件下，实际地达到项目目标，并使用户满意。同时要向用户指出该系统实现的意义，以使用户去权衡花费这样的代价去实现这样的系统是否值得。

可行性分析的目的是用最小的代价在尽可能短的时间内，确定问题是否能够解决，从而确定问题是否值得去解决。如何才能达到这个目的呢？不能靠主观的猜想，只能进行客观分析，通过采用软件工程方法学对事物的判断，来找出几种可能解决问题的办法，从而分析其利弊，最终判断原定系统的目标和规模是否现实，系统完成后所带来的效益是否大到值得投资开发这个系统。因此可行性分析实际上是进行一个大大简化了的软件分析和设计过程，也就是在较高层上，以抽象的方式进行软件分析和设计的过程。

2.1　可行性分析的任务

可行性分析的目的不是解决问题，而是确定问题是否值得去解，是否可解，准确地说是要研究解决问题的必要性和可能性。在探讨现有的具体条件下，开发新系统是否具备了必要的条件。

对于任何一个软件开发项目来说，首先要进行的就是可行性分析和研究。找出这些项目中可能会存在并且会出现的问题，比如经费、时间、人员安排上的问题，以及寻找这些问题是否会有行之有效的解决方法。否则在项目开发过程中出现这些问题时又得不到很好地解决，就会对整个项目造成不可设想的后果。所以，可行性分析是软件开发过程中的一个重要组成部分。对于可行性分析来说，解决问题的关键就是分析系统实现的可行性。如果项目可行，就该进入下一阶段的工作，即制订项目开发计划，以便安排项目负责人和调度各种资源，控制好项目开发的进度，确保在有限的条件和时间内完成项目的开发任务。

在系统分析的过程中，引入系统可行性分析的一个优点在于，可以很大程度地减少投资的损失。利用有限的人力资源和物力资源，并尽可能短的时间内对系统项目进行宏观分析和决策，一方面，为后期系统的开发指明方向（这也是项目管理和计划的前期准备），另一方面，即使决定终止项目也不会给项目建设的双方带来巨大的经济损失。一般情况，可行性分析的成本只是预期项目总成本的5% ~10%。

从可行性分析得到逻辑模型，然后从系统逻辑模型出发，探索出若干种可供选择的解决方法，并研究每一种解决方法的可行性。下面从五个角度探讨可行性分析的主要任务。

1. 经济可行性

经济可行性也叫成本/效益分析。只有当系统开发的总成本小于将来系统投入运行后产生的总收益的软件项目才值得继续开发下去。所以，经济可行性是通过对软件项目开发的成本/效益分析，来确定软件开发项目带来的经济效益是否超过研发和维护该项目所需的费用。

研究经济可行性不仅仅是为了完成用户提出的要求能否有足够的资金支持（这是目前许多分析员重点要做的事情），更主要的是把成本与获利分析清楚，也就是对经济合理性进行评价，即带来的经济效益是否超过其开发和维护所需要的费用。

经济可行性分析包括对成本的估算。一般来说，基于计算机系统的成本主要由四部分组成：

（1）软、硬件及网络环境的购置、安装及相关费用。

（2）软件系统的开发费用。

（3）系统安装、运行和维护的费用。

（4）人员培训的费用。

在可行性分析阶段只能对上述费用所构成的成本进行估算。在系统开发完毕并交付用户运行后即可统计出实际开发成本。因此，这是两个不同概念的成本。

2. 技术可行性

顾名思义，技术可行性是站在技术的角度，从技术出发，来衡量软件项目是否可行。通常情况下技术可行性很难判断，因为在这一时期待开发项目的目标、功能和性能等都非常不明确，会给后期的设计带来很大影响。通常情况下，应与用户进行良好的沟通，根据用户提出的系统功能、性能要求及实现系统的各项约束条件，从技术的角度研究实现系统的可行性。研究内容包括风险分析、资源分析和技术分析。

3. 法律可行性

法律可行性通过研究新系统的开发和使用是否会侵犯其他人的权益，是否触犯了国家的法律法规，是否违背了国家政策，是否符合社会的伦理道德等来确定。法律可行性研究的是系统可能产生的任何责任和使用妨碍，在正常的使用过程中可能会涉及的各类合同、侵权责任及各种有可能与法律相抵触的问题。

4. 操作可行性

操作可行性又称为社会可行性或运行可行性，是衡量开发系统在特定环境内是否能正常运行或运行好坏的标准。操作可行性主要研究系统的运行方式在用户的工作环境中是否可以有效地实施，是否与原有其他系统相矛盾；系统的操作规程在用户单位内是否可行，包括人事、科技政策、管理方法等。

5. 开发方案的选择

可行性分析的主要任务是对以后的行动提出建议。如果问题没有可行的解决方案，分析人员应建议停止该项目，以避免造成进一步的浪费；如果问题值得解决，则提出并评价实现系统的各种可行的开发方案，从中选择一种最佳方案并为系统制订一个初步的开发计划。

2.1.1 成本/效益分析

成本/效益分析是通过比较项目的全部成本和效益来评估项目价值的一种方法。成本/效益分析作为一种经济决策方法，将成本费用分析法运用于计划决策之中，以寻求在投资决策上如何以最小的成本获得最大的收益。

成本/效益分析法的基本原理是：针对某项支出目标，提出若干实现该目标的方案，运用一定的技术方法，计算出每种方案的成本和收益，通过比较，并依据一定的原则，选择出最优的决策方案。

投资开发新系统是要冒一定风险的。例如，系统的开发成本可能比预计的高，效益可能比预期的差。那么，怎样才能确定投资开发新系统在经济上是划算的呢？成本/效益分析从经济角度分析开发一个特定的新系统是否划算，从而帮助使用部门正确做出是否投资这项开发工程的决定。成本/效益分析首先要估算待开发系统的开发成本，然后与可能取得的效益（有形的和无形的）进行比较与权衡。其中，有形效益可用货币的时间价值、投资的回收期、纯收入等指标进行度量。无形效益主要从事件本质上和心理上进行衡量，很难进行量的比较。但是，无形效益有特殊的潜在价值，且在某些情况下会转化成有形效益。

在成本的估算方面，除了计算软件自身带来的开发成本及效益外，还应考虑到诸如：办公用品费用，通信设备及通信费用，计算机、打印机、网络设备的购买及安装成本，产品的宣传费用，资料、咨询、会务、审核及培训费，办公室内水电的消耗费用，还要考虑对该项目所要做的市场调查、可行性分析、需求分析所需要的交际费用，其他各项管理费用以及员工工资等。但是对软件成本的估算，终究只能限制在一种估算的范围内，事物会发生变化，估算的最终值也会随之发生变化。

为了降低成本和减少误差，应采用科学的管理方法来控制项目成本并对项目进行科学的管理。成本估算是软件费用管理的核心，也是软件工程管理中最困难、最易出错的问题之一。早在1974年，Wolverton就把成本估算方法分为五种，Boehm则进一步把它们分为七种，如表2-1所示。

表2-1 成本估算方法

Wolverton 成本估算法	Boehm 成本估算法	Wolverton 成本估算法	Boehm 成本估算法
自顶向下估算	自顶向下估算	标准值估算	算法模型估算
自底向上估算	自底向上估算		Parkinson
相似与差估算	类别估算		削价取胜法
比率估算	专家判断		

本书把主要的成本估算方法归并为自顶向下估算、自底向上估算和算法模型估算三类。

1. 自顶向下估算

这类方法基于软件的整体。根据被开发项目的整体特性，首先估算出总的开发成本，然后在项目内部进行成本分配。因为这类估算通常仅由少数上层（技术与管理）人员参加，所以属于“专家判断”的性质。这些专家依靠以前的经验，把将要开发的软件与过去开发过的软件进行“类比”，借以估算新的开发所需要的工作量和成本。

任何一种方法都有其优缺点，自顶向下的估算方法也存在一些不足，例如对开发中某些局部问题或特殊困难容易低估，甚至没有考虑到。如果所开发的软件缺乏可以借鉴的经验，在估算时就可能出现较大的误差。

当参加估算的专家人数较多时，可采用 Delphi 法来汇集他们的意见。Delphi 法的传统做法是：把系统定义文件或规格说明发给各位专家，各自单独进行成本估算，填入成本估算数，然后由协调人综合专家意见，摘要通知大家并开始新的一轮估算。这种估算要反复多次，直到专家们的意见接近一致为止。

2. 自底向上估算

与自顶向下估算相反，自底向上估算不是从整体开始，而是从一个个任务单元开始。其具体做法是：将开发任务分解为许多子任务，子任务又分解成子任务，直到每一个子任务单元的内容都足够明确，然后把各个任务单元的成本估算出来融合成项目的总成本。由于任务单元的成本可交给该任务的开发人员去估算，得出的结果通常比较实际。但是，在采用自底向上估算方法的时候，具体的工作人员往往只注意到自己职责范围内的工作，对综合测试、质量管理和项目管理等涉及全局的花费可能估计不足，甚至完全忽视。因此，就有可能会使成本估算偏低。

3. 算法模型估算

算法模型就是资源模型，是成本估算的一种有效工具。成本估算大约开始于 20 世纪 50 年代，但直到 20 世纪 70 年代以后，才逐步引起人们的普遍重视。由于影响软件成本的因素太多，致使软件成本估算至今仍是一门很不成熟的技术，要使用几种不同的估算技术来相互校验。下面介绍几种软件成本估算技术。

（1）代码行技术　代码行（Lines Of Code）技术是一种比较简单而且直观的软件规模估算方法，它把开发每个软件功能的成本与实现这个功能需要用的源代码行数联系起来。通常，根据经验和历史数据来估算实现一个功能需要的源代码行数。

1）代码行技术的优点：简单、方便，在经验数据可靠的情况下，可以很快且很准确地估算出代码的行数。

2）代码行技术的缺点：对功能的设计分解依赖性强，往往在项目开发初期进行估算有很大难度；无法适用于非过程语言。

3）常用的代码行计算公式

$$L = C_K E^{1/3} t_d^{4/3} \tag{2-1}$$

式中　L——源代码行数（LOC）；

E——开发与维护的工作量（人年）；

t_d——开发时间（年）；

C_K——技术状态常数，与开发环境有关。

C_K 通常取如下值：

$C_K=2000$　技术状态较差，无方法学支持，缺少文档和评审，采用批处理方式。

$C_K=8000$　技术状态一般，有适当的文档和评审，采用交互式处理方式。

$C_K=11000$　技术状态较好，有集成化的 CASE 工具和环境。

例如，本章案例“学分管理系统”中 C_K 取一般值 8000，E 为 5 人年，t_d 为 0.5 年，则“学分管理系统”的源代码行数为 $L=C_K E^{1/3} t_d^{4/3}=5412$（LOC），所以“学分管理系统”的源代码为 5412 行。

（2）功能点技术　面向功能的软件度量方法是用软件所提供的功能作为测量的依据。然而“功能”不能直接测量，所以必须通过其他的测量方式来导出。面向功能度量模型是 Allan Albrecht 首先提出的，他提出了一种称为功能点的测量方式。功能点（FP）是基于软件信息领域中可计算的（直接的）测量及软件复杂性的评估而导出的。

1）简单功能点度量：功能点 FP 的度量公式如下

$$FP = CT \cdot TCF = CT\left(0.65 + 0.01\sum_{i=1}^{14} F_i\right) \tag{2-2}$$

式中　TCF——技术复杂性调节因子，取值范围 0.65～1.35，0.65 和 0.01 表示经验数据；

$F_i(i=1，2，\cdots，14)$——复杂性调节值，F_i 所代表的因素如表 2-2 所示，每个 F_i 可根据实际情况取 0、1、2、3、4、5 中的一个值，其中：0——没有影响，1——偶然的，2——适中，3——普通，4——重要，5——极重要的影响；

CT——基本功能点，CT 值按表 2-3 来计算，它的值为 5 个参数加权值的总和。

表 2-2　F_i 取值表

i	因素	F_i	i	因素	F_i
1	需要可靠的备份和恢复吗		8	需要联机更新主文件吗	
2	需要数据通信吗		9	输入、输出、文件、查询复杂吗	
3	有分布式处理的功能吗		10	内部处理过程复杂吗	
4	性能是关键吗		11	要求代码设计可重用吗	
5	在现存实用的操作环境下运行吗		12	设计中包含转换和安装吗	
6	需要联机数据入口吗		13	系统设计支持不同组织的多次安装吗	
7	联机数据入口需要用输入信息构造复杂的界面或操作吗		14	系统设计有利于用户的修改、使用吗	

表 2-3　简单功能点的基本功能点 CT 计算

测量参数	值	加权因子			加权值
		简单	一般	复杂	
用户输入数		×3	×4	×6	
用户输出数		×4	×5	×7	
用户查询数		×3	×4	×6	

（续）

测量参数	值	加权因子			加权值
		简单	一般	复杂	
文件数		×7	×10	×15	
外部接口数		×5	×7	×10	
基本功能点 CT					

例如本章案例“学分管理系统”中用户输入数为50，用户输出数为40，用户查询数为40，文件数为20，外部接口数为5，加权因子均取一般值，TCF 取值为1，则其基本功能点为

$$CT = 50 \times 4 + 40 \times 5 + 40 \times 4 + 20 \times 10 + 5 \times 7 = 795$$

则有“学分管理系统”功能点

$$FP = CT \cdot TCF = 795 \times 1 = 795$$

2）功能点度量：功能点的度量公式如下。

①生产率（平均每人月开发功能点数 P 以“功能点/人月”为单位，E 为工作量）

$$P = FP/E \tag{2-3}$$

②平均成本 C（以“元/功能点”为单位，S 为元）

$$C = S/FP \tag{2-4}$$

③出错率 EQR（每功能点的平均错误数，以“个/功能点”为单位，N 为平均错误数）

$$EQR = N/FP \tag{2-5}$$

④软件的文档率 D（即平均每功能点的文档页数，以“页/功能点”为单位，Pd 为文档页数）

$$D = Pd/FP \tag{2-6}$$

功能点的基本功能点 CT 计算如表2-4所示。

表2-4　功能点的基本功能点 CT 计算

测量参数	值	权值	加权值
用户输入数		×4	
用户输出数		×5	
用户查询数		×4	
文件数		×7	
外部接口数		×7	
复杂算法数		×3	
基本功能点 CT			

（3）任务分解技术　任务分解技术是把软件开发过程分解为若干相对独立的任务，再分别估算每个独立开发任务的成本，最后加起来得出软件开发工程的总成本。估算每个任务

的成本时，通常先估算完成该项任务需要用的人力（以人月为单位），再乘以每人每月的平均工资而得出每个任务的成本。最常用的办法是按开发阶段来划分任务。如果软件系统相对比较复杂，由若干子系统组成，则可以把每个子系统再按开发阶段进一步划分成更小的任务。

应该针对每个开发工程的具体特点，并且参照以往的经验来估算每个阶段实际需要使用的人力，包括书写文档需要的人力。任务分解技术的具体步骤如下。

1）确定任务，即每个功能都必须经过需求分析。

2）确定每项任务的工作量，估算需要的人月数。

3）确定每个单位工作量的成本（元/人月）。生命周期每阶段的劳务费不同，需求分析找出与各项任务相对应的劳务费数据。初步设计阶段往往需要系统分析员等高级技术人员，详细设计阶段可由初级技术人员承担，而他们的工资是不同的。

4）计算各个子功能和各个阶段的成本及工作量，然后计算总成本和总工作量。

（4）COCOMO 模型　Barry Boehm 在其经典著作《软件工程经济学》中介绍了一种软件估算模型的层次体系，称为 COCOMO（Constructive Cost Model）。该模型层次又分为基本模型、中间模型和高级模型。基本 COCOMO 模型是一个静态单变量模型，它用一个已估算出来的源代码行数为自变量的（经验）函数来计算软件开发工作量。中级 COCOMO 模型则在用 LOC 为自变量的函数计算软件开发工作量（此时成为名义工作量）的基础上，再用涉及产品、硬件、人员、项目等方面属性的影响因素来调整工作量的估算。高级 COCOMO 模型包括中级 COCOMO 模型的所有特性，但用上述各种影响因素调整工作量估算时，还要考虑对软件工程中每一步（分析、设计）的影响。

（5）软件方程式　软件方程式是一个多变量模型，它假设在软件开发项目的整个生命周期中有一个特定的工作量分布。该模型是从 4000 多个当代的软件项目中收集的生产率数据中导出的。

4. 成本/效益分析中的几个概念

成本/效益分析要用到几个重要的概念，即净现值、货币的时间价值、纯收入、投资回收期、投资回收率等。下面通过一个具体的例子来介绍这些概念。

（1）净现值

1）净现值分析。净现值（Net Present Value）是指项目在生命周期内各年的净现金流量按照一定的、相同的折现率折现到初时的现值之和，直接点儿说就是直接拿到手的钱。即

$$NPV = \sum_{t=0}^{n} \frac{(CI - CO)_t}{(1+i)^t} \tag{2-7}$$

式中　$(CI-CO)_t$——第 t 年的净现金流量；

CI——现金流入；

CO——现金流出；

i——折现率。

①如果 $NPV=0$，表示正好达到了规定的基准收益率水平。

②如果 $NPV>0$，则表示除了能达到规定的基准收益率之外，还能得到超额收益，说明方案是可行的。

③如果 $NPV<0$，则表示方案达不到规定的基准收益水平，说明方案不可行。

④如果同时有多个可行的方案，且投资额相等、投资时间相同，则一般以净现值越大为越好。

为了帮助读者理解上述概念和计算公式，现假设“学分管理系统”项目有甲、乙、丙三个解决方案，投资总额均为500万元，建设期均为2年，运营期均为4年，运营期各年末净现金流入量总和为1000万元，年利率为10%，三种方案的现金流量如表2-5所示。

表2-5　三种方案的现金流量　（单位：万元）

方案	初始阶段	建设期 0	建设期 1	建设期 合计	运营期 2	运营期 3	运营期 4	运营期 5	运营期 合计
甲	年初投资额	350.0	150.0	500.0					
	年末净现金流量				150.0	200.0	250.0	400.0	1000.0
乙	年初投资额	300.0	200.0	500.0					
	年末净现金流量				100.0	200.0	300.0	400.0	1000.0
丙	年初投资额	400.0	100.0	500.0					
	年末净现金流量				200.0	250.0	250.0	300.0	1000.0

按照公式$1/(1+i)^n$计算各年度的折现系数，由各年初投资和各年末净现金流入量，按照公式$P=F/(1+i)^n$计算折现值，结果如表2-6所示。

表2-6　三种方案的折现值　（单位：万元）

方案	阶段	建设期 0	建设期 1	建设期 合计	运营期 2	运营期 3	运营期 4	运营期 5	运营期 合计
	折现系数	1	0.91		0.83	0.75	0.68	0.62	
甲	年初投资额	350.0	150.0	500.0					
	年末净现金流量				150.0	200.0	250.0	400.0	1000.0
	折现值	350.0	136.5	486.5	124.5	150.0	170.0	248.0	692.5
乙	年初投资额	300.0	200.0	500.0					
	年末净现金流量				100.0	200.0	300.0	400.0	1000.0
	折现值	300.0	182.0	482.0	83.0	150.0	204.0	248.0	685.0
丙	年初投资额	400.0	100.0	500.0					
	年末净现金流量				200.0	250.0	250.0	300.0	1000.0
	折现值	400.0	91.0	491.0	166.0	187.5	170.0	186.0	709.5

利用公式求出各种方案的净现值如下

$NPV_{甲}=(692.5-468.5)$万元$=206$万元

$NPV_{乙}=(685-482)$万元$=203$万元

$NPV_{丙}=(709.5-491)$万元$=218.5$万元

其中方案丙的净现值最大，所以是最优方案。

2）净现值率。净现值率（*NPVR*）是一个折现的绝对值指标，是投资决策评价指标中最重要的指标之一。它反映项目的净现值占原投资现值的比率，可将其理解为单位原始投资的净现值所创造的净现值。

为了考察资金的利用效率，人们通常用净现值率作为净现值的辅助指标。净现值率是项目净现值与项目投资总额现值 P 之比，是一种效率型指标，其经济含义是单位投资现值所能带来的净现值其计算公式是

$$NPVR = NPV/P = \frac{\sum_{t=0}^{n}(CI - CO)_t(1+i)^{-t}}{\sum_{t=0}^{n} I_t(1+i)^{-t}} \tag{2-8}$$

式中　I_t——第 t 年的投资额。

因为 $P>0$ 对于单一方案评价而言，若 $NPV \geqslant 0$ 则 $NPVR \geqslant 0$；若 $NPV<0$ 则 $NPV<0$。因此，净现值与净现值率是等效的评价指标。

例如，在“学分管理系统”中，各方案的净现值率如下

$$NPVR_{甲} = 206/486.5 = 42.34\%$$
$$NPVR_{乙} = 203/482 = 42.12\%$$
$$NPVR_{丙} = 218.5/491 = 44.50\%$$

例如本章案例“学分管理系统”，已知升级开发成本估算值为5000元，预计新系统投入运行后每年可以带来2500元的收入，假定新软件的生命周期（不包括开发时间）为5年，当年的年利率是12%，试对该系统的开发进行成本/效益分析。

（2）货币的时间价值　对于任何一个系统开发而言，如果投资是现在进行的，则效益是将来获得的，两者的时间不同。货币的时间价值是指同样数量的货币随时间的不同具有不同的价值。货币如果存放在银行中，每年可以按年利率升值，所以一般货币在不同时间的价值可以用年利率来折算。

设：i 表示年利率，现在存入 p 元钱，n 年后的价值为 F 元，则有

$$F = P\ (1+i)^n \tag{2-9}$$

如果 n 年后能收入 F 元这些钱折算成现在的价值成为折现值，用 P 表示折现公式为

$$P = F/\ (1+i)^n \tag{2-10}$$

根据式（2-10）对本题将来的收入折现，计算结果如表2-7所示。

表2-7　将来的收入折算成现在值

n/年	第 n 年的收入/元	$(1+i)^n$	折现值/元	累计折现值/元
1	2500	1.12	2232.14	2232.14
2	2500	1.2544	1992.98	4225.12
3	2500	1.404928	1779.45	6004.57
4	2500	1.57351936	1588.80	7593.37
5	2500	1.762341683	1418.57	9011.94

（3）纯收入　纯收入是指软件产品在整个生命周期内除掉其软件成本后可以获得的经济收益。纯收入的多少也是可以用来判断该项目是否值得投资的一个重要因素。系统的累计收入的折现值 P_T 与总成本折现值 S_T 之差，以 T 表示

$$T = P_T - S_T = (9011.94 - 5000)元 = 4011.94元$$

如果纯收入小于或等于0，则这项工程单从经济角度来看是不值得投资的。

（4）投资回收期　所谓投资回收期是指系统投入运行后累计的经济效益的折现值正好等于投资所需的时间。投资回收期越短，获得利润就越快，该项目就值得投资。本例的投资回收期为

$$2+(5000-4225.12)/1779.45=(2+0.44)\text{年}=2.44\text{年}$$

投资回收期分为静态投资回收期和动态投资回收期两种方式。

1）静态投资回收期　如果投资在建设期 m 年内分期投入，t 年的投资为 P_t，t 年的净现金收入为 $(CI-CO)_t$，则能够使下面公式成立的 T 即为静态投资回收期，有

$$\sum_{t=0}^{m} P_t = \sum_{t=0}^{T} (CI - CO)_t \tag{2-11}$$

静态投资回收期的使用公式为

T = 累计净现金流量开始出现正值的年份数 − 1 + | 上年累计净现金流量 | / 当年净现金流量

例如，在“学分管理系统”中：

①甲方案的静态投资回收期为(4−1)+|−150|/250=3.6年。

②乙方案的静态投资回收期为(4−1)+|−200|/300=3.67年。

③丙方案的静态投资回收期为(4−1)+|−50|/250=3.2年。

2）动态投资回收期　如果考虑资金的时间价值，则动态投资回收期 T_p 的计算公式，应满足

$$\sum_{t=0}^{T_p} \frac{(CI - CO)_t}{(1+i)^t} = 0 \tag{2-12}$$

计算动态投资回收期的实用公式为

T_p = 累计折现值开始出现正值的年份数 − 1 + | 上年累计折现值 | / 当年折现值

例如“学分管理系统”中：

①甲方案的动态投资回收期为(5−1)+|−42|/248=4.17年。

②乙方案的动态投资回收期为(5−1)+|−45|/248=4.18年。

③丙方案的动态投资回收期为(5−1)+|−137.5|/170=4.81年。

（5）投资回收率　投资回收率表示该投资收回成本的速度，可以用来衡量投资效益的大小。在衡量项目的经济效益时，它将是一个最重要的参考数据。假设把资金投入到项目中与把资金存入银行比较，投入到项目中可获得的年利率就称为项目的投资回收率。设 P 为现在的投资额，F_i 是第 i 年到年底一年的收益（$i=1, 2, \cdots, n$），n 是系统的寿命，j 是投资回收率，则 j 满足方程

$$P = F_1(1+j)^{-1} + F_2(1+j)^{-2} + \cdots\cdots + F_n(1+j)^{-n} \tag{2-13}$$

解这个方程就可以得到投资回收率 j。本题的投资回收率为41.04%，而直接把资金存入银行的投资回收率就是年利率12%。所以，如果仅考虑经济效益，只有项目的投资回收率大于年利率时，才考虑开发问题。

通常从下面两个角度来考虑投资回收率问题。

1）投资回收率　投资回收率反映企业的获利能力，其计算公式为

投资回收率 =（1/动态投资回收期）×100%

例如在“学分管理系统”中：

①甲方案的投资回收率为(1/4.17)×100%=23.98%。

②乙方案的投资回收率为(685/482)×100%=142.12%。

③丙方案的投资回收率为(709.5/491)×100%=144.50%。

2）投资收益率　投资收益率又称为投资利润率，是指投资收益占投资成本的比率。投资收益率反映投资的收益能力，其计算公式为

投资收益率=（投资收益/投资成本）×100%

当投资收益率明显低于企业净资产收益率时，说明其投资是失败的，应改善投资结构和投资项目；而当投资收益率远高于一般企业净资产收益率时，则存在操纵利润的嫌疑，应进一步分析各项收益的合理性。

例如在“学分管理系统”中：

①甲方案的投资收益率为(692.5/486.5)×100%=142.34%。

②乙方案的投资收益率为(685/482)×100%=142.12%。

③丙方案的投资收益率为(709.5/491)×100%=144.50%。

从这个结果可以看出，投资收益率与净现值率的关系

投资收益率=净现值率+100%

因此，有时也把投资收益率称为现值指数。

需要指出的是，除了考虑上述因素外，还要考虑系统可能带来的社会效益，如能降低难度、提高服务质量等。这样的系统虽然直接经济效益不是很明显，但是有明显的社会效益，也是可以决策开发的。

2.1.2　技术可行性分析

技术可行性是根据用户提出的对系统功能、性能的要求及实现系统各项指标的约束条件，站在技术的角度来看该项目是否可行，是整个可行性分析的关键内容。由于系统分析和定义过程与系统技术可行性评估过程同时进行，该系统的功能、性能以及目标的不确定性都会给技术可行性论证带来许多困难。因此，技术可行性分析在整个系统开发的过程中难度是非常大的。

技术可行性分析主要包括如下内容。

(1) 风险分析　风险分析的任务是分析出在给定的条件下，采用不成熟的技术可能会给项目造成的技术风险，人员的流动给项目带来的人员风险等。在可行性分析阶段，风险分析的目的就是要找出风险，评价其大小等级，分析是否可以有效地控制和缓解风险。

(2) 资源分析　资源分析的任务是论证是否具备系统开发所需的各类人员（管理人员和各类专业技术人员的数量和质量）、软硬件资源和工作环境等。

(3) 技术分析　技术分析的任务主要是分析现有的科学技术水平和开发能力是否支持开发的全过程，并达到系统功能和性能的目标。在系统的技术分析过程中，采集系统功能、性能等各方面的信息，分析实现系统功能、性能等所需要的技术、方法和过程，从而从技术的层面去分析可能存在的风险，以及其对成本的影响。

针对本章的案例，为了进行有效的技术可行性分析，系统分析员应采集“学分管理系统”的功能、性能、各种约束条件以及所需要的各种资源等方面的信息，进而分析系统开发可能承担的技术风险，分析实现系统功能和性能所需的各种设备、人员、技术、方法、工

具和过程，从而从技术角度分析开发系统的可行性。如果可行，应充分研究与新系统类似的其他系统的功能和性能，采用的设备、技术、方法、工具以及开发过程中成功的经验和失败的教训，以便更好地进行技术可行性分析。

另外，基于计算机系统技术进行可行性分析的有效工具便是数学建模。在进行可行性分析的时候如果能采用模型来解决问题，就更好了。建造的基于计算机操作系统的“学分管理系统”模型必须具备以下特点：

1）模型应能反映系统的动态特性，容易理解和操作，能够尽量提供真实的结果并有利于评审。

2）模型应能突出系统的有关的全部元素，能够模拟在线系统的运行结果。

3）模型设计应尽量简单、易于修改。如果系统十分复杂，则需要将模型分解为若干个具有层次模型的小模型。

技术可行性分析应明确给出技术风险分析、资源分析和技术分析的结论，这样才能让项目管理人员作出决策，来确定该项目是否值得去开发。如果该项目的技术风险过大，或者资源不能满足，或者当前的技术、方法与工具不能实现系统预期的功能和性能，项目管理人员就应及时做出撤销项目的决策。

2.1.3 法律可行性分析

法律可行性分析的是可能产生自系统开发的任何授权责任或者妨碍，即研究在系统开发过程中可能涉及的各种合同、侵权责任以及各种与法律相抵触的问题。

2.1.4 操作和维护可行性分析

对于操作和维护可行性一般可以从两个方面来考虑：一方面从技术的角度，研究是否能够给用户提供一个方便的操作运行环境；另一方面从设备的选择上来考虑，看看为了完成用户要求的功能，是否能够找到一些易于管理和维护的设备。

一般来说，可行性分析的结果可导致以下四种情况。

（1）完全可行　这是最好的一种结果。如果“学分管理系统”的各项指标经过严格的评审均达到合格标准，则可认为其是完全可行的。

（2）部分可行　部分可行的原因是多方面的，有经济、技术和后续管理与维护等各种因素。它们明确地指出在当前环境下不可能全面达到用户的要求，除非增加投资、设备或人力等，或者减缩项目的规模、降低技术难度。分析员与用户要协商，以期达成一个各方面都能满意的妥协方案，然后在这一新的方案下继续工作。

（3）不知是否可行　这主要是由于该项目所使用的技术过于先进，或分析员经验不足所致，也可能是项目内容过于特殊，其中同样包括技术、资金和人员操作等方面的因素。这是一个不定的结果。为了得到较准确的答案，可以先建立一个模型系统，在模型系统建立以后，根据建立模型系统的经验，再对整个系统重新进行问题定义、可行性分析等项工作。可以认为模型系统的建立是整个系统建立过程中的一个完整子过程。

（4）不可行　不可行的原因也是多方面的，但其中成本/效益和技术上的原因往往是最主要的。如果已经断定了某项目不可行，则尽快结束这项工作，同时要向用户提供一份说明不可行原因的可行性报告，并存档供以后参考。

2.1.5 开发方案的选择

在可行性分析阶段，系统工程师根据对项目的分析确定该项目的目标，开始研究问题的求解方案。对于大型项目而言，通常是将其分解为若干个子系统，然后精确地定义各子系统的组织与分工，以提高开发生产率和开发质量。

由于对系统的分解方法可以有多种，因此实现系统目标的方案也可以有多种。采用的方案不同，对成本、进度、技术及各种资源的要求就会不同。所开发出来的系统在功能和性能方面就会有较大差异。从另一个角度来看，当系统开发的总成本不变，系统开发各个阶段的成本分配方案的不同也会影响系统的功能和性能。

综上所述，要选择一个较好的问题解决方案，首先要对系统采用多种分解和组合方法，提出多种备选的求解方案，再根据系统的功能、性能、成本、进度，系统开发所采用的技术、风险、软硬件资源以及对开发人员的要求等，来评价每一个预选方案，并利用折中手段对预选方案进行充分论证，反复比较各种方案的成本/效益，最后选择出一个较好的解决方案。因此，折中的过程也是系统论证，进而选择并确定较好的系统开发方案的过程。

当可行性分析结束时，会有相应的可行性分析报告。可行性分析报告将作为后期系统规格说明书的一个附件。在可行性分析报告中必须对该项目做一个明确的结论。

2.2 可行性分析的步骤

可行性分析报告的产生要严格按照软件可行性分析的步骤、流程，才能确保开发出来的软件产品能够准确、全面、有效地体现其价值。通常将可行性分析分为八个步骤，如图 2-1 所示。

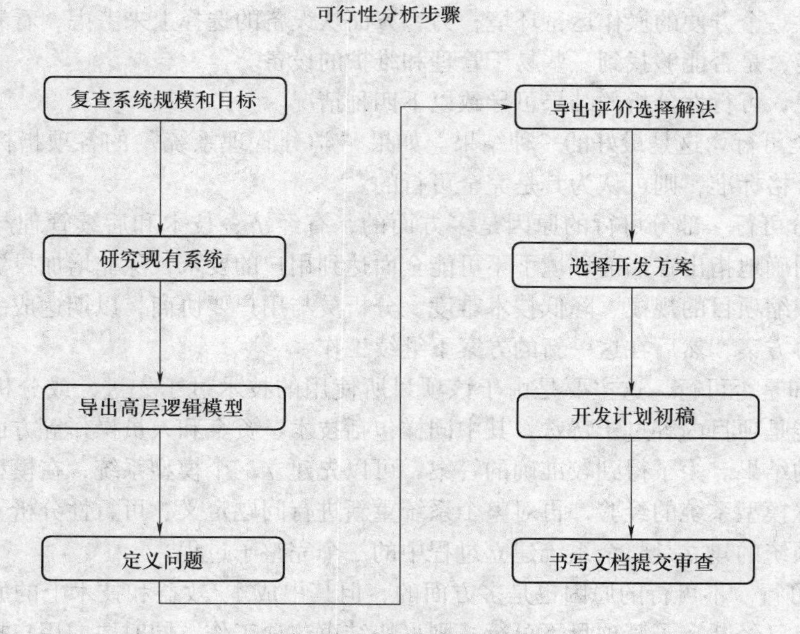

图 2-1 可行性分析步骤

（1）复查系统规模和目标　在此阶段，应有一个文档，来定义该项目最终要达到的目标，以及在完成这个目标的过程中会产生的一系列问题，并对这些问题做明确约定。分析人员要通过阅读相关材料，通过用户访谈，来进一步了解软件的性质、规模和目标，将已定义的内容加以确定，并从中找出含糊不清的内容加以更正，重新确定系统目标与规模，清晰地描述对系统的所有约束条件，修正和完善不准确的定义。

（2）研究现有的系统　研究过去使用和目前正在使用的系统，确定它们的功能以及运行成本，推出新系统必须要有的基本功能和运行成本。这一步非常关键，要求对旧系统进行全面的优缺点分析，需要用到系统流程图。对运行成本进行分析的结果，还可以作为新系统投入运行后的效益分析的参考依据。

（3）导出高层逻辑模型　通过对原系统的分析得到新系统的模型，这需要分析人员在充分了解并熟悉原系统功能的基础上，分析系统中数据的流动和处理过程，用初步的数据流图和数据字典描述出新系统的逻辑模型。

（4）定义问题　通过对系统的重新认识，导出新系统的高层次的问题定义，结合用户看法，总结看是否和用户要求吻合，对系统的理解和要求上是否有偏差，然后修正问题。

（5）导出评价选择解法　对导出的新的系统模型进行高度概括。分析员及相关工作人员应从系统的逻辑模型出发，推导出若干可行的物理解法，提供给用户做比较，参考用户的选择意见。这一阶段提出多个供选择的解决方案，并对每一个方案的经济可行性、技术可行性、运行和操作可行性等进行分析比较。如果系统分析员认为值得开发，则应指出开发的价值、推荐方案的理由，为推荐的系统草拟一份开发计划，并提交可行性分析报告等全部文档。若分析员认为不值得开发，也应拿出充分的理由。

（6）选择开发方案　根据和用户之间的沟通交流，确定项目是否可以做。如果可以做那么就继续执行；如果当前条件不满足，但是项目又必须要去完成，则该项目只有推迟，等待项目所有条件满足再做；如果不可实现，没有必要继续完成该项目，那么项目就必须立即停止，以免为后期带来不必要的损失。

（7）开发计划初稿　当有了一个开发方案后，就要开始制订一个好的开发计划。系统分析员制订的这个开发计划应说明系统建设所需要的资源 、人员和进度安排情况，这将作为立项后制订项目开发计划的基础。

（8）书写文档，提交审查　可行性分析阶段一个重要的阶段性产物就是形成可行性分析报告。在完成了可行性分析报告后应交由用户和部门负责人及评审组审查，以确定项目是否进入下一阶段。可行性分析报告将作为下一阶段开发的重要依据。

2.3　可行性分析文档的编写

可行性分析文档是可行性分析阶段的阶段性成果，是可行性分析阶段的总结。报告中应说明该项目在实施过程中技术可行性、经济可行性和社会可行性等方面的问题，合理地分析为了达到项目目标而选择的各种方案，并论证方案。可行性分析文档的主要内容如下。

（1）引言　引言要说明项目可行性分析的目的，项目的名称、背景，本文档用到的术语和参考资料。

（2）可行性分析的前提　此部分要说明待开发项目的功能、性能和基本要求，要达到的目标，各种约束条件，可行性分析的方法和决定可行性的主要因素，确定对系统的评价尺度。

（3）对现行系统的分析　如果有现行系统，说明现行系统的处理流程和数据流程、系统状态、费用支出、所需专业人员的种类和数量、所需设备、存在的问题等。

（4）方案选择　此部分要说明所选择方案的系统配置，选择方案的标准。

（5）所建议方案的技术可行性分析　此部分要详细说明对所选择的较好的方案的风险分析、资源分析、技术分析和对子系统的技术分析。

（6）经济可行性分析　从项目开发完成后所能产生的社会效益和经济效益来分析，该项目是否可行。

（7）运行、操作可行性分析　此部分要针对用户的最终使用者来分析该系统的操作性，考虑使用者的素质、能力和水平是否能够操作该系统。

（8）法律可行性分析　此部分要列出该项目的合同责任、专利权、版权等各方面的问题，以及随时会出现的、需要特别注意的法律问题。

（9）其他可供选择方案　此部分要分别说明每一个可供选择的方案，并应说明其他方案未被推荐的理由。

（10）结论意见　结论意见说明项目是否能开发，还需要什么条件才能开发以及对项目目标有何变动等。

可行性分析报告应提交项目评审小组及相关管理部门，由项目评审小组和专家对可行性分析报告进行评审并做出决策，确认该项目的可行性。

项目可行性报告评审记录如表2-8所示。

表2-8　项目可行性报告评审记录

<table>
<tr><td colspan="2">评审日期：</td><td>地点：</td><td colspan="2">主持人：</td></tr>
<tr><td rowspan="3">参加人员
（签字）</td><td>中心主任（兼技术负责人）：</td><td colspan="2">质量负责人：</td><td>授权代理人：</td></tr>
<tr><td>检测办公室主任：</td><td colspan="2">综合办公室主任：</td><td>检测仪器设备管理员：</td></tr>
<tr><td colspan="4">检测人员：</td></tr>
<tr><td>序号</td><td colspan="2">评　审　内　容</td><td colspan="2">评　审　意　见</td></tr>
<tr><td>1</td><td colspan="2">人员资格是否符合规定要求</td><td colspan="2"></td></tr>
<tr><td>2</td><td colspan="2">所需仪器设备是否满足标准或规范要求</td><td colspan="2"></td></tr>
<tr><td>3</td><td colspan="2">采用的标准或规范是否符合检测项目的要求</td><td colspan="2"></td></tr>
<tr><td>4</td><td colspan="2">环境设施是否满足需求</td><td colspan="2"></td></tr>
<tr><td>5</td><td colspan="2">必要性的分析是否明确</td><td colspan="2"></td></tr>
<tr><td>6</td><td colspan="2">项目是否符合质量管理体系文件要求</td><td colspan="2"></td></tr>
<tr><td>7</td><td colspan="2">是否编制了作业指导和各类表格</td><td colspan="2"></td></tr>
<tr><td colspan="5">评审结论意见：评审人员一致认为：

技术负责人：
记录人：</td></tr>
</table>

【实战练习】

本章案例“学分管理系统”中，对每个学生信息共设若干个字段。输入信息时，除姓名等少数字段外，一律用代码输入，这样可以大大提高输入速度。在查询、统计、打印表格时，其条件采取多级菜单方式，全部不用汉字输入，数据项用它的符号，各个数据项的内容也用相应的数字代码并分级提示在屏幕上，要求操作简单方便。

请据此写一份可行性分析报告。

第 3 章　软件需求分析

【本章案例：图书馆图书信息管理系统】

“图书馆图书信息管理系统”是借助计算机来完成图书馆日常管理工作的软件。该软件能提供借书账号注册，登录；基于图书标题、图书编号、作者、出版社的查询，也可以查询图书状态，如可借和不可借；完成借书登记、还书登记；能帮助管理人员完成图书信息的管理，如图书信息的修改、新图书的增加、旧图书的删除、图书的分类等。该软件可使图书馆的日常工作信息化、快捷化，减轻图书馆管理工作的困难。因此，“图书馆图书信息管理系统”对于图书馆的日常管理工作和信息化可起到至关重要的作用。

【知识导入】

软件需求是一个项目的开端，是整个软件项目开发的基础，即表示该软件经过可行性分析后确定有此需求，而开发该项目。因此，需求分析在整个项目建设过程中至关重要，是项目开发的基石，基石的牢固程度决定了后期项目的进展以及项目开发完工后产品质量的优劣。可以说需求分析的好坏直接影响到软件项目开发的成败。

软件需求是指用户对目标软件系统在功能、性能、行为、设计约束等方面的期望。IEEE（美国电气和电子工程师协会）是这样对需求分析做定义的：①用户解决问题或达到系统目标所需要的条件；②为满足一个协议、标准、规格或其他正式制定的文档、系统或系统构建所需满足和具有的条件或能力；③将需求要求条件进行文档化描述。这个定义全方位阐述了需求的概念，较完整地表达了软件需求的内涵和外延。需求分析就是通过对应用问题及其环境的分析与理解，采用一系列分析方法和技术将用户的需求逐步精确化、完全化、一致化，最终形成需求规格说明文档的过程。

系统分析阶段产生的系统规格说明书和项目规划是软件需求分析的基础，分析人员需要从软件的角度对其进行检查和调整，并在此基础上展开需求分析。需求分析阶段的成果主要是需求规格说明书，该成果又是软件设计、编码、测试直至维护的主要基础。因此，需求分析是系统分析和软件设计的重要桥梁，是软件生命周期的关键性阶段。良好的分析能够减少错误和遗漏，从而提高软件生产率和产品质量，并降低开发与维护成本。

要获得精确、完全、一致的软件需求是非常困难的。一方面，用户缺乏软件开发的经验，其对应用问题的理解、描述往往具有片面性、模糊性和不一致性；另一方面，软件系统分析人员通常对应用领域的问题没有透彻的理解，甚至知之甚少。这些是获得精确的软件需求的主要障碍，尤其是当问题的规模较大、较复杂时，问题的解决变得非常棘手。为了有效地进行需求分析，就必须使用系统的方法学，并采用有效的技术和工具。

需求分析阶段的主要成果有“软件需求规格说明书”和“初步用户手册”。

软件需求规格说明书在一定程度上明确了软件系统产品应该具有的相应外部行为，阐述了软件系统给予用户的可操作选项和对用户行为的反馈等。一份合格的软件需求规格说明书必须包括软件产品所遵循的规范、标准和合约，展现给用户的外部界面的具体细节，相应的非功能性需求（例如性能要求等），以及设计或实现相应功能时的约束条件及质量属性。所谓约束条件是指对开发人员在开发、实现软件产品功能时所遵循的一些特殊额外限制，如对开发语言的选择，部署平台等。质量属性从多个角度以多个指标对软件产品的特点进行量化评价和描述，从而反映软件产品的功能，方便用户更好地了解该软件产品。多角度多指标地对软件产品进行客观描述对最终用户和开发人员都很重要，通过这种描述，使双方可以在一个明确的指标上，了解软件产品的质量，从而不是空洞的表述软件产品好或不好，从而为最终交付产品提供一个重要参考。所以一个详细的软件需求规格说明书是非常必要的，它是能满足最终用户需求的软件产品开发过程的一个中间产品。

初步用户手册是为了预先使最终用户能够较为清晰地了解产品将会实现的效果，这对于解决开发后期，最终用户发现开发的产品不是自己预期的产品这种实际开发中经常遇到的问题，是一个很好的前期预防。用户通过比对初步用户手册和自己的心理预期目标，可以知道自己的预期和实际实现的产品有什么不同，同时可以马上提出自己要变更的需求，这样就可以降低编码开始后的需求变更，从而减少工作量，缩减开发时间，降低成本。在实际开发过程中经常有这种情况：由于用户对最终产品将会是什么形态不够了解，导致产品开发到一定阶段，用户发现开发的方向不符合自己的想法，提出需求变更，造成了工作量的增加，开发时间的延长，成本的提升，甚至会导致项目的失败。在实际项目开发初期，很多时候开发方无法拿出可使用的样品给用户，这时就可以通过初步用户手册，把产品预期特性展示出来，增加用户对开发方的信心。通过初步用户手册，开发方和需求方在预期产品的最终形态上达成了某种程度的一致，从而提升双方的信任和沟通，降低了开发中的需求变更，使软件开发方向更加明确，结果更加可控，使项目更容易按时成功地完成。初步用户手册是沟通开发方和最终用户的一个桥梁，对于明确实际需求，减少工作量，缩短开发时间，降低开发成本，有着极其重要的意义。

3.1 需求的分析原则和获取方法

在过去的20多年中，已经有大量的需求分析建模方法被提出。软件工程研究者已经标识了若干需求分析问题和产生这些问题的原因，并开发了一系列建模符号体系和对应的启发规则以解决这些问题。每个分析方法具有各自独特的观点，然而所有分析方法都与一组操作性原则相关联。

1. 操作性原则

（1）问题的信息域必须被表示和理解。

（2）软件将要完成的功能必须被定义。

（3）软件的行为（作为外部事件的结果）必须被表示。

（4）描述信息、功能和行为的模型必须被划分，使得可以用层次的方式解释细节。

（5）分析过程应该遵循自顶向下、逐层细化的原则。

第（1）条原则表示需要建立数据模型，第（2）条和第（3）条原则表示需要建立功能和行为模型。这三个模型构成了需求分析阶段的一组三元模型，它能为后期的软件开发创建坚实的基础。通过应用这些原则，软件开发人员可以系统地分析和处理某些关键及核心问题。信息域的正确表达使功能需求被更完整地理解；模型的使用使功能和行为的特征可通过间接的方式进行交流；大问题划分为小问题的方法可以减少问题的复杂性。

2. 指导性原则

除了上面提到的操作性原则之外，Michael Davis 还提出了一组针对需求分析的指导性原则。

（1）在开始建立分析模型前先理解问题。经常存在急于求成、甚至在问题被很好地理解前就确定需求，这往往导致构建了一个解决错误需求的软件。

（2）开发一个使用户能够了解人机交互过程的原型。因为对软件质量的感觉经常基于对界面“友好性”的感觉。

（3）记录每个需求的起源及原因，保证需求的可回溯性。

（4）使用多个需求视图。建立数据模型、功能模型和行为模型，为软件工程师提供三种不同的视图，增加识别视图不一致的能力。

（5）给需求赋予优先级。紧张的开发时间要求尽量避免一次性实现每个软件需求，应采用增量迭代的开发模型。

（6）努力删除歧义性。因为大多数需求以自然语言描述，可能存在歧义性，正式的技术评审是发现并删除歧义性的一种有效方法。

3. IEEE 关于软件需求的分类

软件需求通常是指用户对软件的功能和性能的需求，可按开发流程的层次来将需求划分为几个类别。需求分类有不同的标准，根据标准需求说明书模板 IEEE 830-1998 将软件需求分为五类。

（1）功能需求（Functional Requirement） 功能需求是最终用户所期望系统能够完成的指定的特殊活动，这些活动帮助最终用户完成相应的任务，产生对最终用户的使用价值，这是最重要的软件需求，软件系统开发工作中的主要工作就围绕此展开。

（2）性能需求（Performance Requirement） 性能需求是指软件系统或软件系统的组成部分在一定的环境条件下所具有的性能特征，如内存使用量、CPU 使用量、执行时间等。性能需求可以提升最终用户的体验效果，提升用户对开发方开发能力的评价，以及促进以后的再次合作。

（3）质量属性（Quality Attribute） 质量属性是指完成的软件系统的工作质量，即要求软件系统在一定的良好质量程度上实现功能需求。质量属性的主要指标有：可靠性程度、可维护程度。质量属性决定了软件系统的可靠性，可降低后期维护的困难度。

（4）对外接口（External Interface） 对外接口是指软件系统与环境中的其他软件系统之间建立的接口，同时也为软件系统的扩展预留空间。具体的接口包括：硬件接口、软件接口、数据库接口、功能操作接口等。对外接口对于软件系统的功能扩展有着极为重要的意义，有了相应的对外接口，可以在不改动源程序、不重新编译部署的情况下实现新的功能。

（5）约束（Constraint） 约束是指进行软件系统开发时所需要遵循的约束条件，如开发语言、硬件设施、部署平台等。约束是最终用户基于实际情况而产生的一种特殊需求，在实现功能需求时，一定要注意到约束，如果约束对开发造成障碍，则需要马上和用户进行有效沟通。

4. 需求的获取方法

需求的获取，就是进行软件系统预期需求的收集活动，通常从相关人员、相关资料和相关环境中得到软件系统开发所需要的相关信息。相关人员通常是采购方、最终用户、行业专家。在过去软件开发中，需求获取往往得不到重视，软件系统的很多功能很多时候是由开发人员决定的，最终产品与用户所期望的有较大差异。随着软件系统规模越来越大和软件系统所应用的领域越来越广泛，人们在获取明确有效的需求时面临的困难越来越多，获取明确有效的需求越来越重要，但是需求获取得却不够充分，导致了越来越多的项目失败。为此，需要采用科学的需求获取方法和技术完成项目的需求分析。

在开发一个软件系统时，最困难的不是怎么实现，而是知道有什么需要实现，或者说开发什么。为了明确开发方向，就需要与软件系统的最终用户进行不断地交流和探讨，使系统尽可能地接近最终用户的期望目标，最终产品能最大程度地满足用户的预期。软件系统的需求获取就是通过①与用户进行交流，②获取现有产品或竞争产品的描述文档，③系统需求规格说明，④当前使用系统的问题报告和改进要求，⑤观察用户的工作环境等形式，获得比较完整的最终用户需求。需求获取是一个项目开始的首要活动，是以后开展工作的重要依据。

如果前期获取的需求有错误或偏差，将会导致设计、实现和测试工作大量返工，导致项目进度严重延迟，同时开发成本大幅上升。这些浪费的资源和时间，远远大于初期仔细精确地获取最终用户明确的需求所需要的资源和时间。

需求获取的一般流程如图 3-1 所示。

(1) 需求获取，问题识别　开发方建立一个需求分析小组，小组成员从功能、性能以及运行环境等多方面来识别目标系统需要解决的问题，要满足哪些限制条件，从这个过程中完成对需求的获取。开发人员通过对现有环境的调查研究，理解当前系统的工作模型和用户对新系统的设想与要求。同时，在获取需求时，还应考虑系统的安全性、可移植性及容错能力等多方面的要求。如系统发生错误后重启系统允许的最长时间是多少等。

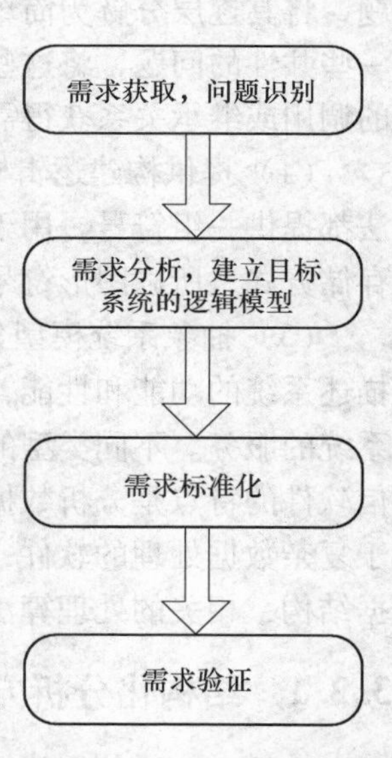

图 3-1　需求分析的步骤

(2) 需求分析　在获得需求后，开发人员便对问题进行分析抽象，并在此基础上建立高层目标系统的逻辑模型。模型是对事物高层次的抽象，通常由一些特殊符号规则组成。常用的模型图有数据流图、实体-关系图、用例图等，不同的模型从不同的角度及侧重点来描述系统。

(3) 需求标准化　将获得的需求按照一定要求进行标准化。一个完整的软件需求要求三个文档：系统定义文档（用户需求报告），系统需求文档（系统需求规格说明书），软件需求文档（软件需求规格说明书）。作为后续软件设计和测试的重要依据，需求阶段输出的文档应具有清晰性、无二义性和准确性，并要求能够全面准确地描述用户的需求。

(4) 需求验证　需求验证是对需求分析的成果进行检验的过程。要确保需求分析的正确性、一致性、完整性和有效性，从而提高开发的效率，为后续的软件开发做好准备，因此，需求验证工作非常有必要。同时，需求评审也是在这个阶段进行的。

3.2 需求分析的方法

需求分析在软件项目开发过程中起着至关重要的作用，是项目开发很关键的一步，其方法是通过使用逻辑模型和物理模型来描述软件的数据域和功能域的系统分析方法。其中，多数的方法是数据驱动的形式并提供某种数据域描述机制，分析人员根据这种描述机制确定软件的功能、性能和其他特性，建立软件的逻辑模型和物理模型。目前，有原型化方法、结构化方法以及系统动态分析等许多需求分析的方法，每种方法各采用不同的符号和具体的分析步骤，但它们仍具有以下共性。

（1）数据域分析机制　数据域具有三种属性：数据流、数据内容和数据结构。所有的分析方法都涉及数据流、数据内容或数据结构等数据域的属性并给出其表示方法。例如：通过将输入转换成输出的变换（功能）过程来描述数据流特征；用数据字典机制或通过描述数据明确表示数据内容。

（2）功能域分析机制　通常用数据变换或加工表示系统功能，使用规定的记号（如圆圈或方框）来标识每项具体功能。功能的说明可以用自然语言文本、形式化的规格说明语言或上述两种的混合方式即结构化语言来描述。

（3）问题分解机制和对抽象的支持　问题分解和抽象主要依靠分析人员在不同区间抽象层次上表示数据域和功能域，以逐步求精的方法建立分层结构来实现。对于一个复杂的问题，将其逐层分解为简单的或标准的子问题。对于一些具体的问题，可以通过分析，抽象出一些共性的问题，将这些共性问题提高层次，将那些特殊问题降低层次，然后通过层次之间的调用或继承关系获得需要的功能。

（4）提供构建逻辑模型和物理模型的图形符号　在进行需求获取的过程中，大多数方法都提供一组符号，用于描述逻辑模型和物理模型。逻辑模型因为不需要考虑具体的设备和存储方式，所以图形符号比较简单，而物理模型符号则比较丰富。

（5）抽象系统模型分析方法　系统模型是根据现实世界的问题，基于抽象模型的术语描述系统的功能和性能，以及制作软件需求规格说明而得到的，它在高层次上定义和描述了系统的服务。不同类型的应用问题具有各自的特点，需要建立不同的系统模型。例如数据通信软件的特点是分析数据的传输和控制，实现的算法简单，所以用数据流模型比较合适；对于复杂数据处理的软件，其特点是研究数据之间的关系、数据的存储和变换，一旦确定了数据结构，相关的处理算法将会简化。

3.2.1 结构化分析方法

自从 20 世纪 70 年代末结构化分析方法提出以来，该方法已得到了广泛的应用。结构化分析方法是面向数据流进行需求分析的一种方法，它使用数据流图（DFD）、数据字典（DD）等工具进行分析，是一种单纯由顶向下逐步求精的功能分解方法。分析人员首先用上下文图表（称为数据流图 DFD）表示系统的所有输入/输出，然后反复地对系统求精，每次求精都表示成一个更详细的 DFD，从而建立关于系统的一个 DFD 层次。为保存 DFD 中的这些信息，使用数据字典来存取相关的定义、结构及目的。结构化分析方法是目前实际应用较为广泛的需求工程技术，它具有较好的分别、抽象能力，为开发小组找到了一种中间语言，易于软件人员所掌握。但它离应用领域尚有一定的距离，难以直接应用，并且与软件设计也有一段不小的距离，因而为开发小组的思想交流带来了一定的困难。

1. 数据流图

数据流图是通过结构化设计方法把数据流映射成软件结构，是结构化分析方法中用于表示系统逻辑模型的一种工具。它以图形的方式描绘数据在系统中流动和处理的过程。由于它只反映系统必须完成的逻辑功能，所以它是一种功能模型。

（1）数据流图的特征

1）抽象性：在数据流图中，具体的组织机构、工作现场、物质流等都要去掉，仅剩下信息和数据的存储、流动、使用以及加工的情况，这有助于抽象地总结出信息处理的内部规律。

2）概括性：数据流图把系统对各种业务的处理过程联系起来考虑，形成一个总体，具有概括性。数据流图描述的主体是抽象出来的数据。

3）层次性：数据流图具有层次性，一个系统根据问题的复杂程度可以划分为许多层次的子图。

（2）数据流图的基本符号　数据流图中的基本图形符号如表 3-1 所示。

表 3-1　数据流图中的基本图形符号

图形符号	说　明
（矩形）	外部实体，数据输入的源头或数据输出的终点，用来表示系统与外部环境的关系。可以将接口理解为系统的服务对象即实体部分
（圆角矩形）	信息转换，表示将数据由一种形式转换成另一种形式的某种活动，数据处理框上必须有数据的流入与流出，用以描述流入处理框的数据经过处理变换成了流出的数据。一个处理可以表示一个或多个程序或一个模块，也可以是人工处理
（数据存储符号）	数据源，数据存储是保存数据的地方，它可以是一个文件、一张数据库表，也可以是文件或数据库表的一部分
→	数据流，表示数据的流向。数据必须与一个数据处理相连接，以表示数据处理在接收或发送数据的过程中给数据带来的变换。可以通过数据流将某个数据处理连接到其他的数据处理，或连接到数据存储、数据接口

1）信息转换（加工）：也称为数据处理，它对数据流进行某些操作或变换。每个加工也要有名字，通常是动词短语，简明地描述完成什么加工。在分层的数据流图中，加工需要更改编号。

2）数据源（数据存储）：指暂时保存的数据，它可以是一个文件或一张数据库表，也可以是数据库文件或任何形式的数据组织。流向数据存储的数据流可理解为写入文件或查询文件，从数据存储流出的数据可理解为从文件读数据或得到查询结果。

3）外部实体（数据源点和终点）：是软件系统外部环境中的实体（包括人员、组织或其他软件系统），也称为外部实体。它们是为了帮助理解系统界面而引入的，一般只出现在数据流图的顶层图中，表示了系统中的数据来源和去处，通常以名词或潜在的名词短语命名。

4）数据流：是数据在系统内传播的路径，由一组结构固定的数据项组成。如“图书馆图书信息管理系统”中需要用户输入用户名和密码进行登录。由于数据流是流动中的数据，所以必须有流向，即在加工之间、加工与源点终点之间、加工与数据存储之间流动。除了数据存储之间的数据流不用命名外，数据流应该用动词或潜在的动作关系命名。

有时为了增加数据流图的清晰性，防止数据流的箭头线太长，在一张图上可重复标识同名的源点/终点（如某个外部实体既是源点也是终点的情况），在方框的右下角加斜线则表示是一个实体。有时数据存储也需重复标识。

例 3-1 图 3-2 是一个简单的数据流图，它表示数据 X 从源 S 流出，经 P1 加工转换成 Y，接着经 P2 加工转换为 Z，在加工过程中从 F 读取数据。

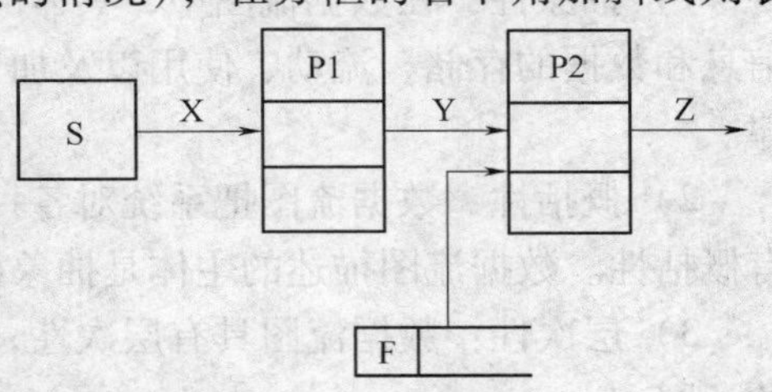

图 3-2　数据流图举例

（3）数据流之间的关系　在数据流图中，如果有两个以上的数据流入或流出某一加工，这些数据流之间往往存在一定的关系，在图 3-3 中给出所用符号及其含意。

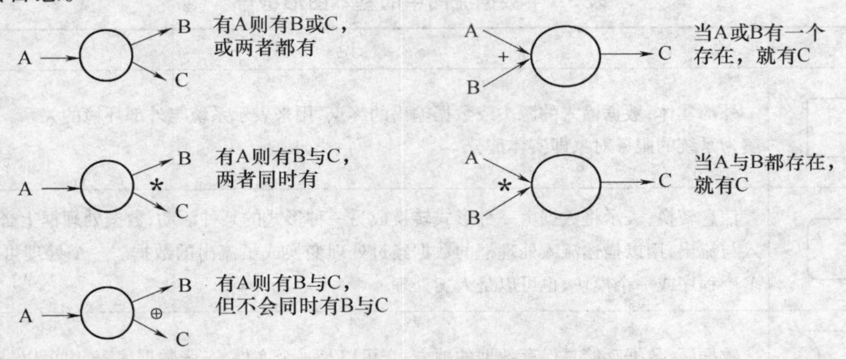

图 3-3　数据流图加工关系

（4）数据流图的用途　画数据流图的基本目的是利用它作为交流信息的工具。分析人员把对现有系统的认识或对目标系统的设想用数据流图描绘出来，供有关人员审查确认。由于数据流图通常仅使用四种基本符号，而且不包含任何有关物理实现的细节，因此，绝大多数用户可以理解和评价它。

1）数据流图的主要功能

①系统分析员利用这种工具可以自顶向下分析系统的信息流程。

②可以在图上画出需要计算机处理的部分。

③根据数据存储，进一步做数据分析，向数据库设计过渡。

④对应一个处理过程，用相应语言、判定表等工具表达处理方法。

2）数据流图的约定

①对流进或流出文件的数据流不需标注名字，因为文件本身就足以说明数据流。别的数据流则必须标出名字，名字应能反映数据流的含义。

②数据流不允许同名。

③两个数据流在结构上相同是允许的，但必须体现人们对数据流的不同理解。例如图3-4a 中的合理领料单与领料单两个数据流，它们的结构相同，但前者增加了合理性这一信息。

④两个加工之间可以有几股不同的数据流，这是由于它们的用途不同，或它们之间没有联系，或它们的流动时间不同，如图3-4b 所示。

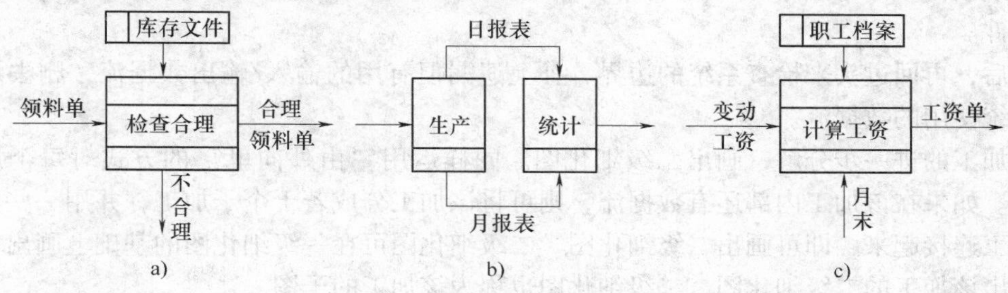

图3-4　简单数据流图举例

数据流图描述的是数据流而不是控制流。如图3-4c 中，“月末”只是为了激发加工“计算工资”，是一个控制流而不是数据流，所以应从图中删去。

（5）数据流图的优缺点

1）优点

①总体概念强，每一层都明确强调“干什么”“需要什么”“给出什么”。

②可以反映出数据的流向和处理过程。

③由于自顶向下分析，因此能较早地发现系统各部分的逻辑错误，同时也容易修改错误。

④容易与计算机处理相对应。

2）缺点

①不直观，一般都要在作业流程分析的基础上加以概括、抽象、修正后才能得到。

②如果没有计算机系统帮助，人工绘制比较麻烦，工作量大。

（6）数据流图的画法　画数据流图一般遵循“由外向里”的原则，即先确定系统的边界或范围，再考虑系统的内部，先画加工的输入和输出，再画加工的内部。即

1）识别系统的输入和输出。

2）从输入端至输出端画数据流和加工，并同时加上文件。

3）加工的分解要“由外向里”进行。

4）数据流的命名要确切，能反映整体。

5）各种符号布置要合理，分布均匀，尽量避免交叉线。

6）先考虑稳定态，后考虑瞬间态。如系统启动后在正常工作状态，稍后再考虑系统的启动和终止状态。

7）对于不同的问题，数据流图可以有不同的画法。具体实行时可按下述步骤进行。

①识别系统的输入和输出，画出顶层图。首先确定系统的边界。在系统分析初期，系统的功能需求等还不很明确，为了防止遗漏，不妨先将范围定得大一些。系统边界确定后，那

么越过边界的数据流就是系统的输入或输出，将输入与输出用加工符号连接起来，并加上输入数据来源和输出数据去向就形成了顶层图。

②画系统内部的数据流、加工与文件，画出一级细化图。从系统输入端到输出端（也可反之），逐步用数据流和加工连接起来，当数据流的组成或值发生变化时，就在该处画一个“加工”符号。

画数据流图时还应同时画上文件，以反映各种数据的存储处，并表明数据流是流入还是流出文件。

最后，再回过头来检查系统的边界，补上遗漏但有用的输入/输出数据流，删去那些没有被系统使用的数据流。

③加工的进一步分解，画出二级细化图。同样运用“由外向里”的方式对每个加工进行分解。如果在该加工内部还有数据流，则可将该加工分成若干个子加工，并用一些数据流把子加工连接起来，即可画出二级细化图。二级细化图可在一级细化图的基础上画出，也可单独画出该加工的二级细化图，二级细化图也称为该加工的子图。

④其他注意事项。一般应先给数据流命名，再根据输入/输出数据流名的含义为加工命名。名字含义要确切，要能反映相应的整体。若碰到难以命名的情况，则很可能是分解不恰当造成的，应考虑重新分解。

从左至右画数据流图。通常左侧、右侧分别是数据源和终点，中间是一系列加工和文件。正式的数据流图应尽量避免线条交叉，必要时可用重复的数据源、终点和文件符号。此外，数据流图中各种符号布置要合理，分布应均匀。

画数据流图是一项艰巨的工作，要做好重画的思想准备。重画是为了消除隐患，有必要不断改进。因为作为顶层加工处理的改变域是确定的，所以改变域的分解是严格地自顶向下分解的。由于目标系统目前还不存在，因此分解时开发人员还需凭经验进行，这是一项创造性的劳动。同时，在建立目标系统数据流图时，还应充分利用本章讲过的各种方法和技术。例如：分解时尽量减少各加工之间的数据流；数据流图中各个成分的命名要恰当；父图与子图间要注意平衡等。

当画出分层数据流图，并为数据流图中各个成分编写词典条目或加工说明后，就获得了目标系统的初步逻辑模型。

（7）画分层数据流图时应注意的问题　下面从四个方面讨论画分层数据流图时应注意的问题。

1）要合理编号。分层数据流图的顶层称为 0 层，称它是第 1 层的父图，而第 1 层既是 0 层图的子图，又是第 2 层图的父图，依此类推。由于父图中有的加工可能就是功能单元，不能再分解，因此父图拥有的子图数少于或等于父图中的加工个数。

为了便于管理，应按下列规则为数据流图中的加工编号：

①子图中的编号为父图号和子加工的编号组成。

②子图的父图号就是父图中相应加工的编号。

为简单起见，约定第 1 层图的父图号为 0，编号只写加工编号 1、2、3…，下面各层由父图号 1、1.1 等加上子加工的编号 1、2、3…组成。按上述规则，图的编号即能反映出它所属的层次以及它的父图编号的信息，还能反映子加工的处理信息。例如 1 表示第 1 层图的 1 号加工处理，1.1、1.2、1.3…表示父图为 1 号加工的子加工，1.3.1、1.3.2、1.3.3…表示父图号为1.3加工的子加工。

为了方便，对数据流图中的每个加工可以只标出局部号，但在加工说明中，必须使用完整的编号。例如图3-5可表示第1层图的1号加工的子图，编号可以简化成图中的形式。

2）注意子图与父图的平衡。子图与父图的数据流必须平衡，这是分层数据流的重要性质。这里的平衡指的是子图的输入/输出数据流必须与父图中对应加工的输入/输出数据流相同。但下列两种情况是允许的：一是子图的输入/输出流比父图中相应加工的输入/输出流表达得更细。在实际中，检查该类情况的平衡需借助于数据词典进行。二是考虑平衡时，可以忽略枝节性的数据流。

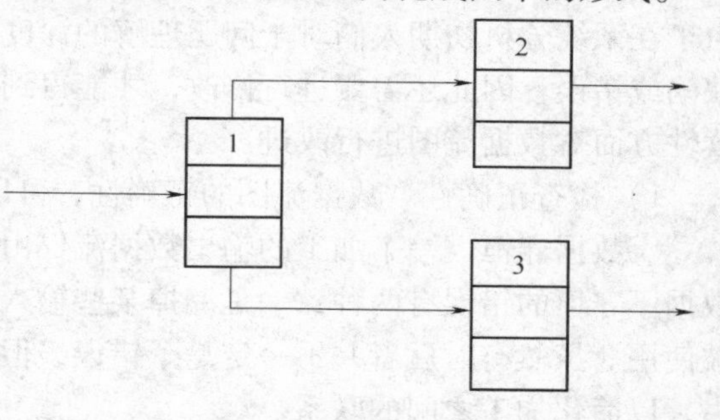

图3-5　简化子图编号示例

3）局部文件的画法。图3-6中的父图和子图是平衡的，但子图中的文件W并没在父图中出现。这是由于对文件W的读、写完全局限在加工3.3之内，在父图中各个加工之间的界面上不出现，该文件是子图的局部文件或临时文件。

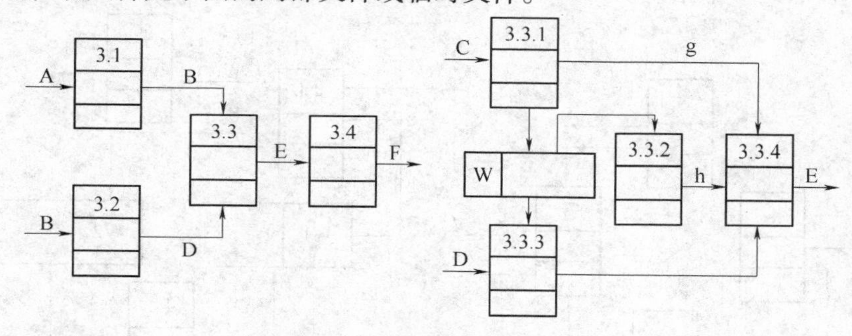

图3-6　数据流图中的局部文件

应当指出的是，如果一个局部文件在某层数据流图中的某些加工之间出现，则在该层数据流图中就必须画出这个文件。一旦文件被单独画出，那么也需画出这个文件同其他成分之间的联系。

4）分解的原则。对于规模较大的系统的分层数据流图，如果一下子把加工直接分解成基本加工单元，一张图上画出过多的加工将使人难以理解，也增加了分解的复杂度。然而如果每次分解产生的子加工太少，会使分解层次过多而增加作图的工作量，阅读也不方便。经验表明，一个加工每次分解量最多不要超过七层。同时分解时应遵循以下原则：

①分解应自然，概念上要合理、清晰。

②上层可分解得快些（即分解成的子加工个数多些），这是因为上层是综合性描述，对可读性的影响小，而下层应分解得慢些。

③在不影响可读性的前提下，应适当地多分解成几部分，以减少分解层数。

一般说来，当加工可用一页纸明确地表述时，或加工只有单一输入/输出数据流时（出错处理不包括在内），就应停止对该加工的分解。另外，对数据流图中不再作分解的加工

（即功能单元），必须作出详细的加工说明，并且每个加工说明的编号必须与功能单元的编号一致。

（8）数据流图的修改　前面介绍了画数据流图的基本方法。对于一个大型系统来说，由于在系统分析初期人们对于问题理解的深度不够，在数据流图上也不可避免地会存在某些缺陷或错误，因此还需要进行修改，才能得到完善的数据流图。这里介绍如何从正确性和可读性方面对数据流图进行改进。

1）检查正确性。数据流图的正确性，可以从以下几个方面来检查：

①数据守恒。一个加工的输出数据流仅由它的输入数据流确定，这个规则绝不能违背。数据不守恒的错误有两种，一是漏掉某些输入数据流，二是某些输入数据流在加工内部没有被使用。虽然有时后者并不一定是个错误，但也要认真考虑，对于确实无用的数据就应该删去，以简化加工之间的联系。

在检查数据流图时，应注意消除控制流。

②文件的使用。在数据流图中，文件与加工之间数据流的方向应按规定认真标注，这样也有利于对文件使用正确性的检查。例如，在图 3-7 中，因为文件 1 和文件 2 是子图的局部文件，所以在子图中应画出对文件的全部引用。但子图中文件 2 好像一个“渗井”，数据只流进不流出，显然是一个错误。

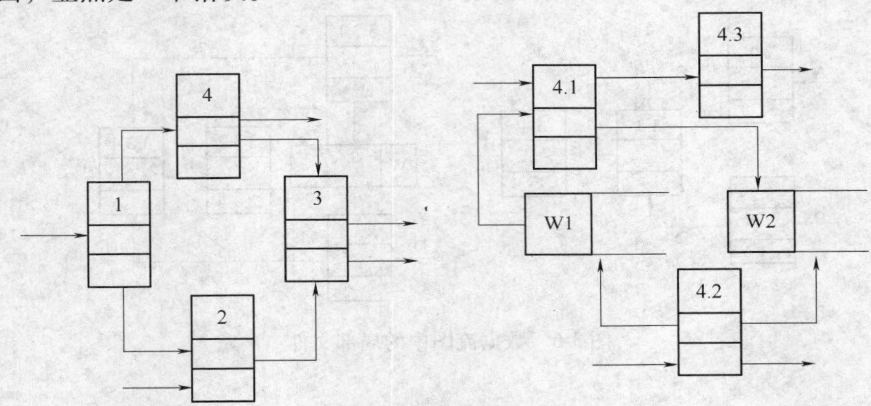

图 3-7　局部文件使用错误

③子图、父图的平衡。造成子图与父图不平衡的一个常见原因是在增加或删除一个加工时，忽视了对相应父图或子图的修改。在检查数据流图时应注意这一点。

④加工与数据流的命名。加工和数据流的名字必须体现被命名对象的全部内容而不是一部分。对于加工的名字，应检查它的含义与被加工的输入/输出数据流是否匹配。

2）提高可读性。数据流图的可读性可以从以下几个方面来提高：

①简化加工之间的联系。各加工之间的数据流越少，各加工的独立性就越高。因此应当尽量减少加工之间数据流的数目，有必要时可采用后面要介绍的步骤对数据流图重新分解。

②分解应当均匀。在同一张数据流图上，应避免出现某些加工已是功能单元，而另一些加工却还应继续分解好几层的情况出现。否则应考虑重新分解。

③命名应当恰当。理想的加工名由一个具体的动词和一个具体的宾语（名词）组成。数据流和文件的名字也应具体、明确。

3）重新分解数据流图。有时需要对作出的部分或全部数据流图作重新分解，可按以下步骤进行：

①把需要重新分解的所有子图连成一张图。

②根据各部分之间联系最少的原则，把图划分成几部分。

③重建父图，即把第①步所得的每一部分画成一个圆圈，各部分之间的联系就是加工之间的界面。

④重建各张子图，只需把第二步所得的图，按各自的边界剪开即可。

⑤为所有加工重新命名、编号。

例如，图3-8中加工2和其他加工的联系太复杂以致很难独立理解，所以其结构不太合理。因为图3-8的子图是由不相连的两部分组成的，所以将它们的父图加工分成两个更为合适。

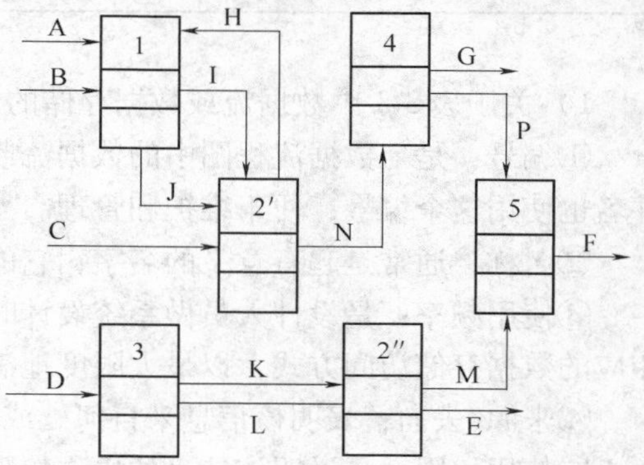

图3-8　结构不合理的数据流图

2. 数据字典

（1）数据字典的定义与组成　数据字典是描述数据流图中数据的信息的集合。数据字典对数据流图上每一个成分，包括数据项、文件（数据结构）、数据流、数据存储、加工和外部项等给以定义和说明，它主要由数据流描述、加工描述和文件描述三部分组成。

对用户来讲，数据字典为他们提供了数据的明确定义；对系统分析员来讲，数据字典帮助他们比较容易地修改已建立的系统逻辑模型。

（2）数据字典中使用的符号　数据字典定义中出现的符号如表3-2所示。

表3-2　数据字典定义中出现的符号

符　号	含　义	说　明
=	表示“定义为”	用于对“=左边”的条目进行确切的定义
+	表示“或”关系	$X=a+b$ 表示 X 由 a 和 b 共同组成
[|] [,]	表示“与”关系	$X=[a\|b]$ 与 $X=[a,b]$ 等价，表示 X 由 a 或 b 组成
( )	表示“可选项”	$X=(a)$ 表示 a 可以在 X 中出现，也可以不出现
{ }	表示“重复”	大括号的内容重复0到多次
m{ }n	表示“规定次数的重复”	重复的次数最少 m 次，最多 n 次
" "	表示“基本数据元素”	" "中的内容是基本数据元素，不可再分
..	连接符	month = 1..12 表示 month 可取 1～12 的任意值
* *	表示注释	两个星号间的内容为注释信息

表3-3给出了一个数据字典的模板，它可以与需求调研时的数据调研表结合在一起使用，以减少重复说明。

表 3-3 数据字典样板

编号： 使用频率： 使用权限：							名称： 来源/去向： 保存时间：	
名称	简称	键值	类型	长度	值域	初值	备注	其他
特别说明：								

1）关于表 3-3 中数据流或数据存储的说明。

①编号：是与数据流程图中的数据流或数据存储的编号相对应的。建议数据库表名或文件名也使用这个编号，便于维护和管理。

②名称：通常是起有意义的名字，它的内容可以作为数据库表和文件的备注项。

③使用频率：是设计人员做系统设计时参考的指标。设计人员根据数据的使用频率设计相应的数据存储访问方式，以最大限度地满足用户需求。

④来源/去向：表明该信息来自何处或送到哪里。

⑤使用权限：是说明该信息的操作权限要求。操作是指读、写、修改、删除。

⑥保存时间：是该数据要求保存的时间。

2）关于表 3-3 中数据项的说明。

①名称：是数据项的名称，使用文字描述，应反映数据项的含义。

②简称：通常是该数据项在程序中或在数据库中的名字，这是供开发人员使用的，以免开发人员随意为数据项命名而不易管理。

③键值：该栏填写该数据项是否是关键字，主关键字用符号 P 表示，外部关键字用 F 表示。如果是外部关键字还需要在备注栏上说明相关的数据流或数据存储。一个数据流或数据存储可以有多个关键字。

④类型：是该数据项的类型。通常使用符号 C 表示字符型，I 表示整型，N 表示数字型，F 表示浮点型，B 表示布尔型，D 表示日期型，T 表示时间型。除此之外，开发小组可以根据项目特点自己定义需要的其他数据类型。

⑤长度：是用数字描述的该数据项的长度，通常用 N. M 表示，N 代表整数位的长度，M 代表小数位的长度。

⑥值域：描述该数据项的取值范围。

⑦初值：是该数据项的初始值。

⑧备注：该栏中填写对该数据项需要进行特别说明的内容，在创建数据库表时，通常将这个栏目的内容放在解释栏中。

3. 实体-关系图（E-R 图）

在数据密集型应用问题中，对复杂数据及数据之间复杂关系的分析和建模将成为需求分析的重要任务。很显然，这项任务是简单的数据字典机制无法胜任的。所以，有必要在数据流分析方法中引入适合于复杂数据建模的工具：实体-关系图（E-R 图）。

（1）数据对象、属性与关系

1）数据对象：数据对象是现实世界中实体的数据表现。或者说，数据对象是现实世界中省略了功能行为的实体。数据对象包括：外部实体的数据部分；数据流的内容。

在数据流分析方法中，数据对象包括数据存储、数据流以及外部实体的数据部分。例如，在“图书馆图书信息管理系统”中，“管理员”“读者”以及“借阅者”都是数据对象。

数据对象仅仅封装了数据而不包括对作用于数据上的操作的引用，这是数据对象与面向对象范型中的“类”或“对象”的显著区别。

2）属性：数据对象由其属性刻画。通常属性包括：

①命名性属性：对数据对象的实例命名，其中必含有一个或一组关键属性，以便唯一地标识数据对象的实例。

②描述性属性：对数据对象实例的性质进行刻画。

③引用性属性：将自身与其他数据对象的实例关联起来。

一般而言，现实世界中任何给定实体都具有许多属性，分析人员应当并且只能考虑与应用问题有关的属性。例如，在汽车销售管理问题中，汽车的属性可能有：制造商、型号、标识码、车体类型、颜色和买主。

建立数据对象模型的规范化规则：确保一致性并消除冗余。

①数据对象的任何实例对每个属性必须有且仅有一个属性值。

②属性是原子数据项，不能包含内部数据结构。

③如果数据对象的关键属性多于一个，那么其他的非关键属性必须表示整个数据对象而不是部分关键属性的特征。

④所有的非关键属性必须表示整个对象而不是部分属性的特征。

3）关系：应用问题中的任何数据对象都不是孤立的，它们与其他数据对象一定存在各种形式的关联。

（2）实体-关系图

实体-关系图，简记 E-R 图，是指以实体、关系、属性三个基本概念概括数据的基本结构，从而描述静态数据结构的概念模式。

实体转换为关系模式的原则：

1）一个实体转化为一个关系模式。实体属性就是关系的属性，实体的码就是关系的码。

2）一个 1∶1 联系可以转化为一个独立的关系模式，也可以与任意一端所对应的关系合并。

3）一个 $1:n$ 联系可以转化为一个独立的关系模式，也可以与任意 n 端所对应的关系合并。

4）一个 $m:n$ 联系可以转化为一个独立的关系模式。

5）三个或三个以上实体间的多元联系可以转换为一个关系模式。

6）具有相同码的关系模式可以合并。

3.2.2 面向对象分析方法

面向对象（Object Oriented，OO）的分析方法把分析建立在系统对象以及对象间交互的基础之上，以便能以三个最基本的方法框架——对象及其属性、分类结构和集合结构来定义和沟通需求。面向对象的问题分析模型从三个侧面进行描述，即对象模型（对象的静态结构）、动态模型（对象相互作用的顺序）和功能模型（数据变换及功能依存关系）。需求工程的抽象原则、层次原则和分割原则同样适用于面向对象方法，即对象抽象与功能抽象原则是一样的，也是从高级到低级、从逻辑到物理，逐级细分。每一级抽象都重复对象建模（对象识别）——动态建模（事件识别）——功能建模（操作识别）的过程，直到每一个对象实例在物理（程序编码）上全部实现为止。

面向对象需求分析（OORA）利用一些基本概念来建立相应模型，以表达目标系统的不同侧面。尽管不同的方法所采用的具体模型不尽相同，但都无外乎用如下五个基本模型来描述软件需求。

（1）整体-部分模型　该模型描述对象（类）是如何由简单的对象（类）构成的。将一个复杂对象（类）描述成一个由交互作用的若干对象（类）构成的结构的能力，是 OO 途径的突出优点。该模型也称为聚合模型。

（2）分类模型　分类模型描述类之间的继承关系。与聚合不同，它说明的是一个类可以继承另一个或另一些类的成分，以实现类中成分的复用。

（3）类-对象模型　分析过程必须描述属于每个类的对象所具有的行为，这种行为描述的详细程度可以根据具体情况而定：既可以只说明行为的输入/输出和功能，也可以采用比较形式的途径来精确地描述其输入/输出及其相应的类型，甚至使用伪码或小说明的形式来详细刻画。

（4）对象交互模型　一个面向对象的系统模型必须描述其中对象的交互方法。对象交互是通过消息传递来实现的。事实上对象交互也可看做是对象行为之间的引用关系。因此，对象交互模型就要刻画对象之间的消息流。对应于不同的详细程度，有不同的消息流描述分析，分析人员应根据具体情况来选择。一般地，一个详细的对象交互模型能够说明对象之间的消息及其流向，并且同时说明该消息将激活的对象及行为。一个不太详细的对象交互模型可以只说明对象之间有消息，并指明其流向即可。还有一种状况就是介于此两者之间。

（5）状态模型　在状态模型中，把一个对象看作是一个有限状态机制，由一个状态到另一状态的转变称作状态转换。状态模型将对象的行为描述成其不同状态之间的通路，它也可以刻画动态系统中对象的创建和废除，并称由对象的创建到对象的废除之间的通路为对象的生存期。

状态模型既可以用状态转换图的图形化手段，又可用决策表又称决策矩阵的形式来表达。

进行需求分析的基础是要获得用户的需要，为了完成这一工作，必须建立业务模型，通过描述业务规则、业务逻辑，明确业务过程并对其进行规范、优化。对于一个系统，在建立业务模型时，应从三个方面来描述其特性：功能、行为、数据。

3.2.3　结构化方法与面向对象方法的比较

基于上述分析可知，结构化分析方法与面向对象分析方法的区别主要体现在两个方面：结构化分析方法是在模块化、自顶向下逐步细化及结构化程序设计技术基础之上发展起来的。结构化分析方法将系统描述成一组交互作用的处理。面向对象分析方法则将系统描述成一组交互作用的对象。面向对象分析的关键是识别出问题域内的类与对象，并分析它们之间的相互关系，最终建立起问题域的简洁、精确、可理解的正确模型。

前者加工之间的交互是通过不太精确的数据流来表示的，而后者对象之间通过消息传递来交互。因此，两种方法并不是对立的，在项目中根据项目需求可结合使用。运用合适的方法解决问题，在运行时应关注运用方法的成本和价值。

3.2.4 功能分解方法

功能分解是将一个系统看成是由若干功能构成的一个集合，每个功能又可划分为若干个子功能（或加工），一个子功能（或加工）又进一步分解成若干加工步骤。功能分解方法由功能、子功能和功能接口三个要素组成，它的关键策略是利用已有的经验，对一个新系统预先设定好加工步骤，着眼点放在这个新系统需要什么样的加工上。

3.3 确定需求优先级

当用户期望很高、开发时间较短并且资源有限时，对于用户提出的诸多需求，开发小组必须与用户一起分析这些需求，并将这些需求按重要程度排序。项目经理必须权衡合理的项目范围和进度安排、预算、人力资源以及质量目标的约束。实现这种权衡的一种方法是接受一个新的高优先级的需求或者其他项目环境变化时，删除低优先级的需求，或者把它们推迟到下一版本中去实现。为每项需求设定优先级有助于规划软件，以较小的费用提供较大的功能。项目经理可以根据需求的优先级规划进度、安排资源以及解决冲突。一般需求的优先级设定为高、中、低三级。

高优先级需求是指一个关键任务的需求，只有在这些需求上达成一致意见，软件才可能被接受，这种级别的需求必须要完美地实现。中优先级需求是指最终所要求的，但如果有必要的话，可以延迟到下一个版本。实现这类需求将会增加软件的性能，但是如果忽略这些需求，软件也可以被接受。开发这类需求时要付出努力，但不必做得太完美。低优先级需求是指对系统功能和质量属性上的增强，如果资源允许的话，实现这些需求会使软件更加完美，但是如果不实现它们，对系统也没有影响，这类需求实现时可以存在缺陷。项目经理、重要的用户代表和开发者代表一起参加制定需求优先级的工作。项目经理负责协调、指导用户代表提供每项需求实现后的受益程度及失败造成的损失程度，开发者代表提供实现每项需求的费用和可能的风险。

3.4 需求文档

对已经确定的需求应当进行清晰准确的描述。通常把描述需求的文档叫做软件需求规格说明书（Software Requirement Specification，SRS）。软件需求规格说明书是需求开发活动的产物，编制该文档的目的是使项目人员与开发团队对系统的初始规定有一个共同的理解，使之成为整个开发工作的基础。SRS 是软件开发过程中最重要的文档之一，对于任何规模和性质的软件项目都不应该缺少。

3.4.1 需求规格说明书的编写方法

通常有三种方法编写 SRS，分别列举如下。

1）用好的结构化和自然语言编写文本型文档。

2）建立图形化模型，这些模型可以描述转换过程、系统状态及其变化、数据关系、逻辑流、对象类及其关系。

3）编写形式化规格说明，这可以通过使用数学上精确的形式化的逻辑语言来定义需求。

尽管形式化需求规格说明具有很强的严密性和精确性，但由于其所使用的形式化语言只有极少数专业人员才熟悉，所以，这一方法一直没有在实际应用中得到普遍使用。虽然文本型文档有许多缺点，但在大多数软件工程中，它仍是编写 SRS 最现实的方法。包含了功能和非功能需求的基于文本的 SRS 已经为大多数项目所接受。图形化模型通过提供另一种需求视图增强了 SRS，一般作为文本型文档的补充或附加描述功能。

不管采用什么方法编写 SRS，都应注意其正确性、完整性、一致性、必要性、可行性、确定性、可修改性和可追踪性。在工作实践中，为了能够让非技术人员更好地阅读和理解它们，应该尽可能通过自然语言和简单的图表来表达，以防止造成不必要的误会。

3.4.2 需求规格说明书的目标和内容

软件需求规格说明作为需求分析的结果，它是软件开发、软件验收和管理的基础，因此必须特别重视，不能有错误，否则将付出很大的成本和代价。

软件需求规格说明书的一般格式如表 3-4 所示。

表 3-4 软件需求规格说明书的一般格式

1. 引言
   1.1 编写目的（阐明编写需求说明书的目的，指明读者对象）
   1.2 项目背景（应包括：①项目的委托单位、开发单位和主管部门；②该软件系统与其他系统的关系）
   1.3 定义（列出文档中所用到的专门术语的定义和缩写词的原文）
   1.4 参考资料（可包括：①项目应核准的计划任务书、合同或上级机关的批文；②项目开发计划；③文档所引用的资料、标准和规范。列出这些资料的作者、标题、编号、发表日期、出版单位和资料来源）
2. 任务概述
   2.1 目标
   2.2 运行环境
   2.3 条件与限制
3. 数据描述
   3.1 静态数据
   3.2 动态数据（包括输入数据和输出数据）
   3.3 数据库描述（给出使用数据库的名称和类型）
   3.4 数据字典
   3.5 数据采集
4. 功能需求
   4.1 功能划分
   4.2 功能描述

（续）

5. 性能需求
    5.1 数据精确度
    5.2 时间特性（如响应时间、更新处理时间、数据转换与传输时间、运行时间等）
    5.3 适应性（在操作方式、运行环境、与其他软件的接口以及开发计划等发生变化时，应具有适应能力）
6. 运行需求
    6.1 用户界面（如屏幕格式、报表格式、菜单格式、输入/输出时间等）
    6.2 硬件接口
    6.3 软件接口
    6.4 故障处理
7. 其他要求（如可使用性、安全保密性、可维护性、可移植性等）
8. 附录

3.5 需求评审

据统计表明，软件系统中的错误约有15%来源于需求分析的错误，而在维护阶段去改正这部分错误是相当困难的。为了及时发现并纠正这类错误，必须对需求规格说明书进行评审，即需求评审。下面按照重要性的次序介绍需求评审应遵循的评审标准。

（1）正确性　指需求规格说明书中的每一项功能、行为、性能的描述都是正确的、合理的，并能满足用户的期望。

（2）无歧义性　指需求规格说明书中的每个需求陈述都是唯一的解释。要避免产生歧义，就应使用标准化术语，并对术语的语义进行统一的解释。

（3）完全性　指不遗漏任何用户需求，即需求规格说明书中包括了所有的功能、行为、性能约束等。

（4）可验证性　指需求规格说明书中的每一项需求都是可以检验的。

（5）一致性　指陈述的需求分析之间不存在矛盾之处。

（6）可理解性　指规格说明应尽量简洁、明确，便于分析人员、用户、设计人员、测试人员和维护人员的理解。因此，应尽量避免或减少专业化的词汇。

（7）可修改性　指需求规格说明书的框架结构应能比较容易地实现对其可能进行的增补、删除和修改，并能保持总体结构不变。

（8）可追踪性　指需求规格说明书可向前追踪，即其中每一项需求与用户的原始需求项清晰地联系起来；可向后追踪，即为后续开发和其他文档引用这些需求项提供依据。

需求评审过程应该采用召开正式评审会议的形式。参加的人员应当有用户、系统分析员、系统设计人员等。在评审会上，分析人员应说明软件产品的总体目标，即介绍需求规格说明书中的主要内容。之后，与会人员对说明书的核心部分——需求模型进行评估，并按照上述的评审标准逐一进行审查，最后确认其是否具有良好的品质、是否构成以后开发的良好基础。如果在评审过程中发现说明书中存在错误或遗漏，应责成分析人员返工，并再次进行评审。需求评审也可采用先进行技术评审，再进行管理复审的方法进行。管理复审应有开发方和用户方管理部门负责人参加，复审通过后，双方应签订正式的合同。

3.6 需求变更

在软件项目中，需求的变化是不可避免的。需求变更可能来自解决方案提供商、用户或产品供应商等外部因素，也可能来源于项目团队内部。对于项目团队而言，无法阻止需求发生变更，他们只能正确地对待变更，按照既定流程管理变更，尽量降低变更对项目成本、进度和质量的负面影响。

3.6.1 需求的基线

需求开发的结果应该有项目视图和范围文档、用例文档和需求规格说明书，以及相关的分析模型。经评审批准，这些文档就定义了开发工作的需求基线。这个基线在用户和开发人员之间就构成了软件需求的一个约定，它是需求开发和需求管理之间的桥梁。

基线是一个软件配置的概念，它帮助开发人员在不严重阻碍合理变化的情况下来控制变化。根据 IEEE 的定义，基线是指已经通过正式评审和批准的规约或产品，它可以作为进一步开发的基础，并且只能通过正式的变更控制系统进行变化。在软件工程范围内，基线是软件开发中的里程碑，它标志着有一个或多个软件配置项已交付，并且已经经过正式技术评审而获得认可。例如，需求规格说明书文档通过评审，其中的错误已经被发现并纠正，则就形成了一个基线。

基线可分为功能基线、指派基线和产品基线三种。

开发团队可以根据已知的需求基线来区分“旧需求”和“新需求”。一旦建立了需求基线，就很容易对需求进行识别和管理，可以把新需求和已有的基线加以比较，确定新需求合适的位置以及它是否会与其他需求产生冲突。如果接受新需求，就可以管理它的变更过程。

3.6.2 需求的状态

从需求的整个生命周期来看，其状态变化如图 3-9 所示。

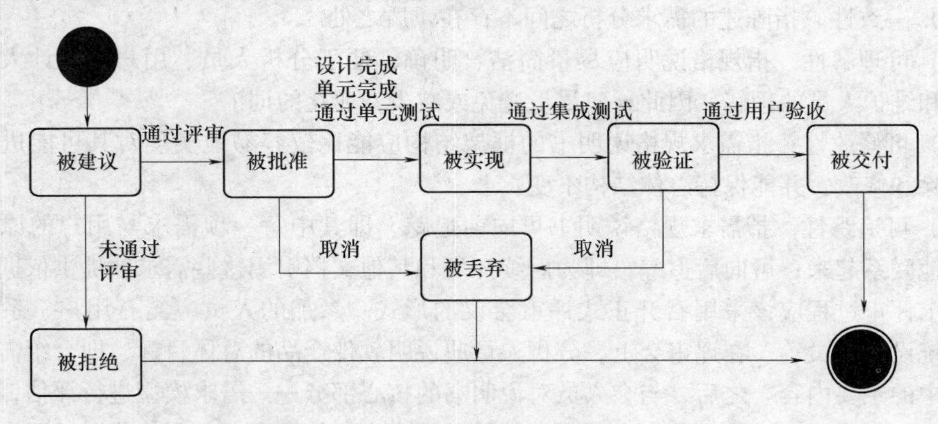

图 3-9 需求状态的变化

在需求状态的变化中，项目管理人员首先需要关注的是那些被拒绝和被丢弃的需求。因为这些需求有可能是应该被接受并被实现的需求，如果不是通过有关的处理过程，就有可能因为疏忽而被遗漏。同时还要关注是否影响相关已被交付的需求，因为可交付物是项目成果体现，而可交付物的主要内容就是对需求的实现。

3.6.3 需求的变更

在各种理论书籍中，都会介绍一些如何减少需求变更的方法和技术。在项目实践中，项目管理人员也会用大量的精力去实践这些方法和技术，以避免需求变更。然而，需求变更会因为各种因素而发生，不可避免。当然，这并不是说不应该作避免变更的工作，恰恰相反，在需求变更之前尽量减少变更，以将需求变更带来的风险降到最低，这是对项目进展十分有利的。

需求变更意味着新需求的增加和对已有需求的修改，一般不会减少需求，而且减少需求的问题也比较容易处理。需求变更是需要代价的，包括时间、人力、资源等方面。既然需求变更是不可避免的，那么，项目管理人员就应该采取规范的流程去管理变更，而不是一味地避免变更和拒绝变更。

3.7 需求跟踪

可跟踪性是软件需求的一个重要特征。需求跟踪是将单个需求和其他系统之间的依赖关系和逻辑关系建立跟踪，这些元素包括各种类型的需求、业务规则、系统架构和构建、源代码、测试用例以及帮助文档等。CMM（能力成熟度模型）也要求具备需求跟踪能力，并对需求跟踪定义为“在软件工作产品之间维护一致性”，其中工作产品包括软件计划、过程描述、分配需求、软件需求、软件设计、程序代码、测试计划和测试过程。CMM 中的“分配需求”是指项目启动前分配给该项目的需求，其实也就是用户的原始需求。

3.7.1 需求跟踪的内容

需求都具有双向可跟踪性。所谓双向跟踪，包括正向跟踪和反向跟踪。正向跟踪是指检查需求规格说明书中的每个需求是否都能在后续工作成果中找到对应点；反向跟踪也称为逆向跟踪，是指检查设计文档、代码、测试用例等工作成果是否都能在需求规格说明书中找到出处。具体来说，需求跟踪涉及五种类型，如图 3-10 所示。

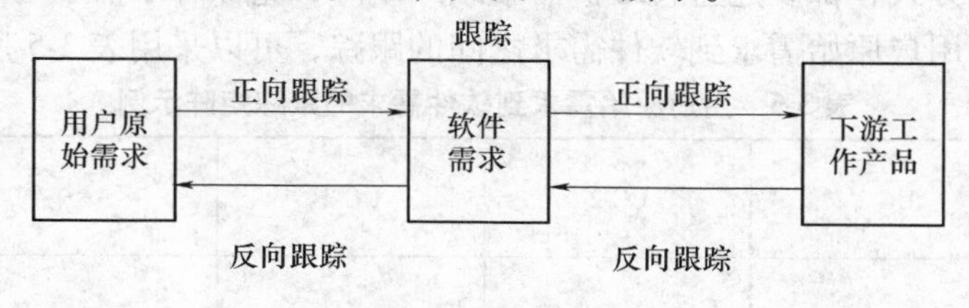

图 3-10　五类需求可跟踪

图 3-10 中的箭头表示需求跟踪联系链，它能跟踪需求使用的整个周期，即从需求建议到交付的全过程。

图 3-10 的左半部分表明，从用户原始需求可向前追溯到软件需求，这样就能区分开发过程中或开发结束后由于变更受到影响的需求，也确保了需求规格说明书中包括所有用户需

求。同样，可以从软件需求回溯到相应的用户原始需求，确认每个软件需求的出处。如果以用例的形式来描述用户需求，图3-10的左半部分就是用例和功能性需求之间的跟踪情况。

图3-10的右半部分表明，由于在开发过程中，如何时需求转变为设计和编码等实现元素，所以通过定义单个软件需求和特定的产品元素之间的联系链，可以从软件需求追溯到产品元素。这种联系链使开发人员知道每个需求对应的产品元素，从而确保产品元素的每个需求。

3.7.2 需求跟踪的目的

需求跟踪是一项劳动强度很大的任务，在整个系统的开发、运行和维护过程中，要始终保持联系信息与实际相符。在项目实践中，使用“需求跟踪能力”可以获得以下的好处。

（1）审核 “需求跟踪能力”可以帮助开发人员审核和确保所有需求被正确运用。

（2）变更影响分析 在增、删、改需求时，可以汇总需求变更信息以确保不忽略每个受到影响的系统元素。

（3）维护 可靠的“需求跟踪能力”使得系统维护时能够正确而完整地实施变更，从而提高生产率。

（4）项目跟踪 记录“需求跟踪能力”数据，就可以获得计划功能当前时间状态的记录。

（5）单工程 可以列出遗留系统中将要替换的功能，记录它们在系统中的需求和在软件构件中的位置。

（6）重复利用 “需求跟踪能力”可以帮助开发人员在新系统中对相同的功能利用现有系统的相关资源。例如功能设计、相关需求、代码和测试等。

（7）减少风险 需求联系文档化可减少由于项目团队关键成员离职带来的风险。

（8）测试 测试模块、需求和代码段之间的联系链可以在测试出错时指出最可能有问题的代码段。

3.7.3 需求跟踪矩阵

表示需求与其他元素之间的联系链的最普遍的方式就是使用需求跟踪（能力）矩阵。不论采用何种跟踪方式，都要建立与维护需求跟踪矩阵，它保存了需求与后续工作成果的对应关系。例如，从用户原始需求到软件需求之间的跟踪，可以采用表3-5所示的矩阵。

表3-5 用户原始需求到软件需求的跟踪矩阵示例

用例 / 原始需求	UC-1	UC-2	UC-3	……	UC-*n*
FR-1					
FR-2					
……					
FR-*m*					

对于从软件需求到下游工作产品之间的跟踪，可以采用如表3-6所示的矩阵。

表 3-6 软件需求到下游工作产品的跟踪矩阵示例

用例＼元素	功能点	设计元素	代码模块	测试用例
UC-1				
UC-2				
……				
UC-*n*				

表 3-6 明确展示了每个用例是如何连接到一个或多个设计、编码和测试元素的。表中设计元素可以是模型中的对象，例如 DFD、E-R 图或类图等；代码模块可以是类中的方法、源代码文件名、过程或函数。需求跟踪矩阵中可以定义各种系统元素类型间的一对一、一对多和多对多关系，也就是说，允许在表 3-6 的一个单元格中填入多个元素来实现这些特征。例如：一个代码模块对应一个设计元素；多个测试用例验证一个功能点；每个用例导致多个功能点等。

【实战练习】

请根据以上知识点并结合实际为“图书馆图书信息管理系统”写一份需求规格说明书，注意需求规格说明书的格式和内容。

第 4 章　软件总体设计

【本章案例：家政服务平台】

“家政服务平台”是为规范家政行业的发展、服务民生、促进就业、构建和谐社会而服务的计算机软件。通过这个平台，可以了解到公司的服务标准和模式及其清晰的管理和流程。它可以将所有的服务内容显示在客户面前，还可以提供更加便捷的服务，更贴近老百姓的生活。通过该平台，客户可以更准确地找到从事特定家政工作的人士，为客户解决问题。

【知识导入】

软件总体设计的范围是：软件系统总体结构设计、全局数据库和数据结构设计、外部接口设计、主要部件功能分配设计、部件之间的接口设计等。

图 4-1 是“家政服务平台”软件的总体设计结构图。项目开发到此阶段，也就进入到了核心阶段，这一阶段设计的好坏将影响到项目后期的编码工作。因此，总体设计是整个软件设计的核心阶段。

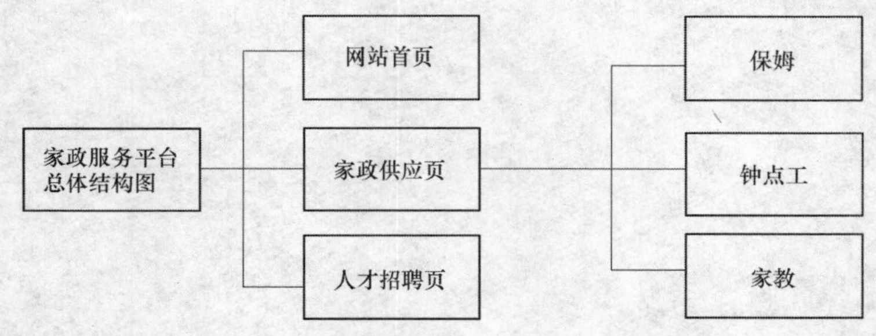

图 4-1　“家政服务平台”总体结构图

在软件发展的几十年里，出现了各种各样非常丰富、实用性很强的软件设计技术，其中包括完整的原理、概念和实践，来指导开发高质量的系统或产品。同时软件设计也建立了自己的重要原则，用于指导设计工作。设计本身会产生各种软件设计表示，这些软件设计表示将指导以后软件的实现。

经过需求分析阶段的工作，系统必须“做什么”已经清楚了，现在是决定“怎样做”的时候了。总体设计的基本目的就是回答“概括地说，系统应该如何实现?”这个问题，因此总体设计又称为概要设计或初步设计。通过这个阶段的工作将划分出组成系统的物理元素——程序、文件、数据库、人工过程和文档等，但是每个物理元素仍然处于黑盒子级，这些黑盒子里的具体内容将在以后仔细设计。总体设计阶段的另一项重要任务是设计软件的结构，也就是要确定系统中每个程序是由哪些模块组成的，以及这些模块相互间的关系。

总体设计过程首先寻找实现目标系统的各种不同的方案，需求分析阶段得到的数据流图是设想各种可能方案的基础。然后分析员从这些供选择的方案中选取若干个合理的方案，为每个合理的方案都准备一份系统流程图，列出组成系统的所有物理元素，进行成本/效益分析，并且制订实现这个方案的进度计划。分析员应该综合分析比较这些合理的方案，从中选出一个最佳方案向用户和使用部门负责人推荐。如果用户和使用部门的负责人接受了推荐的方案，分析员应该进一步为这个最佳方案设计软件结构。通常，设计出初步的软件结构后还要多方改进，从而得到更合理的结构。此外还要进行必要的数据库设计，确定测试要求并且制订测试计划。

从上面的叙述中不难看出在详细设计之前先进行总体设计的必要性：可以站在全局高度上，花较少成本，从较抽象的层次上分析、对比多种可能的系统实现方案和软件结构，从中选出最佳方案和最合理的软件结构，从而用较低的成本开发出较高质量的软件系统。

评价一个“设计”可以有以下几个方面的标准：

（1）有明确的设计步骤。

（2）有良好的设计方法。

（3）有鉴别优劣的准则。

（4）有好的设计表示。

4.1　设计过程

一般认为，软件开发阶段由设计、编码和测试三个基本活动组成，其中“设计”活动是获取高质量、低消耗、易维护软件的一个最重要的环节。

需求分析阶段获取到的软件规格说明书包括欲的实现系统的信息、功能和行为方面的描述，这是软件设计的基础。基于这一基础，选择一种软件设计方法完成系统的总体设计、系统的数据设计和系统的过程设计。采用不同的软件设计方法会产生不同的设计形式。总体设计旨在确定程序各主要部件间的关系；数据设计把信息描述转换为实现软件所要求的数据结构；过程设计完成每一部分的过程化描述。根据设计结果编制代码，然后提交给测试人员测试。在设计阶段所作的种种决策直接影响软件的质量，没有良好的设计，就不可能有稳定的目标系统，也不会有易于维护的软件。统计表明，设计、编码和测试三个活动一般占用整个软件开发费用的75%以上。软件开发阶段的信息流如图4-2所示。

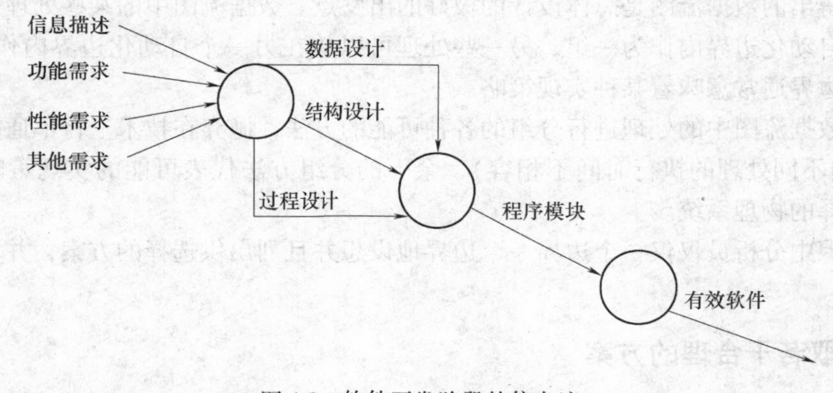

图4-2　软件开发阶段的信息流

软件设计过程实际上就是将需求规格说明逐步转化为软件的源代码的过程。作为设计阶段的前期，总体设计的任务包括以下内容：

（1）系统分析员审查软件需求分析所提供的文档，选择最佳方案，并对这些方案进行评审。

（2）确定模块结构，划分功能模块，将软件功能分配到所划分的最小单元模块，确定模块间的联系，确定数据结构、文件结构、数据库模式和测试方法。

（3）编写总体设计说明书，选择相关的软件工具描述软件结构，选择分解功能与划分模块的设计原则。

（4）对总体设计说明书进行评审，为详细设计提供可靠的输入。

从工程管理的角度来看，软件设计分两步完成：首先做总体设计，将软件需求转化为数据结构和软件的系统结构，并建立接口；然后是详细设计，即过程设计，通过对软件结构进行细化，得到各功能模块的详细数据结构和算法。

总体设计过程通常由两个主要阶段组成：

（1）系统设计：确定系统的具体实现方案。

（2）结构设计：确定软件结构。

典型的总体设计过程有以下九个步骤：

（1）设想供选择的方案；

（2）选取合理的方案；

（3）推荐最佳方案；

（4）功能分解；

（5）设计软件结构；

（6）设计数据库；

（7）制订测试计划；

（8）书写文档；

（9）审查和复审。

4.1.1 设想供选择的方案

在总体设计阶段分析员应该考虑各种可能的实现方案，并且力求从中选出最佳方案。需求分析阶段得出的数据流图是总体设计的极好的出发点。数据流图中的某些处理可以逻辑地归并在一个自动化边界内作为一组，另一些处理可以放在另一个自动化边界内作为另一组。这些自动化边界通常意味着某种实现策略。

设想把数据流图中的处理进行分组的各种可能的方法，抛弃在技术上行不通的分组方法（例如，组内不同处理的执行时间不相容），余下的分组方法代表可能的实现策略，并且可以启示供选择的物理系统。

在该步骤中分析员仅仅一个边界一个边界地设想并且列出供选择的方案，并不评价这些方案。

4.1.2 选取若干合理的方案

至少选取低成本、中等成本和高成本三种方案。每种方案准备四份资料：

(1) 系统流程图;

(2) 组成系统的物理元素清单;

(3) 成本/效益分析;

(4) 实现这个系统的进度计划。

4.1.3 推荐最佳方案

分析员应该综合分析对比各种合理方案的利弊，推荐一个最佳的方案，并且为推荐的方案制订详细的实现计划。

在使用部门的负责人接受了分析员所推荐的方案之后，将进入总体设计过程的下一个重要阶段——结构设计。

4.1.4 功能分解

程序（特别是复杂的大型程序）的设计，通常分为两个阶段完成:

(1) 结构设计　结构设计是总体设计阶段的任务。结构设计确定程序由哪些模块组成，以及这些模块之间的关系。

(2) 过程设计　过程设计是详细设计阶段的任务。过程设计确定每个模块的处理过程。

为确定软件结构，首先需要从实现角度把复杂的功能进一步分解。一般说来，经过分解之后应该使每个功能对大多数程序员而言都是明显易懂的。功能分解导致数据流图的进一步细化，同时还应该用 IPO（Input Process Output）图或其他适当的工具简要描述细化后每个处理的算法。

4.1.5 设计软件结构

通常程序中的一个模块完成一个适当的子功能。

应该把模块组织成良好的层次系统。顶层模块调用它的下层模块以实现程序的完整功能；每个下层模块再调用更下层的模块，从而完成程序的一个子功能；最下层的模块完成最具体的功能。

软件结构（即由模块组成的层次系统）可以用层次图或结构图来描绘。

4.1.6 设计数据库

如需使用数据库，分析员应该在需求分析阶段对系统数据要求所做分析的基础上进一步设计数据库。包括下述四个步骤:

(1) 模式设计: 模式设计的目的是确定物理数据库结构;

(2) 子模式设计: 子模式是用户使用的数据视图;

(3) 完整性和安全性设计;

(4) 优化: 主要目的是改进模式和子模式以优化数据的存取。

4.1.7 制订测试计划

在软件开发的早期阶段考虑测试问题，能促使软件设计人员在设计时注意提高软件的可测试性。

4.1.8 书写文档

（1）系统说明。系统说明包括：用系统流程图描绘的系统构成方案；组成系统的物理元素清单；成本/效益分析；对最佳方案的概括描述；精化的数据流图；用层次图或结构图描绘的软件结构；用 IPO 图或其他工具（如 PDL 语言）简要描述的各个模块的算法；模块间的接口关系；需求、功能和模块三者之间的交叉参照关系等等。

（2）用户手册。修改、更正在需求分析阶段产生的初步用户手册。

（3）测试计划。测试计划包括测试策略、测试方案、预期的测试结果、测试进度计划等。

（4）详细的实现计划。

（5）数据库设计结果。

4.1.9 审查和复审

最后应该对总体设计的结果进行严格的技术审查，在技术审查通过之后再由使用部门的负责人从管理角度进行复审。

4.2 设计原理

在软件设计过程中应该遵循的基本原理和相关概念有：①模块化，②抽象，③逐步求精，④信息隐蔽和局部化，⑤模块独立。

4.2.1 模块化

（1）模块是数据说明、可执行语句等程序对象的集合，它是单独命名的而且可通过名字来访问的代码实体，例如过程、函数、子程序、宏等都可作为模块。

（2）模块化就是把程序划分成若干个模块，每个模块完成一个子功能，把这些模块集中起来组成一个整体，可以完成指定的功能，满足问题的要求。

（3）“各个击破”——把复杂的问题分解成许多容易解决的小问题，复杂的问题也就容易解决了。

模块化的优点：

（1）可以使软件结构清晰，不仅容易设计也容易阅读和理解。

（2）可以使软件容易测试和调试，因而有助于提高软件的可靠性。

（3）能够提高软件的可修改性。

（4）有助于软件开发工程的组织管理。

软件模块数与软件成本的关系如图 4-3 所示。

4.2.2 抽象

抽象就是抽出事物的本质特性而暂时不考虑它们的细节。

处理复杂系统的唯一有效的方法是用层次的方式构造和分析它。一个复杂的动态系统首先可以用一些高级的抽象概念构造和理解，这些高级概念又可以用一些较低级的概念构造和理解，如此进行下去，直至最低层次的具体元素。

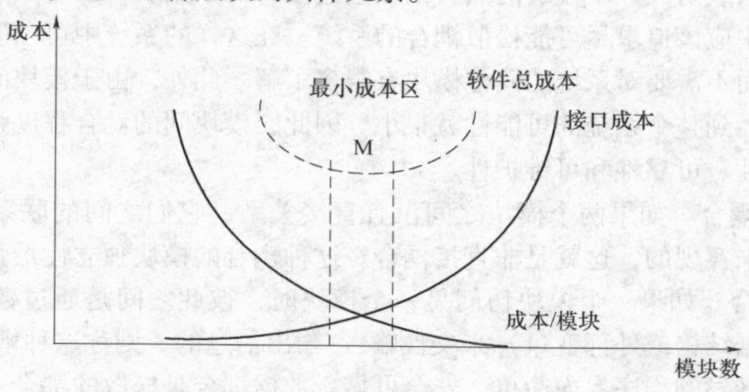

图 4-3　软件模块与软件成本

4.2.3　逐步求精

逐步求精是许多软件工程技术（如规格说明技术、设计和实现技术）的基础，其宗旨是为了能集中精力解决主要问题而尽量延迟对问题细节的考虑。

抽象和求精是一对互补的概念。抽象使得设计者能够说明过程和数据，同时却忽略底层细节。可以把抽象看成一种通过忽略多余的细节同时强调有关的细节，而实现逐步求精的方法。

4.2.4　信息隐蔽和局部化

（1）信息隐蔽原理　应该这样设计和确定模块，使得一个模块内包含的信息（过程和数据）对于不需要这些信息的其他模块来说，是不能访问的。

1）“隐蔽”意味着模块彼此间仅仅交换那些为了完成系统功能而必须交换的信息。

2）“局部化”是指把一些关系密切的软件元素物理地放得彼此靠近一些。局部化有助于实现信息隐蔽。

（2）信息隐蔽和局部化的优点

1）测试期间和软件维护期间需要修改软件，使用信息隐蔽原理作为模块化系统设计的标准，就会带来极大好处。

2）因为绝大多数数据和过程对于软件的其他部分而言是隐蔽的（也就是“看”不见的），在软件修改期间由于疏忽而引入的错误就很少可能传播到软件的其他部分。

4.2.5　模块独立

模块独立的概念是模块化、抽象、信息隐蔽和局部化概念的直接结果。

为什么模块的独立性很重要呢？

（1）有效的模块化（即具有独立性的模块）的软件比较容易开发出来。

（2）独立的模块比较容易测试和维护。

模块的独立程度可以由两个定性标准度量，这两个标准分别称为耦合和内聚。

1. 耦合性

耦合性是对一个软件结构中不同模块之间互连程度的度量。耦合强弱取决于模块间接口的复杂程度、进入或访问一个模块的点、以及通过接口的数据。

在软件设计中应该追求尽可能松散耦合的系统。在这样的系统中可以研究、测试或维护任何一个模块，而不需要对系统的其他模块有很多了解。此外，由于模块间联系简单，发生在一处的错误传播到整个系统的可能性就很小。因此，模块间的耦合程度强烈影响系统的可理解性、可测试性、可靠性和可维护性。

（1）非直接耦合　如果两个模块之间没有直接关系，它们之间的联系完全是通过主模块的控制和调用来实现的，这就是非直接耦合。这种耦合的模块独立性最强。

（2）数据耦合　如果一个模块访问另一个模块时，彼此之间是通过数据参数（不是控制参数、公共数据结构或外部变量）来交换输入/输出信息的，则称这种耦合为数据耦合。

按数据耦合开发的程序界面简单、安全可靠。数据耦合是松散的耦合，模块之间的独立性比较强。在软件程序结构中至少必须有这类耦合。

（3）标记耦合　如果一组模块通过参数表传递记录信息，就是标记耦合。

事实上，这组模块共享了这个记录，它是某一数据结构的子结构，而不是简单变量。这要求这些模块都必须清楚该记录的结构，并按结构要求对此记录进行操作。

如果采取“信息隐蔽”的方法，把在数据结构上的操作全部集中在一个模块中，就可以消除这种耦合。

（4）控制耦合　如果一个模块通过传递开关、标志、名字等控制信息，明显地控制选择另一模块的功能，就是控制耦合。这种耦合的实质是在单一接口上选择多功能模块中的某项功能。

对被控制模块的任何修改，都会影响控制模块。另外，控制耦合也意味着控制模块必须知道被控制模块内部的一些逻辑关系，这些都会降低模块的独立性。

（5）外部耦合　一组模块都访问同一全局简单变量而不是同一全局数据结构，而且不是通过参数表传递该全局变量的信息，则称之为外部耦合。

外部耦合引起的问题类似于公共耦合，区别在于在外部耦合中不存在对于一个数据结构内部各项的物理安排的依赖。

（6）公共环境耦合　若一组模块都访问同一个公共数据环境，则它们之间的耦合就称为公共环境耦合。公共的数据环境可以是全局数据结构、共享的通信区、内存的公共覆盖区等。这种耦合会引起下列问题：

1）所有公共环境耦合模块都与某一个公共数据环境内部各项的物理安排有关，若修改某个数据，将会影响到所有的模块。

2）无法控制各个模块对公共数据的存取，这将严重影响软件模块的可靠性和适应性。

3）公共数据名的使用，明显降低了程序的可读性。

（7）内容耦合

如果出现以下情形，两个模块之间就发生了内容耦合：

1）一个模块访问另一个模块的内部数据。

2）一个模块不通过正常入口转到另一个模块的内部。

3）两个模块有一部分代码重叠（只可能出现在汇编程序中）。

一个模块有多个入口（这意味着一个模块有几种功能）。

应该坚决避免使用内容耦合。事实上许多高级程序设计语言已经设计成不允许在程序中出现任何形式的内容耦合。

总之，耦合是影响软件复杂程度的一个重要因素。应该采取下述设计原则：

尽量使用数据耦合；少用控制耦合和特征耦合；限制公共环境耦合的范围；完全不用内容耦合。

软件耦合性示意图如图 4-4 所示。

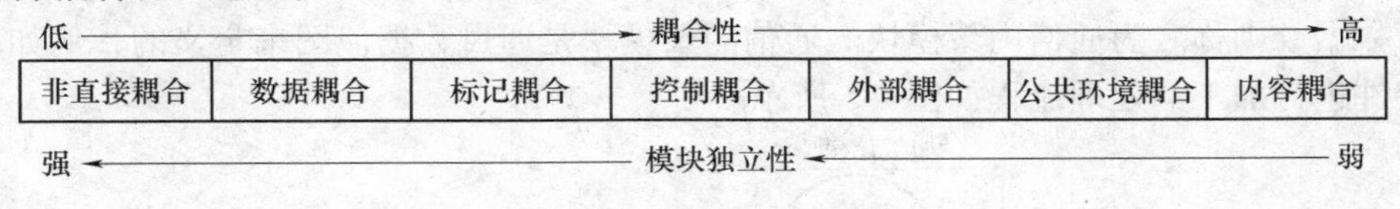

图 4-4　软件耦合性示意图

2. 内聚性

内聚标志一个模块内各个元素彼此结合的紧密程度，它是信息隐藏和局部化概念的自然扩展。简单地说，理想内聚的模块只做一件事情。

设计时应该力求做到高内聚，通常中等程度的内聚也是可以采用的，而且效果和高内聚相差不多。低内聚是很差的设计，不要使用。

内聚与耦合是密切相关的，模块内的高内聚往往意味着模块间的松耦合。内聚与耦合都是进行模块化设计的有力工具，但是实践表明内聚更重要，应该把更多注意力集中到提高模块的内聚程度上。

（1）偶然内聚

1）偶然内聚又称为巧合内聚。

2）当模块内各部分之间没有联系，或者即使有联系，这种联系也很松散，则称这种模块为偶然内聚模块，它是内聚程度最低的模块。

3）偶然内聚模块的缺点：首先是不易修改和维护。其次是这种模块的内容不易理解，很难描述它所完成的功能，增加了程序的模糊性。

（2）逻辑内聚　这种模块把几种相关的功能组合在一起，每次调用时，由传送给模块的判定参数来确定该模块应执行哪一种功能。

这种模块是单入口多功能模块。例如错误处理模块，它接受出错信号，对不同类型的错误打印出不同的出错信息。逻辑内聚模块比偶然内聚模块的内聚程度要高。

逻辑内聚的缺点：

1）它所执行的不是一种功能，而是执行若干功能中的一种，因此它不易修改。

2）当调用时需要进行控制参数的传递，这就增加了模块间的耦合程度。而将未用的部分也调入内存，这就降低了系统的效率。

（3）时间内聚　时间内聚又称为经典内聚。这种模块大多为多功能模块，但模块的各个功能的执行与时间有关，通常要求所有功能必须在同一时间段内执行。

例如初始化模块和终止模块。初始化模块要为所有变量赋初值，对所有介质上的文件置初态，初始化寄存器和栈等，因此要求在程序开始执行的最初一段时间内，模块中所有功能全部执行一遍。

（4）过程内聚　如果一个模块内的处理是相关的，而且必须以特定次序执行，则称这个模块为过程内聚模块。

使用流程图作为工具设计程序的时候，常常通过流程图来确定模块划分。把流程图中的某一部分划出组成模块，就得到过程内聚模块。

例如，把流程图中的循环部分、判定部分、计算部分分成三个模块，这三个模块都是过程内聚模块。

（5）通信内聚　如果一个模块内各功能部分都使用了相同的输入数据，或产生了相同的输出数据，则称之为通信内聚模块。通信内聚模块是通过数据流图来定义的，例如用计算机对文件进行加工的处理流程如图 4-5 所示。

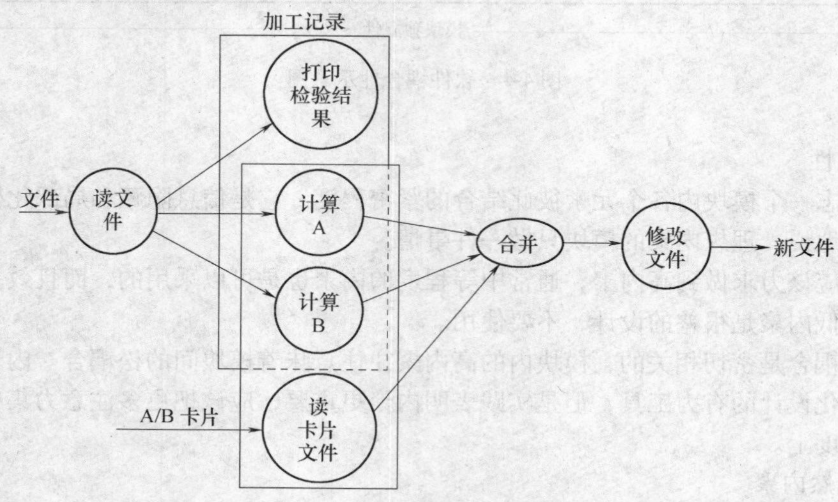

图 4-5　计算机修改文件的数据流图

（6）顺序内聚　如果一个模块内的处理元素和同一个功能密切相关，而且这些处理必须顺序执行（通常一个处理元素的输出数据作为下一个处理元素的输入数据）。

（7）功能内聚　一个模块中各个部分都是完成某一具体功能必不可少的组成部分，或者说该模块中所有部分都是为了完成一项具体功能而协同工作，紧密联系，不可分割的，则称该模块为功能内聚模块。

功能内聚模块的优点是它们容易修改和维护，因为它们的功能是明确的，模块间的耦合是简单的。

耦合和内聚的概念是 Larry Constantine，Edward Yourdon，Brad Myers 和 William Stevens 等人提出来的。按照他们的观点，如果给上述七种内聚的优劣评分，将得到如下结果：

功能内聚　10 分
顺序内聚　9 分
通信内聚　7 分
过程内聚　5 分
时间内聚　3 分
逻辑内聚　1 分
偶然内聚　0 分

事实上，没有必要精确确定内聚的级别。重要的是设计时力争做到高内聚，并且能够辨认出低内聚的模块，有能力通过修改设计提高模块的内聚程度，降低模块间的耦合程度，从而获得较高的模块独立性。

软件内聚性如图 4-6 所示。

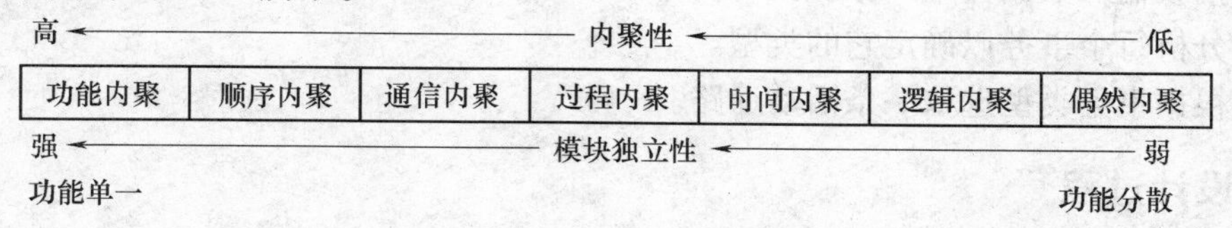

图 4-6　软件内聚示例图

4.3　面向数据流的设计方法

通常所说的结构化设计方法（简称 SD 方法），也就是基于数据流的设计方法。

面向数据流的设计方法的目标是给出设计软件结构的一个系统化的途径。

在软件工程的需求分析阶段，信息流是一个关键考虑。通常用数据流图描绘信息在系统中加工和流动的情况。面向数据流的设计方法定义了一些不同的“映射”，利用这些映射可以把数据流图变换成软件结构。因为任何软件系统都可以用数据流图表示，所以面向数据流的设计方法理论上可以设计任何软件的结构。

面向数据流的设计方法把信息流映射成软件结构，信息流的类型决定了映射的方法。信息流有两种类型：①变换流；②事物流。

4.3.1　变换流

信息沿输入通路进入系统，同时由外部形式变换成内部形式，进入系统的信息通过变换中心，经加工处理后再沿输出通路变换成外部形式离开软件系统。

当数据流图具有这些特性时，这种信息流就叫做变换流。变换流示意图如图 4-7 所示。

4.3.2　事务流

基本系统模型意味着变换流，因此，原则上所有信息流都可以归结为变换流。但是，当数据流图的数据流是“以事务为中心的”，也就是说，数据沿输入通路到达一个处理 T，这个处理根据输入数据的类型在若干个动作序列中选出一个来执行。这类数据流应该划为一类特殊的数据流，称为事务流。事物流示意图如图 4-8 所示。

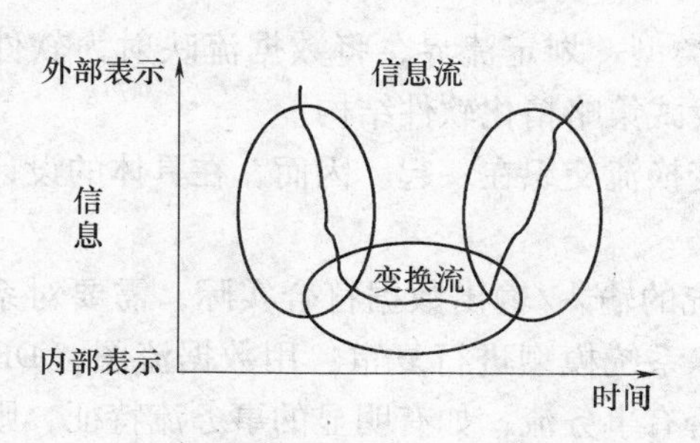

图 4-7　变换流示意图

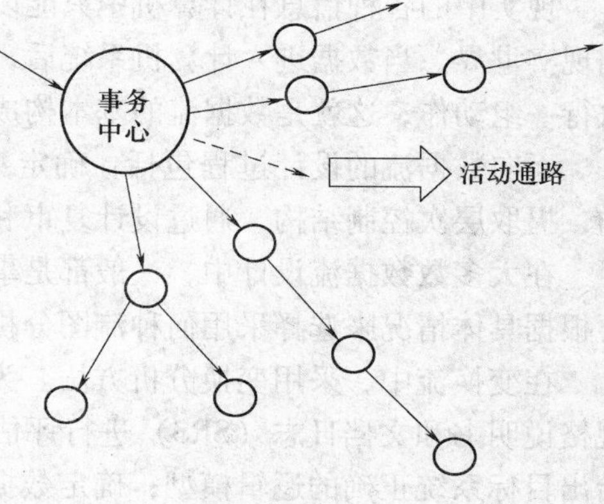

图 4-8　事物流示意图

图中的“事务中心”完成下述任务：

（1）接收输入数据（输入数据又称为事务）。

（2）分析每个事务以确定它的类型。

（3）根据事务类型选取一条活动通路。

4.3.3 设计过程

面向数据流的软件设计过程如图 4-9 所示。

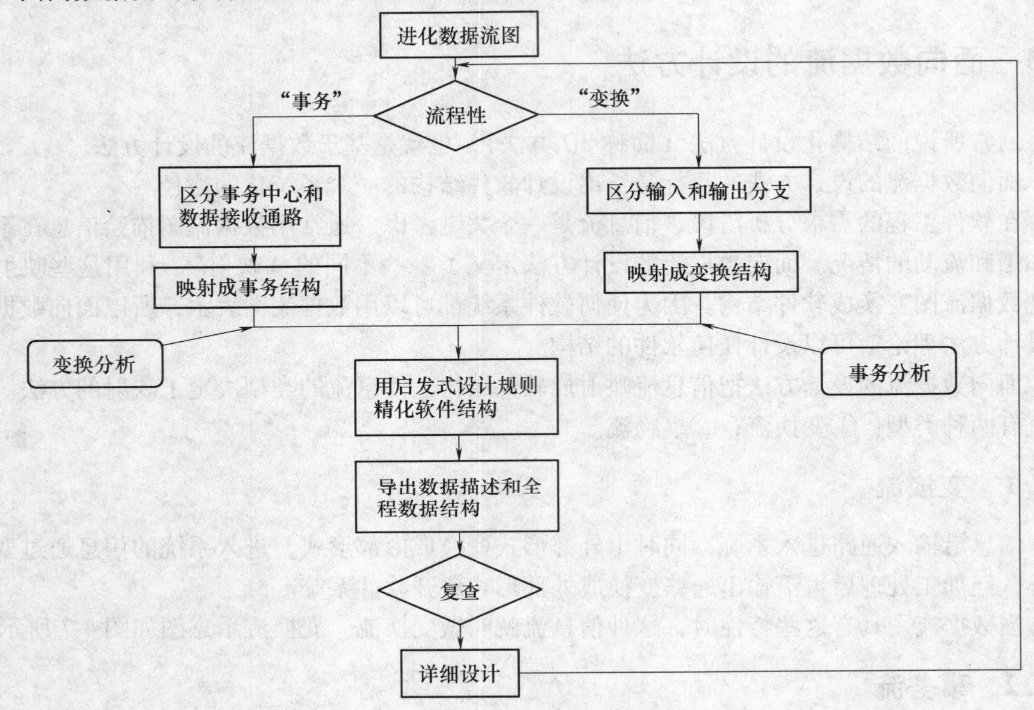

图 4-9　面向数据流的设计过程

面向数据流的设计是设计软件结构的途径之一，它为软件设计提供了一种方法和策略。

现实中的各种信息在计算机中只能以数据的方式进行处理，处理后又以信息的形式返回到现实世界。当数据进入计算机系统后，程序便开始对这些数据进行加工，并按规定的路径执行一组动作，这就是数据流的基本构成。

面向数据流的设计过程包括：确定数据流的类型，划定流界，将数据流映射为软件结构，提取层次控制结构，通过设计复审和使用启发式策略精化软件结构。

在大多数数据流设计中，一般都是事务流和变换流交织在一起。因而，在具体的设计中要根据具体情况来选择采用何种流图分析方法。

在变换流中，采用变换分析方法。为确保系统的输入/输出数据符合实际，需要对系统规格说明书和文档日志（SRS）进行评估，对基本系统模型进行复审。用数据流图（DFD）给出目标系统正确的逻辑模型；确定数据流中是否有事务流，如有明显的事务流特征，则应采用事务流的映射方法；判定数据流中占主导地位的是变换流还是事务流；划分输入流处理部分、变换中心和输出流处理部分，以此来界定它们之间的边界；用层次图、结构图等确定用于输入/输出和用于计算等基本功能的底层模块，确定协调、控制底层模块的中间层模块，确定用于协调和控制所有模块的高级模块，以完成一级分解任务，在此过程中应确保系统功能并保持低耦合、高内聚，尽可能减少模块的数目；采用从变换中心边界开始沿输入/输出通道向外移动的方式，以及沿着从输入流到输出流的方向把数据流图中的每个转换映射为软件结构中的模块，并为每一个模块写简要处理说明；最后精化软件结构并确保软件质量，以模块化为思想，对软件进行拆并，以此来追求低耦合、高内聚、易实现的软件结构，这也是启发式设计规则的重要思想。

如果数据流明显具备事务特征，则应采用事务分析方法。在复审基本系统模型、复审精化数据流图和确定数据流类型的基本步骤之后，需要确定事务流的各个组成部分，即接收路径部分、事务处理部分以及动作路径部分，并且需要判断在每一条动作路径上的数据流是变换流还是事务流。如果为变换流，则以变换流的方式进行处理。然后把事务型数据流图映射为软件结构，并分解、精化事务结构以及每个动作路径，也就是以事务分析的方法继续向下对事务流进行分析，直到最后全部转换为变换流为止，最后构造出初步的软件结构。

启发式设计规则，是要合并那些具有较多控制信息传递的模块，以降低模块之间的耦合度。如果几个模块中发现功能重复的子功能，一般情况下将该子功能独立出来重新建立一个模块，以此来提高模块的独立性。每一个模块的下属模块应当直接受模块内部的判定影响，这样模块之间的关联才能很好地建立。模块接口的复杂度、冗余度、协调性、单入/单出模块的实现，以及软件的可移植性都应认真加以考虑。应用简单的启发式规则，在有限的时间内，迅速找到解决复杂问题的方法。

设计时应考虑优化的问题：软件结构的完整性应优先考虑；模块实现的难易程度以及模块的时间复杂度，应以最合理的方式实现；针对软件的功能所选用的实现语言，应符合实际情况，例如若模块占用CPU资源过多，应选用低级语言实现。

4.3.4 变换分析

变换分析是一系列设计步骤的总称，经过这些步骤把具有变换流特点的数据流图按预先确定的模式映射成软件结构。

例子：

（1）通过模-数转换实现传感器和微处理器接口。

（2）在发光二极管面板上显示数据。

（3）指示行驶的速度（每小时公里数），行驶的总里程，每百公里耗油数。

（4）指示汽车是在加速还是在减速。

（5）超速警告：如果车速超过90km/h，则发出超速警告铃声。

4.3.5 设计步骤

（1）复查基本系统模型　确保系统的输入数据和输出数据符合实际。

（2）复查并精化数据流图　确保数据流图给出了目标系统正确的逻辑模型，而且应该使数据流图中每个处理都代表一个规模适中相对独立的子功能。

（3）确定数据流图具有变换特性还是事务特性　从图4-10中可以看出，数据沿两条输入通路进入系统，然后沿三条通路离开。没有明显的事务中心，可以认为这个信息流具有变换流的特征。

一般地说，一个系统中的所有信息流都可以认为是变换流，但是，当遇到有明显事务特性的信息流时，建议采用事务分析方法进行设计。在这一步，设计人员应该根据数据流图中占优势的属性，确定数据流的全局特性。此外还应该把具有和全局特性不同的特点的局部区域孤立出来，以后可以按照这些子数据流的特点精化根据全局特性得出的软件结构。

（4）确定输入流和输出流边界，从而孤立出变换中心　输入流和输出流的边界和对它们的解释有关，也就是说，不同设计人员可能会在流内选取稍微不同的点作为边界的位置。当然在确定边界时应该仔细认真，但是把边界沿着数据流通路移动一个处理框的距离，通常对最后的软件结构只有很小的影响。

（5）完成“第一级分解”　第一级分解的方法如图 4-10 所示。软件结构代表对控制的自顶向下的分配，所谓分解就是分配控制的过程。

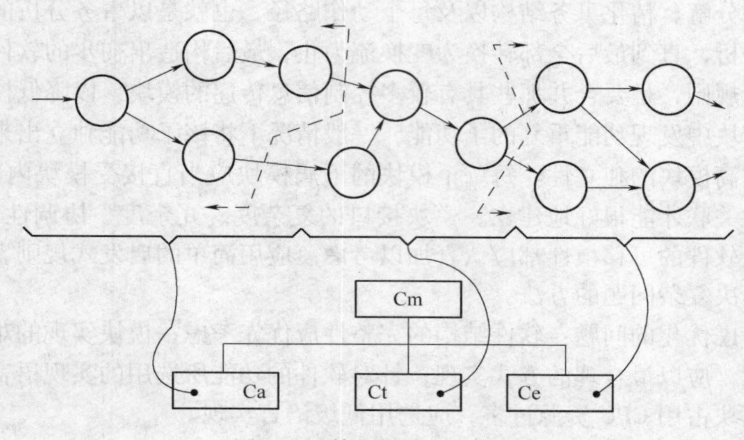

图 4-10　第一级分解的方法

对于变换流的情况，数据流图被映射成一个特殊的软件结构，这个结构控制输入、变换和输出等信息处理过程。

虽然图 4-10 意味着一个三叉的控制结构，但是，对一个大型系统中的复杂数据流，可以用两个或多个模块完成上述一个模块的控制功能。应该在能够完成控制功能并且保持好的耦合和内聚特性的前提下，尽量使第一级控制中的模块数目取最小值。

位于软件结构最顶层的控制模块 Cm 协调下述从属的控制功能：

1）输入信息处理控制模块 Ca，协调对所有输入数据的接收。

2）变换中心控制模块 Ct，管理对内部形式的数据的所有操作。

3）输出信息处理控制模块 Ce，协调输出信息的产生过程。

第一级分解得出的软件结构如图 4-11 所示，其每个控制模块的名字表明了为它所控制的那些模块的功能。

（6）完成“第二级分解”　第二级分解的方法如图 4-12 所示。所谓第二级分解就是把数据流图中的每个处理映射成软件结构中一个适当的模块。

第二级分解的方法：

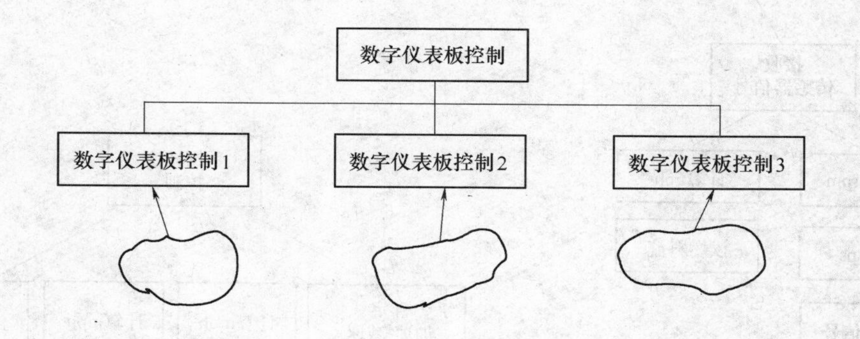

图 4-11　数字仪表板第一级分解得出的软件结构

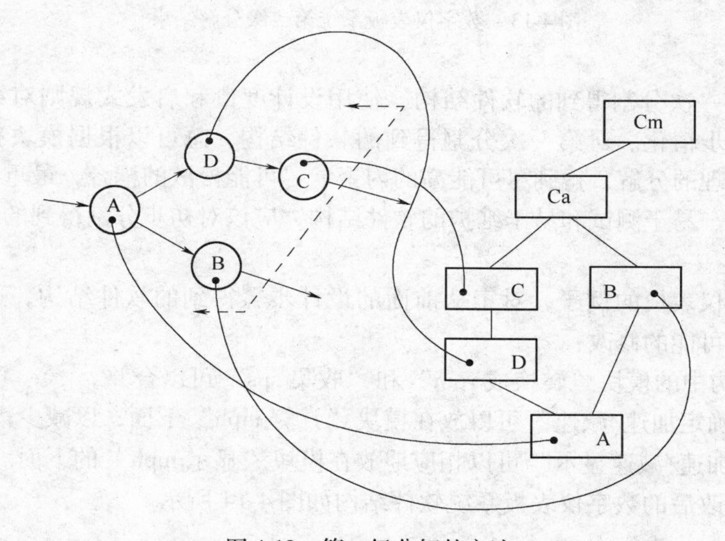

图 4-12　第二级分解的方法

1）从变换中心的边界开始沿着输入通路向外移动，把输入通路中每个处理映射成软件结构中 Ca 控制下的一个低层模块。

2）然后沿输出通路向外移动，把输出通路中每个处理映射成直接或间接收模块 Ce 控制的一个低层模块。

3）最后把变换中心内的每个处理映射成受 Ct 控制的一个模块。

数字仪表板系统第二级分解的结果如图 4-13 所示。

虽然图中每个模块的名字表明了它的基本功能，但是仍然应该为每个模块写一个简要说明：

1）描述进出该模块的信息（接口描述）。

2）描述模块内部的信息。

3）陈述过程，包括主要判定点及任务等。

4）简短讨论约束和特殊点。

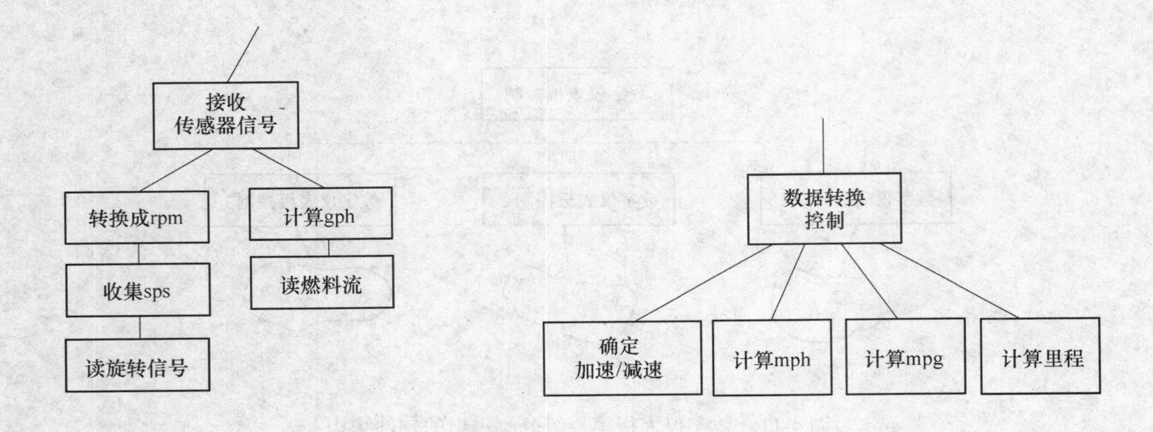

图 4-13　数字仪表板系统第二级分解结果

（7）细化第一次分割得到的软件结构　使用设计度量和启发式规则对第一次分割得到的软件结构进一步精化。对第一次分割得到的软件结构，总可以根据模块独立原理进行精化。为了产生合理的分解，得到尽可能高的内聚、尽可能松散的耦合，最重要的是，为了得到一个易于实现、易于测试和易于维护的软件结构，应该对初步分割得到的模块进行再分解或合并。

具体到数字仪表板的例子，对于从前面的设计步骤得到的软件结构，还可以做许多修改。下面是某些可能的修改：

1）输入结构中的模块“转换成 rpm”和“收集 sps”可以合并。

2）模块“确定加速/减速”可以放在模块“计算 mph”下面，以减少耦合。

3）模块“加速/减速显示”可以相应地放在模块“显示 mph”的下面。

经过上述修改后的数字仪表板系统软件结构如图 4-14 所示。

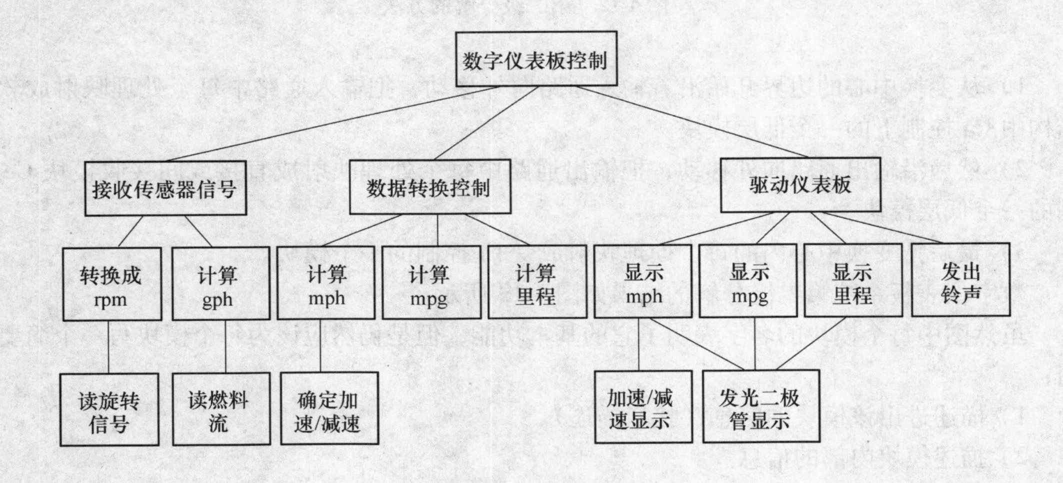

图 4-14　经过修改后的数字仪表板系统软件结构

4.3.6 事务分析

由事务流映射成的软件结构包括一个接收分支和一个发送分支。映射出接收分支结构的方法和变换分析映射出输入结构的方法很相像，即从事务中心的边界开始，把沿着接收流通路的处理映射成模块。

发送分支的结构包括一个调度模块，它控制下层的所有活动模块。把数据流图中的每个活动流通路映射成与它的流特征相对应的结构。事务分析的映射方法如图 4-15 所示。

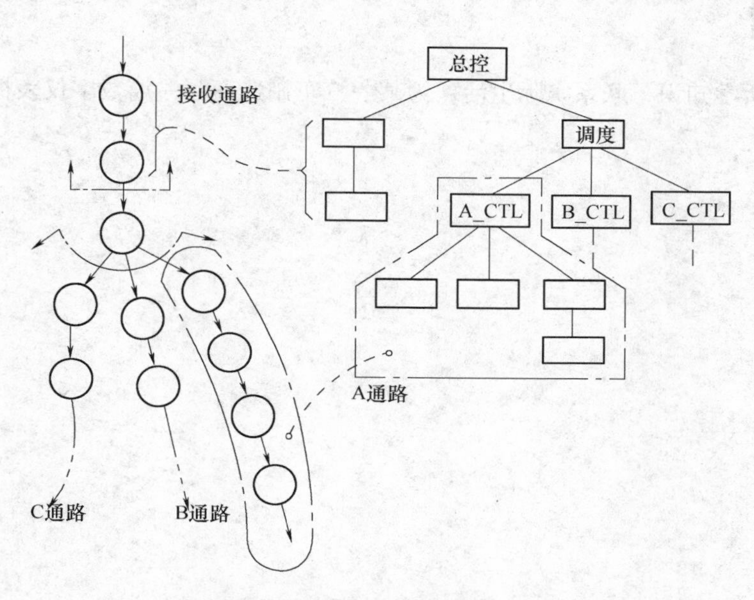

图 4-15　事务分析的映射方法

对于一个大系统，常常把变换分析和事务分析应用到同一个数据流图的不同部分，由此得到的子结构形成“构件”，可以利用它们构造完整的软件结构。

一般说来，如果数据流不具有显著的事务特点，最好使用变换分析；反之，如果具有明显的事务中心，则应该采用事务分析技术。但是，机械地遵循变换分析或事务分析的映射规则，很可能会得到一些不必要的控制模块，如果它们确实用处不大，那么可以而且应该把它们合并。反之，如果一个控制模块功能过于复杂，则应该分解为两个或多个控制模块，或者增加中间层次的控制模块。

4.3.7 设计优化

应该在设计的早期阶段尽量对软件结构进行优化。可以导出不同的软件结构，然后对它们进行评价和比较，力求得到“最好”的结果。这种优化的可能，是把软件结构设计和过程设计分开的真正优点之一。

设计优化应该力求做到在有效的模块化的前提下使用最少量的模块，以及在能够满足信息要求的前提下使用最简单的数据结构。

对时间起决定性作用的软件的优化方法：

（1）在不考虑时间因素的前提下开发并优化软件结构。

（2）在详细设计阶段选出最耗费时间的那些模块，仔细地设计它们的处理过程（算法），以求提高效率。

（3）在软件中孤立出那些大量占用处理器资源的模块。

（4）必要时重新设计或用依赖于机器的语言重写上述大量占用资源的模块的代码，以求提高效率。

【实战练习】

结合本章所学知识，联系实际生活，为某一汽车制造商写一篇数字仪表板系统的总体设计说明书。

第 5 章　软件详细设计

【本章案例：在线考试系统】

“在线考试系统”的详细设计需要考虑到其业务实际使用情况，在设计细节上要考虑到实现时能更好地体现业务的特性。在线考试系统一般都具有高用户量、高并发的特性，所以在详细设计时，阻塞锁的选择很重要，应避免一个用户把后面所有用户都阻塞了。大量并发同时也带来了磁盘 I/O 的高负载，这时在设计上就可以考虑在考试这一段时间，使用内存数据库做中转存储，然后高峰期过后再转移到物理磁盘上。在线考试系统还会在同一时间产生大量题目中转，这些题目的总量不大，可以直接缓存到内存中，加快进入在线考试系统的速度。同时，由于是在线考试系统，因此判断题应由服务器端完成而不是客户端。但在实际开发中，也有判断题由客户端完成的情况。在线考试系统还有其他特性，在做软件详细设计时，必须认真仔细分析具体情况，做充分的设计考虑。

【知识导入】

详细设计又称过程设计。在总体设计阶段，已经确定了软件系统的总体结构，给出系统中各元素组成模块的功能和模块间的联系，详细设计就是要在总体设计的基础上，考虑“如何实现”这个软件系统。因此，详细设计要给出总体设计所确立的每个模块的足够详细的过程描述。当然描述还不是程序，不能够在计算机上直接运行。

详细设计的后续工作就是编码，所以详细设计所产生的设计文档（详细设计说明书）的质量，将直接影响程序的质量。为了提高详细设计文档的质量和可读性，文档中应首先说明详细设计的目的、任务与表达工具，然后说明设计工具选择的原则，最后给出详细设计说明书以及评审的相关内容。

5.1　结构化程序设计

对软件的描述应该从宏观的结构和微观的过程两个方面进行，并最终把软件过程描述转换成程序代码。总体设计侧重于定义软件的宏观结构，即进行模块的划分以表示出它们之间的层次关系，定义每个模块的功能和性能以及模块之间的接口关系。对于模块内部，总体设计只是在模块说明书中进行一些非常简单的功能描述，这些功能描述只是回答模块“做什么”而不涉及“怎么做”。详细设计是对总体设计进行细化，将每个模块的功能处理成过程，回答“怎么做”的问题。详细设计是编码和测试的基础。

5.1.1 结构化程序设计的概念

什么叫程序设计？对于初学者来说，往往把程序设计简单地理解为只是编写一个程序，这是不全面的。程序设计反映了利用计算机解决问题的全过程，包含多方面的内容，而编写程序只是其中的一个方面。使用计算机解决实际问题，通常是先要对问题进行分析并建立数学模型，然后考虑数据的组织方式和算法，并用某一种程序设计语言编写程序，最后调试程序，使之运行后能产生预期的结果。这个过程称为程序设计。

如果一个程序的代码块仅仅通过顺序、选择和循环这三种基本控制结构进行连接，并且每个代码块只有一个入口和一个出口，则称这个程序是结构化的。

结构化程序设计是尽可能少用 GOTO 语句的程序设计方法。最好仅在检测出错误时才使用 GOTO 语句，而且应该总是使用前向 GOTO 语句。

在拿到一个实际问题之后，应对问题的性质与要求进行深入分析，从而确定求解问题的数学模型或方法。接下来进行算法设计，并画出流程图。有了算法流程图，再来编写程序是很容易的事情。有些初学者，在没有把所要解决的问题分析清楚之前就急于编写程序，结果编程思路紊乱，很难得到预期的结果。

5.1.2 结构化程序设计的思想及流程图

结构化程序设计（Structured Programming）的核心是算法设计，基本思想是采用自顶向下和逐步细化的设计方法以及单入单出的控制结构，即将一个复杂问题按照功能进行拆分，并逐层细化到便于理解和描述的程度，最终形成由多个小模块组成的树形结构，其中每个模块都是单入单出的控制结构。

结构化程序设计包括三种基本结构：顺序结构、选择结构和循环结构。所有的算法都可以用这三种结构来描述。

描述结构化程序设计一般采用流程图的方法。流程图可以分为两种：传统流程图和 N-S 流程图。下面分别介绍这两种流程图。

1. 传统流程图

传统流程图是用一些图框表示各种操作，由这些图框组成的流程图可以把解决问题的先后次序直观地描述出来。流程图常用符号如图 5-1 所示。

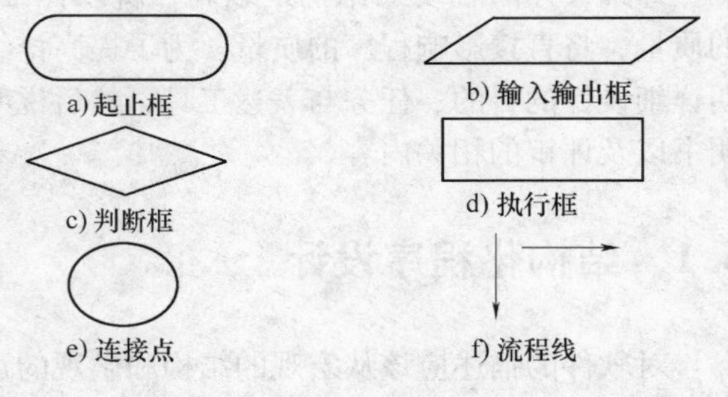

图 5-1 流程图常用符号

顺序、选择和循环三种基本结构的传统流程图的示意如图 5-2 所示。

传统流程图可以直观表示算法，易于理解，但是它对流程线即箭头的使用没有严格限制，很容易使流程图变得复杂而没有规律。与传统流程图相比，N-S 流程图更适合结构化程序设计。

2. N-S 流程图

20 世纪 70 年代出现了一种新的流程图——N-S 流程图。N-S 流程图去掉了所有箭头，将全部算法写在一个矩形框内，在该框内还可以包含从属于它的其他矩形框。

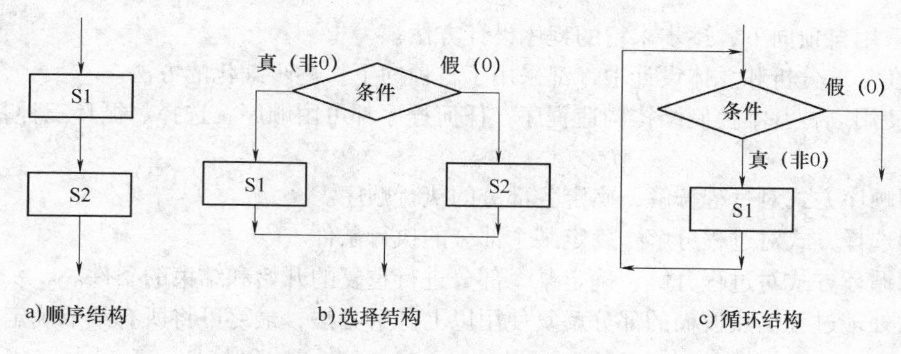

图 5-2　三种基本结构的传统流程图

顺序结构、选择结构、当型循环结构和直到型循环结构的 N-S 流程图的示意如图 5-3 所示。

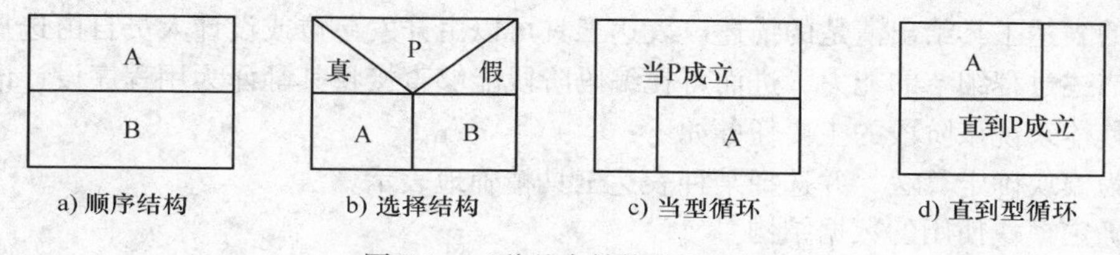

图 5-3　三种基本结构的 N-S 图

例如：将求 5！的算法分别用传统流程图和 N-S 流程图表示出来，结果如图 5-4 所示。

5.1.3　结构化程序设计的方法

结构化程序设计采用自顶向下、逐步求精和模块化的分析方法。

自顶向下是指对设计的系统要有一个全面的了解和深入的理解。从问题的全局入手，把一个复杂问题分解成若干个相互独立的子问题，然后对每个子问题再作进一步的分解，如此重复，直到每个问题都容易解决为止。

逐步求精是指程序设计的过程是一个逐步渐进的过程，先把一个子问题用一个程序模块来描述，再把每个模块的功能逐步分解细化为一系列的具体步骤，最终能用某种程序设计语言的基本控制语句来实现。逐步求精总是与自顶向下结合使用，一般把逐步求精看作自顶向下设计的具体体现。

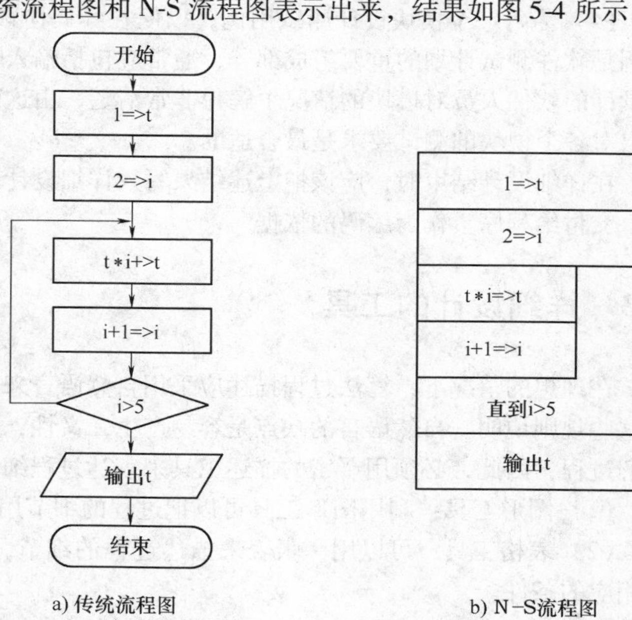

图 5-4　分别以传统流程图和 N-S 图计算 5！

模块化是结构化程序的重要原则。所谓模块化就是把大程序按照功能分为较小的程序。

（1）采用自顶向下，逐步求精的程序设计方法。

（2）在需求分析和总体设计中，都采用了自顶向下，逐步细化的方法。

（3）使用三种基本控制结构构造程序，任何程序都可由顺序、选择、循环三种基本控制结构构造。

1）用顺序方式对过程分解，确定各部分的执行顺序。

2）用选择方式对过程分解，确定某个部分的执行条件。

3）用循环方式对过程分解，确定某个部分进行重复的开始和结束的条件。

4）对处理过程仍然模糊的部分反复使用以上分解方法，最终可将所有细节确定下来。

5.2 详细设计的任务

详细设计的目的是为软件结构中的每一个模块确定使用的算法和内部数据结构，并选用一种合适的表达工具给出清楚的描述。表达工具可以由开发单位或设计人员自由选择，但是必须具有描述过程细节的能力，进而可在编码阶段能够直接将其翻译为用程序设计语言书写的程序。具体来说该阶段的主要任务如下：

（1）为模块确定算法，并选择某种表达工具精确地表示算法。

（2）确定模块使用的数据结构。

（3）确定模块接口的细节，包括对系统外部的接口和用户界面，对系统内部其他模块的接口，以及模块输入数据、输出数据及局部数据的全部细节。

（4）为每一个模块设计测试用例，以便在编码阶段对模块进行预定测试。模块的测试用例是软件测试计划的重要组成部分，通常应包括输入数据、期望输出结果等内容，负责详细设计的软件人员对模块的情况了解得非常清楚，由这部分工作人员在完成详细设计后接着提出对各个模块的测试要求是最合适的。

在详细设计结束时，应该把上述结果写入详细设计说明书中，并且通过复审形成正式文档，交付给程序员作为编码的依据。

5.3 详细设计的工具

在理想的情况下，算法过程描述应采用自然语言来表达，这样使得不懂软件的人较易理解这些规则说明。自然语言的缺点是容易产生二义性，常常要参考上下文才能够把握问题的求解过程，因此，必须用严密的描述工具来表达过程细节。详细设计的工具有以下几种。

（1）图形工具：利用图形工具可以把过程的细节用图形描述出来。

（2）表格工具：可以用一张表来描述过程的细节，在这张表中列出了各种可能的操作和相应的条件。

（3）语言工具：用某种语言来描述过程的细节。

5.3.1 程序流程图

在20世纪40年代末到70年代中期，程序流程图一直是软件设计的工具。它以对控制流程的描绘直观、易于掌握而被设计人员所青睐。程序流程图又称为程序框图，它是历史最悠久、使用最广泛的描述过程设计的方法，其主要优点是对控制流程的描绘很直观，便于初学者掌握。程序流程图历史悠久，至今仍被广泛使用着。

程序流程图的基本符号如图 5-5 所示。

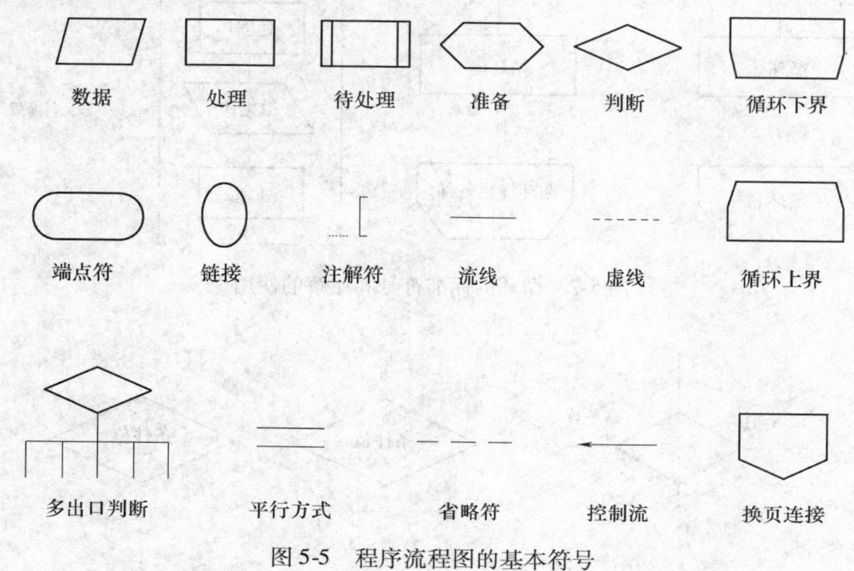

图 5-5　程序流程图的基本符号

程序流程图使用五种基本控制结构，如图 5-6 所示。循环的标准符号和注解的使用如图 5-7 所示；多出口的判断如图 5-8 所示。

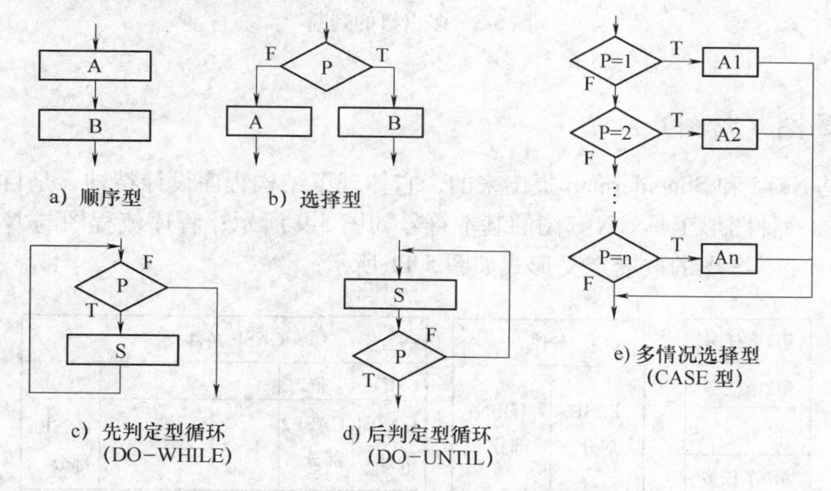

图 5-6　程序流程图使用五种基本控制结构

程序流程图的缺点：本质上不具备逐步求精的特点，对于提高大型系统的可理解性作用甚微，不易表示数据结构，转移控制不方便。程序流程图本质上不是逐步求精的好工具，它诱使程序员过早地考虑程序的控制流程，而不去考虑程序的全局结构。程序流程图中用箭头代表控制流，因此程序员不受任何约束，可以完全不顾结构程序设计的精神，随意转移控制。程序流程图不易表示数据结构。

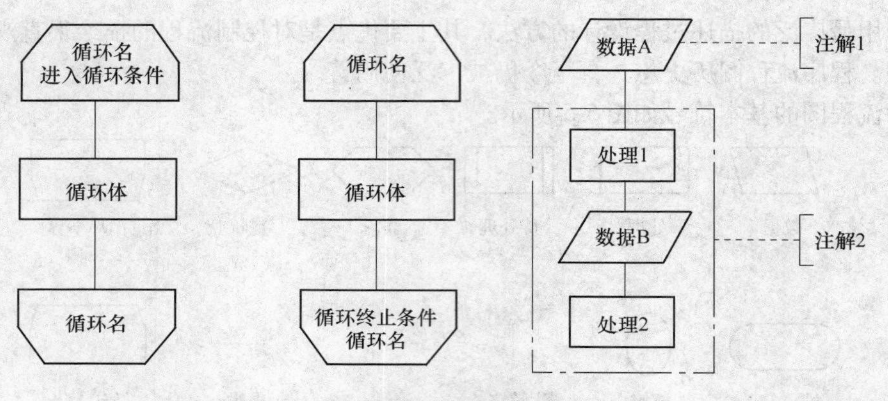

图 5-7　循环的标准符号和注解的使用

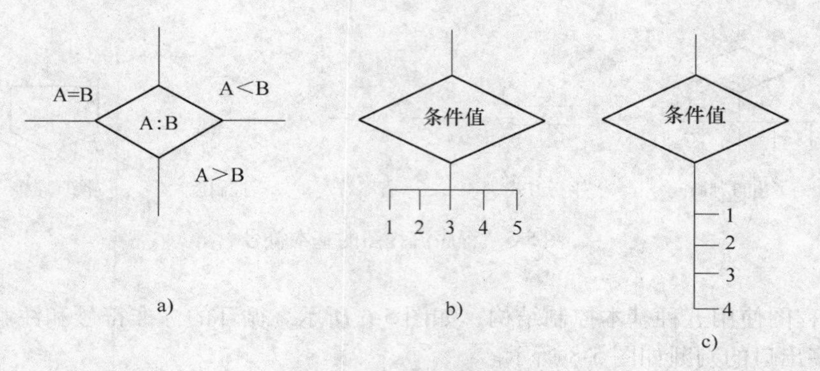

图 5-8　多出口的判断

5.3.2　N-S 图（盒图）

N-S 图是 Nassi 和 Shneiderman 提出来的，它体现了结构程序设计精神，是目前过程设计中广泛使用的一种图形工具。N-S 图的基本符号如图 5-9 所示；程序流程图与 N-S 图的转换如图 5-10 所示；N-S 图的嵌套定义形式如图 5-11 所示。

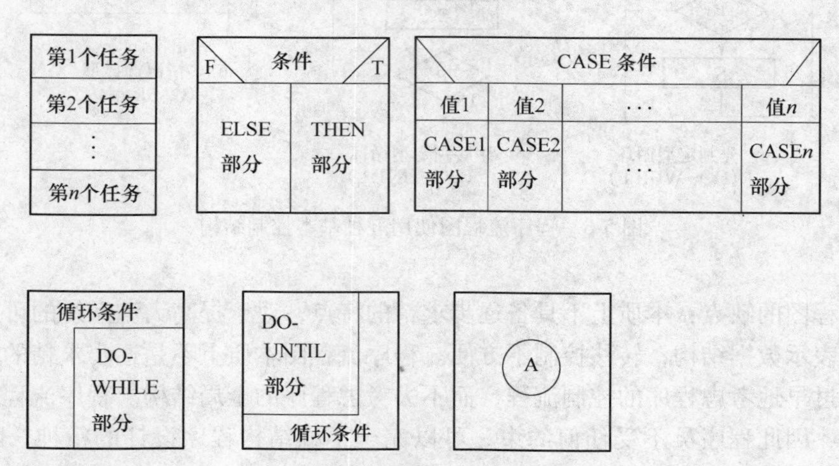

图 5-9　N-S 图的基本符号

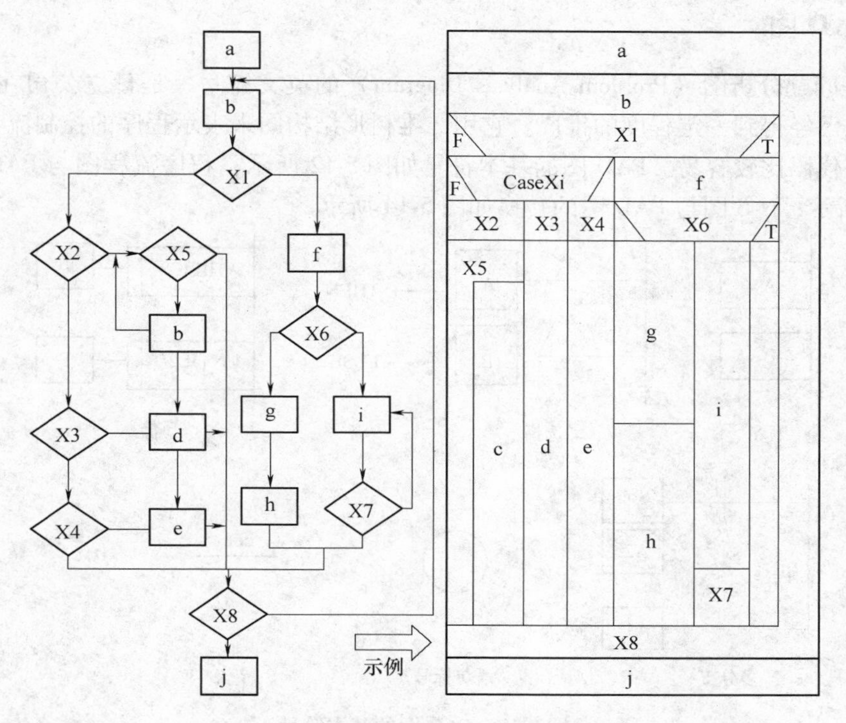

图 5-10　程序流程图与 N-S 图的转换

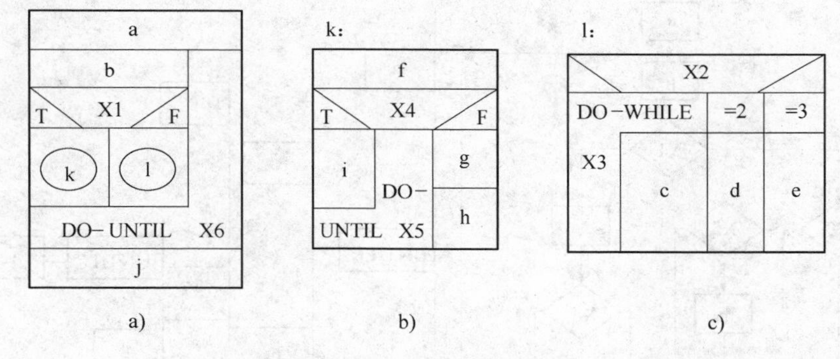

图 5-11　N-S 图的嵌套定义形式

1. N-S 图的优点

（1）功能域明确，可以很直观地从 N-S 图上看出来。

（2）不可能任意转移控制，确保了程序的良好结构。

（3）很容易确定局部和全局数据的作用域。

（4）很容易表现嵌套关系，也可以表示模块的层次结构。

2. N-S 图的缺点

随着程序内嵌套的层数增多，内层方框越来越小，这样不仅会增加画图的难度，同时还会影响图形的清晰度。

5.3.3 PAD 图

PAD 是问题分析图（Problem Analysis Diagram）的英文缩写，是日立公司在 1973 年发明的，现在已经得到一定程度的推广。它用二维树形结构图来表示程序的控制流，将这种图翻译成程序代码比较容易。PAD 图的基本符号如图 5-12 所示；程序流程图与 PAD 图的转换如图 5-13 所示；N-S 图与 PAD 图的转换如图 5-14 所示。

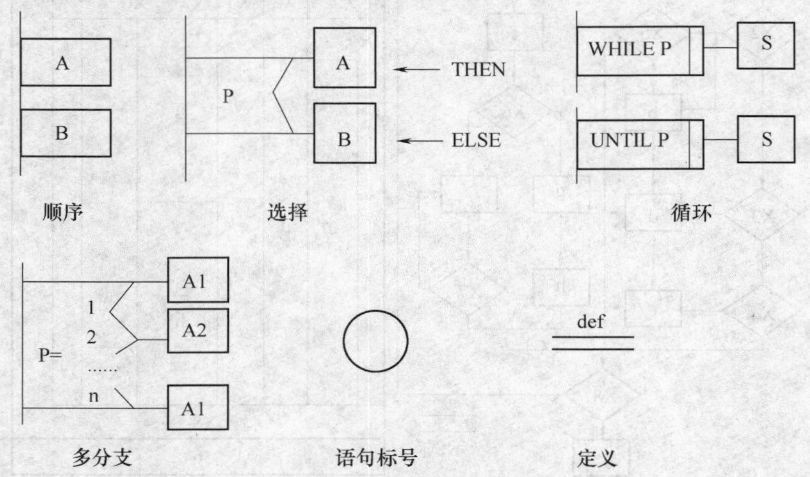

图 5-12 PAD 图的基本符号

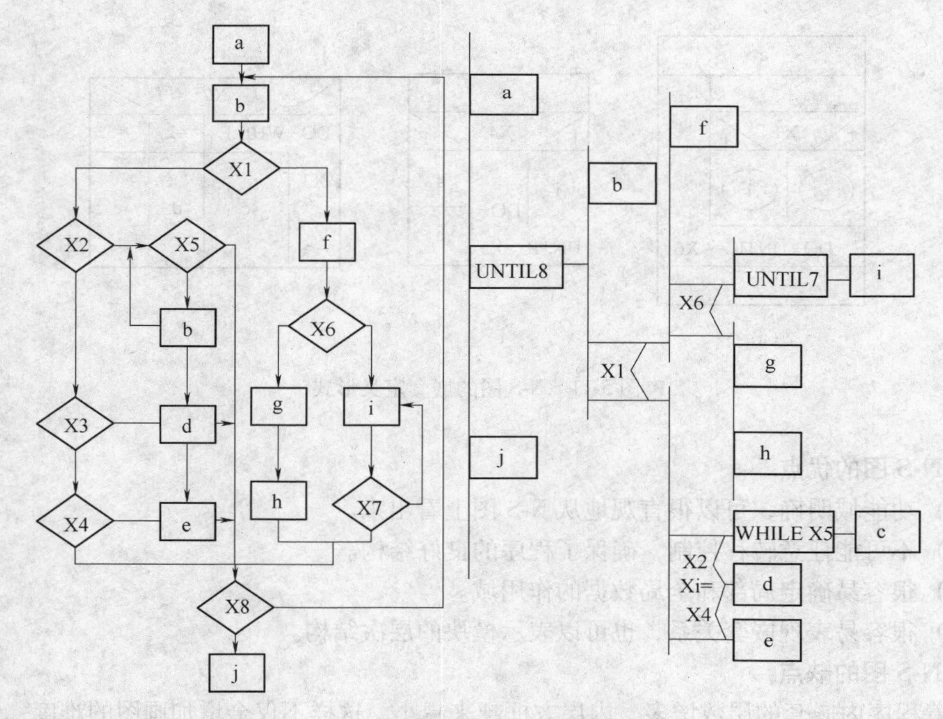

图 5-13 程序流程图与 PAD 图的转换

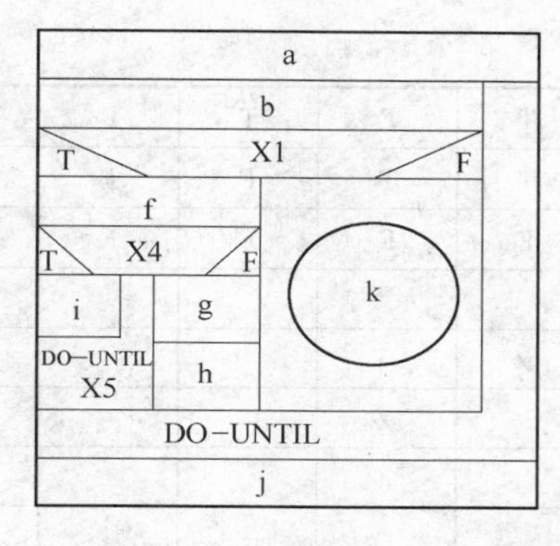

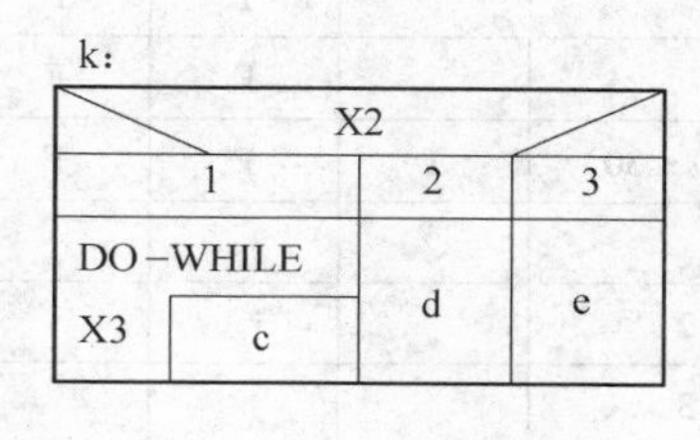

图 5-14　N-S 图与 PAD 的转换

PAD 图的主要优点如下：

（1）使用表示结构化控制结构的 PAD 符号设计出来的程序必然也是结构化程序。

（2）PAD 图所描绘的程序结构是十分清晰的。

（3）PAD 图很好地表现了程序逻辑，易读、易懂、易记。

（4）可以很容易将 PAD 图转换成高级语言源程序，而且这种转换可以通过软件工具自动完成。

（5）PAD 图即可表示程序逻辑，也可描绘数据结构。

（6）PAD 图的符号支持自顶向下、逐步求精方法的使用。

5.3.4　判定表

当算法中包含多重嵌套的条件选择时，用程序流程图、N-S 图、PAD 图或后面即将介绍的过程设计语言（PDL）都不易清楚地描述。判定表却能够清晰地表示复杂的条件组合与应做的动作之间的对应关系。

一张判定表由四部分组成，如图 5-15 所示。

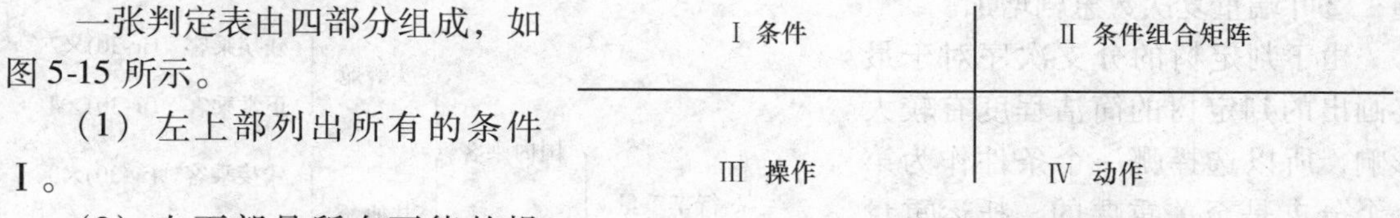

图 5-15　判定表的组成图

（1）左上部列出所有的条件Ⅰ。

（2）左下部是所有可能的操作Ⅲ。

（3）右上部是各种条件的组合矩阵Ⅱ。

（4）右下部是每种条件组合对应的动作Ⅳ。

例 5-1　某航空公司规定，乘客可以免费托运重量不超过 30kg 的行李。当行李重量超过 30kg 时，头等舱国内乘客超重部分每 kg 收费 4 元，其他舱的国内乘客超重部分每 kg 收费 6 元。对于外国乘客超重部分每 kg 收费比国内乘客多一倍；对于残疾乘客超重部分每 kg 收费比正常乘客少一半。托运重量收费判定表见表 5-1。

表 5-1　托运重量收费判定表

国外乘客		F	F	F	F	T	T	T	T
国内乘客		T	T	T	T	F	F	F	F

（续）

头等舱		T	F	T	F	T	F	T	F
残疾乘客		F	F	T	T	F	F	T	T
行李重量/kg（w≤30）	T	F	F	F	F	F	F	F	F
免费	✓								
（w-30）×2				✓					
（w-30）×3					✓				
（w-30）×4		✓						✓	
（w-30）×6			✓						✓
（w-30）×8						✓			
（w-30）×12							✓		

注：T——True，F——False，w——Weight。

1. 判定表的优点

能清晰地表示复杂的条件组合与应做的动作之间的对应关系。

2. 判定表的缺点

（1）判定表的含义不是一眼就能看出来的，初次接触这种工具的人理解它需要有一个简短的学习过程。

（2）当数据元素的值多于两个时，判定表的简洁程度也将下降。

5.3.5 判定树

判定树是判定表的另一种表现形式，也能清晰地表示复杂的条件组合与应做的动作之间的对应关系。多年来判定树一直受到人们的重视，是一种比较常用的系统分析和设计的工具。判定树表现形式简单，但简洁性不如判定表，具体表现在①经常出现同一个值重复写多遍；②叶端重复次数急剧增加。

由于判定树的分支次序对于最终画出的判定树的简洁程度有较大影响，所以选择哪一个条件作为第一个分支是至关重要的。托运重量收费算法的判定树如图5-16所示。

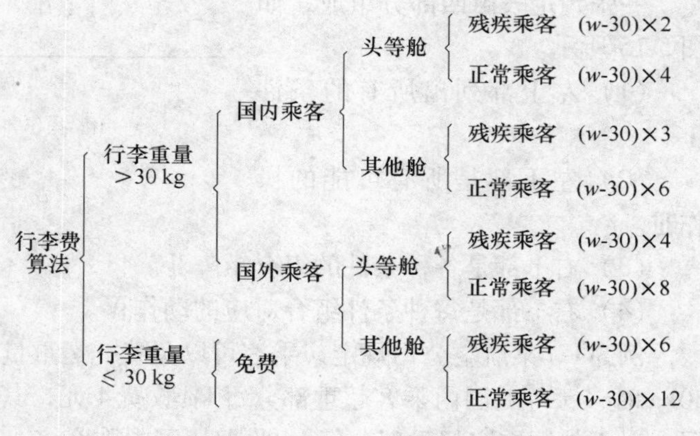

图5-16　托运重量收费算法判定树

1. 判定树的优点

形式简单，一眼就可以看出其含义，因此易于掌握和使用。

2. 判定树的缺点

（1）简洁性不如判定表，数据元素的同一个值往往要重复写多遍，而且越接近树的叶端重复次数越多。

（2）画判定树时分支的次序可能对最终画出的判定树的简洁程度有较大影响。

例5-2　某校制定了教师的讲课课时津贴标准。对于各种性质的讲座，无论教师是什么职称，每课时津贴费一律是50元。对于一般的授课，则根据教师的职称来决定每课时津贴费：教授30元，副教授25元，讲师20元，助教15元。请分别用判定表和判定树表示津贴标准。

津贴标准判定表见表5-2；津贴标准判定树如图5-17所示。

表5-2 津贴标准判定表

	1	2	3	4	5
教授		T	F	F	F
副教授		F	T	F	F
讲师		F	F	T	F
助教		F	F	F	T
讲座	T	F	F	F	F
50	✓				
30		✓			
25			✓		
20				✓	
15					✓

5.3.6 过程设计语言

过程设计语言（PDL）是一种“混杂式语言”，其特点是①采用了某种语言（如英语）的词汇；②采用另一种语言（某种结构化程序设计语言）的全部语法；③具有数据说明、子程序、分程序、顺序控制、输入和输出结构。

过程设计语言PDL是一种用于描述功能模块的算法设计和加工细节的语言，它是一种伪码。一般地，伪码的语法规则分为“外语法”和“内语法”。外语法应当符合一般程序设计语言常用语句的语法规则，而内语法可以用英语中一些简单的句子、短语和通用的数学符号来描述程序应执行的功能。

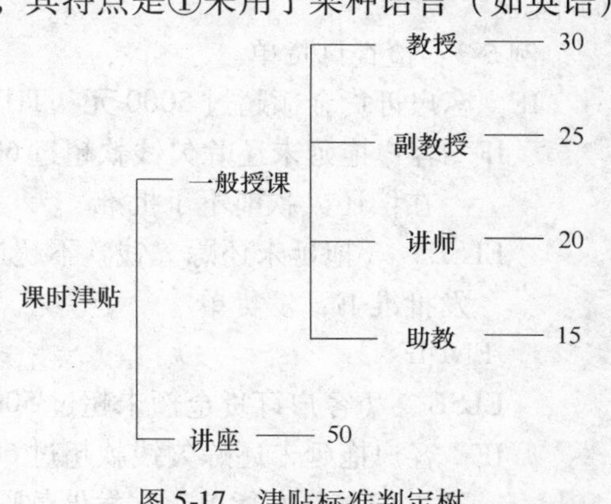

图5-17 津贴标准判定树

使用PDL语言可以做到逐步求精：从比较概括和抽象的PDL程序起，逐步写出更详细、更精确的描述。下面是PDL语言的一个例子。

A Fast N-Queen Search Algorithm

```
1. FUNCTION queen _ search (queen: arry [1...n] of integer)
2. BEGINE
3.     REPEAT
4.         Generate a random permutation of queen1 to queenn;
5.         FOR all i, j; where queen1; or queenn; is attacked do
6.             IF swap (queeni, queenj) reduces collisions
7.             THEN perform _ swap (queeni, queenj);
8.     UNTIL no collisions;
```

9. END;

1. PDL（描述程序逻辑设计的语言）的特点

（1）有固定的外语法关键字，提供全部结构化控制结构、数据说明和模块特征。属于外语法的关键字是有限的词汇集，它们能对 PDL 正文进行结构分割，使之变得易于理解。为了区别关键字，规定关键字一律大写，其他单词一律小写。

（2）内语法使用自然语言来描述处理特性。内语法比较灵活，只要写清楚就可以，不必考虑语法错，以利于人们可把主要精力放在描述算法的逻辑上。

（3）有子程序定义与调用机制，用以表达各种方式的接口说明。有数据说明机制，包括简单的（如标量和数组）与复杂的（如链表和层次结构）的数据结构。

2. PDL 的优点

（1）可以作为注释直接插在源程序中间，有助于保持文档和程序的一致性，提高了文档的质量。

（2）可以使用普通的文本编辑程序或文字处理系统，很方便地完成 PDL 的书写和编辑工作。

（3）已经有自动处理程序存在，而且可以自动由 PDL 生成程序代码。

3. PDL 的缺点

不如图形工具形象直观；描述复杂的条件组合与动作间的对应关系时，不如判定表清晰简单。

例 5-3 检查订货单。

```
IF  客户订货金额超过 5000 元  THEN
  IF  客户拖延未还赊欠钱款超过 60 天  THEN
       在偿还欠款前不予批准
  ELSE  （拖延未还赊欠钱款不超过 60 天）
     发批准书，发货单
   ENDIF
  ELSE  （客户订货金额未超过 5000 元）
  IF  客户拖延未还赊欠钱款超过 60 天  THEN
     发批准书，发货单，并发催款通知书
  ELSE  （拖延未还赊欠钱款不超过 60 天）
     发批准书，发货单
  ENDIF
ENDIF
```

4. PDL 常见的语言结构如下

（1）数据说明

DECLARE〈数据名〉AS〈限定词〉

（2）子程序结构

PROCEDURE〈子程序名〉

INTERFACE〈参数表〉

　〈分程序或 PDL 语句〉

```
RETURN
END 〈子程序名〉
```

(3) 分程序结构

```
BEGIN〈分程序名〉
  〈PDL 语句〉
END 〈分程序名〉
```

(4) 顺序控制结构

1) 选择型

```
IF〈条件〉THEN
      〈PDL 语句〉
ELSE
      〈PDL 语句〉
END IF
```

2) WHILE 型循环

```
LOOP WHILE〈条件〉
  〈PDL 语句〉
END LOOP
```

3) UNTIL 型循环

```
LOOP UNTIL〈条件〉
〈PDL 语句组〉
END LOOP
```

4) CASE 型

```
CASE〈选择因子〉OF
〈标号〉{,〈标号〉}:〈PDL 语句〉
……
  :[ <PDL 语句 > ]
END CASE
```

(5) 输入/输出结构　一般采用如下语句:

```
PRINT
READ
DISPLAY
INPUT
OUTPUT 等。
```

5.4 面向数据结构的设计方法

5.4.1 数据结构对程序的影响

数据结构既影响程序的结构又影响程序的处理过程。

（1）重复出现的数据通常由具有循环控制结构的程序来处理。

（2）选择数据要用带有分支控制结构的程序来处理。

（3）层次化的数据组织通常和使用这些数据的程序的层次结构十分相似。

面向数据结构的设计方法的最终目标是得出对程序处理过程的描述。这种方法最适合于在详细设计阶段使用。

面向数据结构的两个设计方法是 Jackson 方法和 Warnier 方法。

数据元素彼此间的逻辑关系有顺序、选择和重复，因此逻辑数据结构也只有这三类。

5.4.2 描述数据结构的工具——Jackson 图

1. Jackson 图的组成

Jackson 图由顺序结构、选择结构和重复结构组成。

（1）顺序结构　顺序结构的数据由一个或多个数据元素组成，每个元素按确定次序出现一次。顺序结构的 Jackson 图如图 5-18 所示。

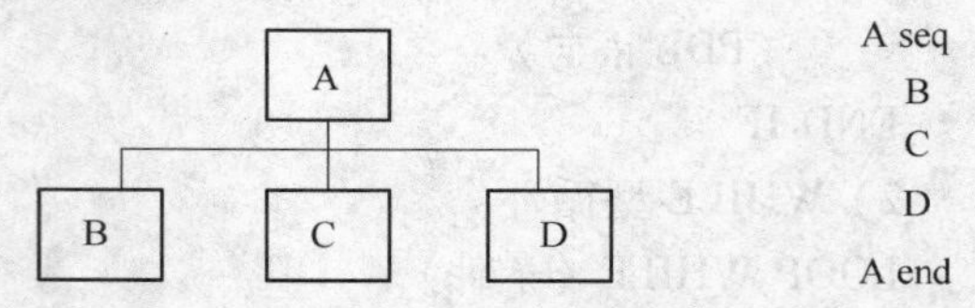

图 5-18　顺序结构的 Jackson 图

（2）选择结构　选择结构的数据包含两个或多个数据元素，每次按一定的条件从这些数据元素中选择一个，具体分为：①选择结构，②可选结构。选择结构的 Jackson 图如图 5-19 所示。

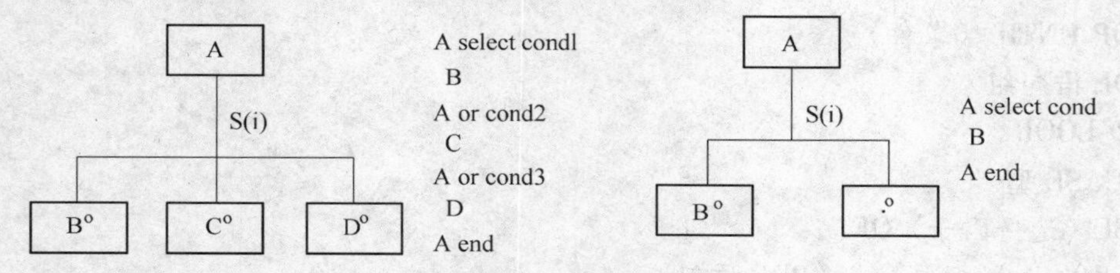

图 5-19　选择结构的 Jackson 图

（3）重复结构　重复结构的数据根据使用时的条件由一个数据元素出现零次或多次构成。重复结构的 Jackson 图如图 5-20 所示。

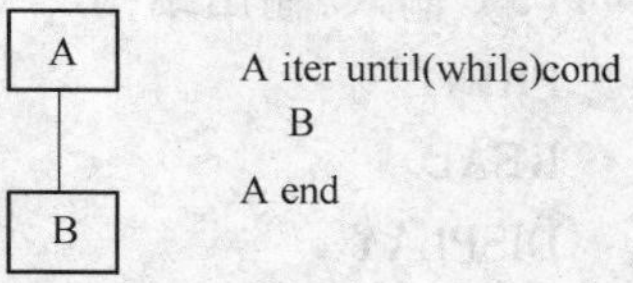

A

B

A iter until(while)cond
B
A end

图 5-20　重复结构的 Jackson 图

（4）Jackson 图应用举例　某商场开展信用卡购物业务，建立了一个账目，账目中记录了每位顾客的顾客号码、支付日期和支付金额。这个账目是按顾客号码进行登录的。店方每隔一段时间就需要做一个记账报告，报告中要包括顾客号码、支付日期、支付金额、老结余（旧存款额）、新结余（新存款额）等，如图 5-21 所示。

“支付账册”中的实体包括：“顾客号码”“支付日期”和“支付金额”；“记账报告”中的实体包括：“顾客号码”“支付日期”“支付金额”“老结余”和“新结余”。现以“记账报告”的 Jackson 图进行分析。

在 Jackson 方法中，实体结构是指实体在时间坐标中的行为序列，这种序列以顺序、选择和重复三种结构进行复合，其中的子节点既可以是行为，也可以是子实体。在后一种情况

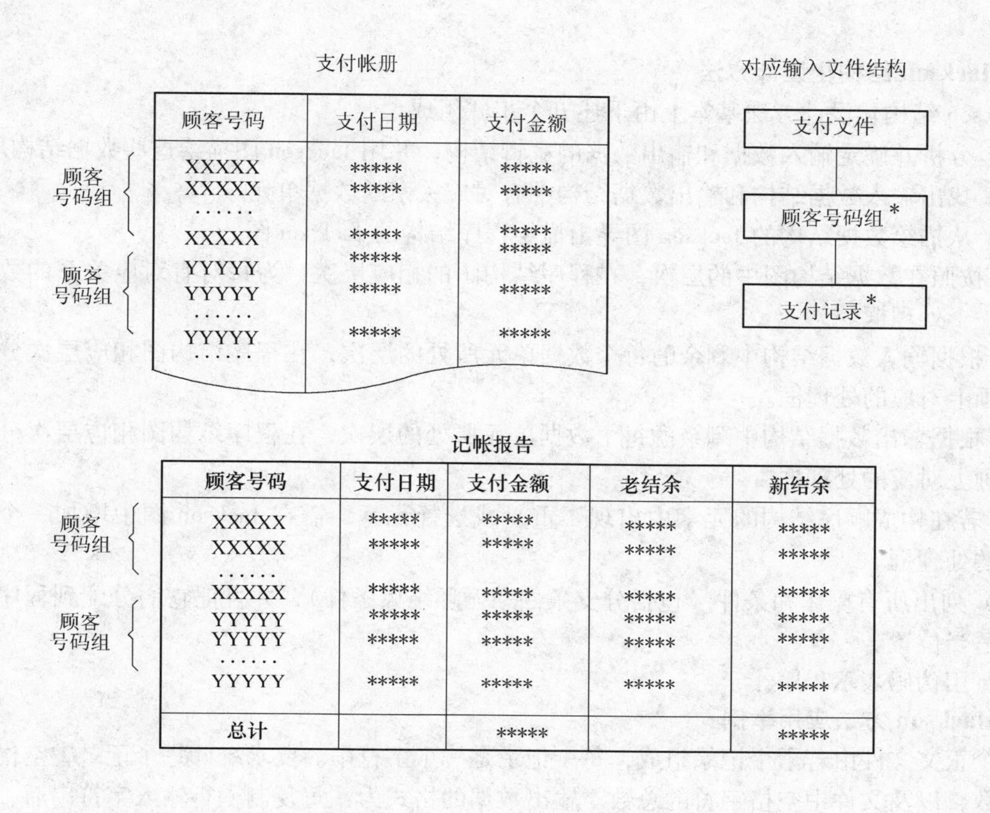

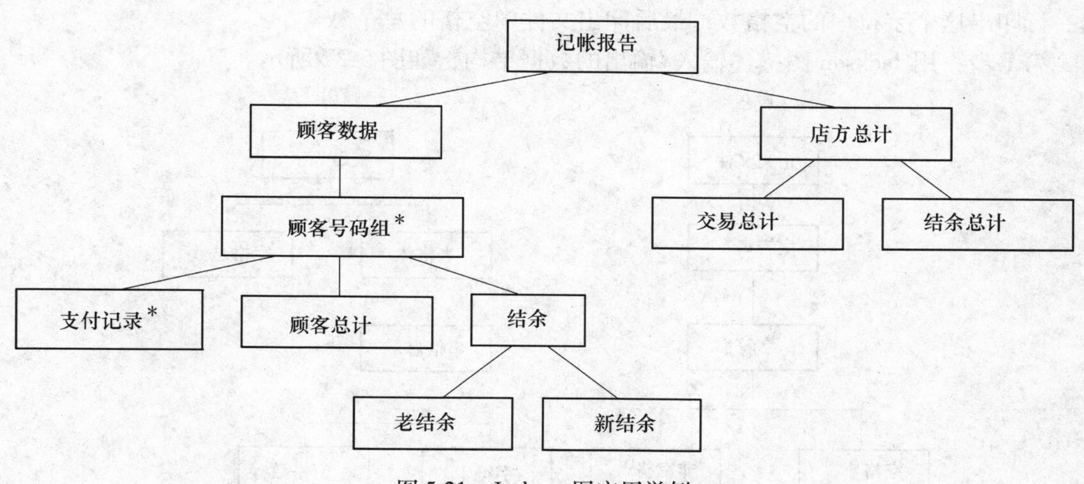

图 5-21　Jackson 图应用举例

下，子实体应该继续分解，不能作为实体结构图的叶节点。

"记账报告"作为一个实体，可以分解为"顾客数据"和"店方总计"。"顾客数据"对应"顾客号码组"，"顾客号码组"有很多，所以是一个重复状态。"顾客号码组"分解为"支付记录""顾客总计""结余"三个子节点，其中的"结余"又可继续分解为"老结余"和"新结余"两个子节点。"店方总计"则可分解为"交易总计"和"结余总计"两个子节点。

2. Jackson 结构化设计方法

Jackson 结构化设计方法基本上由下述五个步骤组成：

（1）分析并确定输入数据和输出数据的逻辑结构，并用 Jackson 图描绘这些数据结构。

（2）找出输入数据结构和输出数据结构中有对应关系的数据单元。

（3）从描绘数据结构的 Jackson 图导出描绘程序结构的 Jackson 图。

1）按照在数据结构图中的层次，在程序结构图的相应层次，为每对有对应关系的数据单元画一个处理框。

2）根据输入数据结构中剩余的每个数据单元所处的层次，在程序结构图相应层次分别为它们画上对应的处理框。

3）根据输出数据结构中剩余的每个数据单元所处的层次，在程序结构图相应层次分别为它们画上对应的处理框。

4）若在构成顺序结构的元素中出现了重复或选择元素，需在 Jackson 图中增加一个中间层次的处理框。

（4）列出所有操作和条件（包括分支条件和循环结束条件），并且把它们分配到程序结构图的适当位置。

（5）用伪码表示程序。

3. Jackson 方法应用举例

一个正文文件由若干个记录组成，每个记录是一个字符串。要求统计每个记录中空格字符的个数，以及文件中空格字符的总数。输出数据的格式为：每复制一行输入字符串后，另起一行印出这个字符串的空格数，最后印出文件中空格的总个数。

第 1 步：用 Jackson 图描述输入/输出的数据结构，如图 5-22 所示。

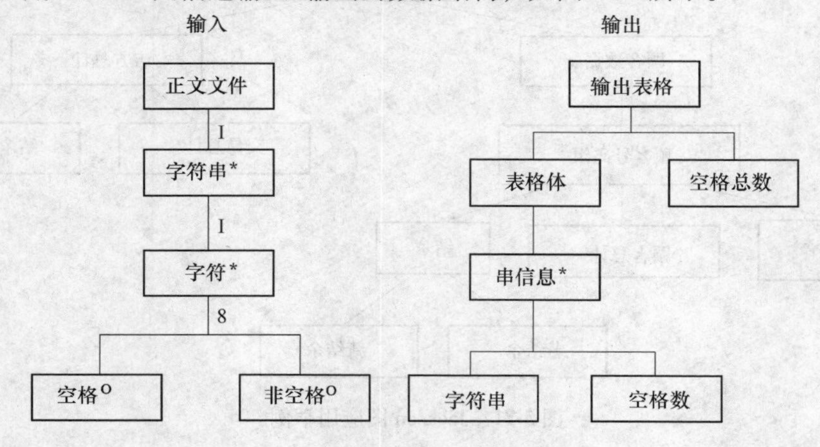

图 5-22　输入/输出信息图

分析：根据图 5-22 中的信息可以确定输入数据和输出数据的逻辑结构。输入数据包括：字符串、字符；字符可以分解为空格和非空格两种形式。输入字符串和字符是一个重复的过程，用“*”表示；在输入的最后一步要做出输出空格或非空格的选择，用“o”表示。输出时，首先选择输出的格式为表格；表格可以分解为表格体和空格总数；在表格体存入串信息也是一个重复（“*”）的过程；最后输出的是字符串的空格数和文件中空格的总数。

图中循环的终止条件：

（1）输入字符串结束（输入信息中的Ⅰ）。

（2）输出字符串结束（输出信息中的Ⅰ）。

第2步：在图5-22中指出有直接因果关系、可以同时处理的单元（重复的次序，次数均相同），如图5-23所示。

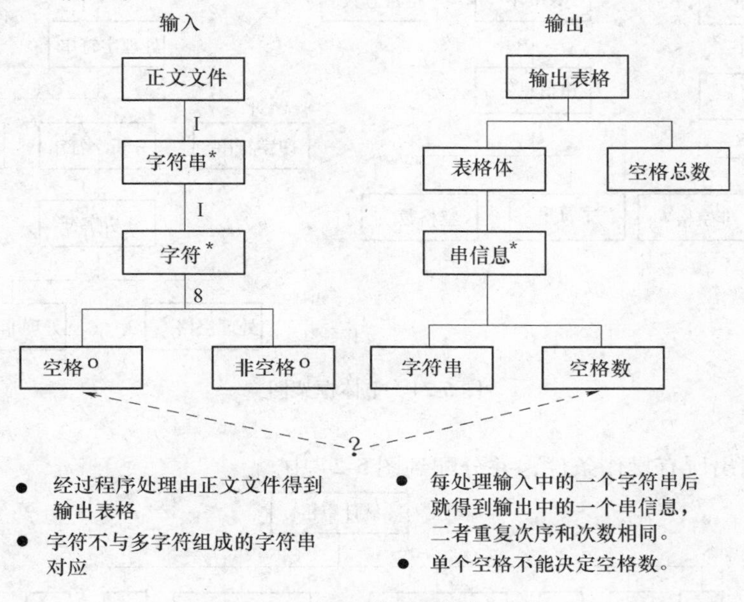

图5-23　输入/输出数据关系图

分析：图5-23是用于分析输入/输出的关系。设计中规定每复制一行输入字符串后，另起一行打印出这个字符串的空格数，最后才统计出文件中空格的总数，所以在输入一行字符串和输出空格数之间存在一定的关系。在图中建立了这种关系，且相应的处理在图中已经说明。

第3步：从数据结构转换为程序结构。把有对应关系的单元合为一个处理框，画在相应的层次中（不同层以低层为准）。

注意：顺序执行的处理中不允许混有重复执行或选择执行的处理。

分析：图5-24是由输入/输出信息图而得到的整体框架图。虚线箭头标识的是输入和输出之间的关系；由中间部分的输出图可得到右边的输出处理图。输出时首先进入统计空格的程序体，由程序体进行字符串的处理。处理包括打印字符串、分析字符串（Ⅰ依然是处理输出字符串中的字符时的循环结束条件）和打印空格数。分析字符时要选择两种处理方式：处理空格和处理非空格。处理结束后打印出空格数；待处理完所有记录后，再打印出所有的空格总数。整个图可以看做是一个处理输出的流程，从上到下、从左到右执行。从左到右执行相当于二叉树的一种遍历方式：先遍历完所有的左分支，再遍历右分支。

图中操作条件：

S：选择条件。

I：循环条件（每个图中I对应有不同的条件，视情况而定）。

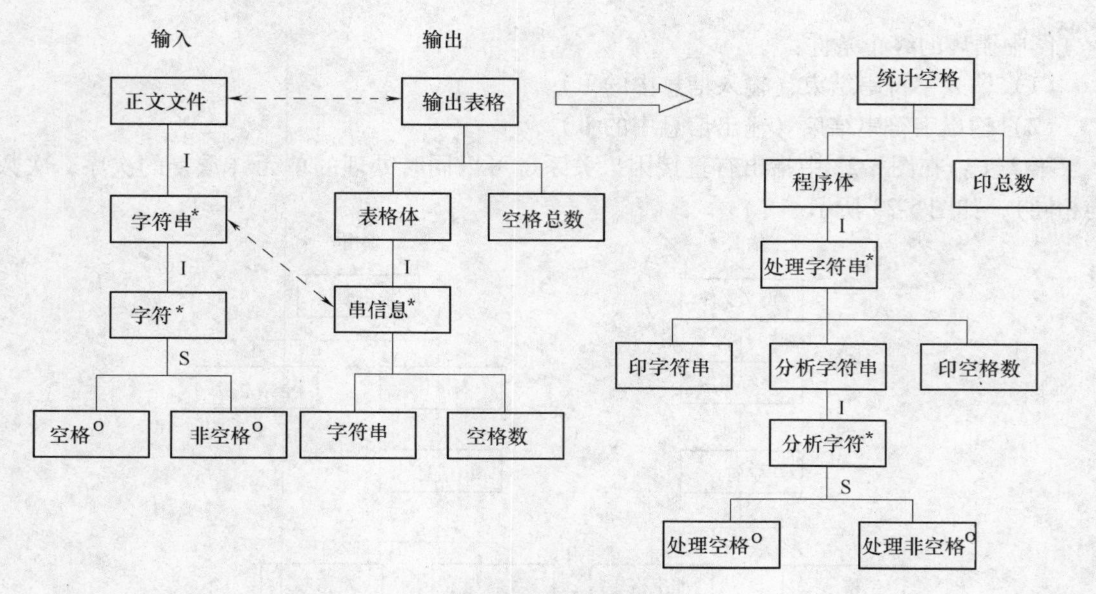

图 5-24 整体框架图

第 4 步：列出所有操作条件，并分配到图 5-24 中。

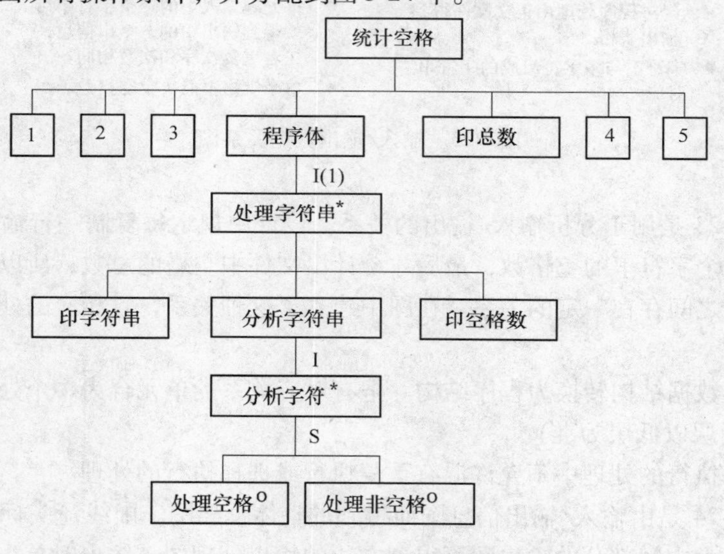

图 5-25 输出处理流程图

图 5-25 是对输出空格字符的处理。图中 I（1）代表的是进入程序体时需要执行一次。进入程序体时以传参数的方式进行参数设置。

图中操作条件：

S：选择条件。

I：循环条件（每个图中 I 对应有不同的条件，视情况而定）。

I（1）：第一次进入程序体，只进入程序体一次。

第 5 步：用伪代码表示程序。

4. Jackson 图的特点

(1) Jackson 图的优点

1) 便于表示层次结构，而且是对结构进行自顶向下分解的有力工具。

2) 形象直观，可读性好。

3) 既能表示数据结构也能表示程序结构。

(2) Jackson 图的缺点

1) 表示选择或重复结构时，选择条件或循环结束条件不能直接在图上表示出来，影响了图的表达能力，也不易直接把图翻译成程序。

2) 框间连线为斜线，不易在行式打印机上输出。

Jackson 图和结构图的区别如表 5-3 所示。

表 5-3 Jackson 图与结构图的区别

	Jackson 图	结构图
作用	①描绘数据结构 ②描绘程序结构	描绘软件结构
矩形框	①数据元素 ②几个语句	模块
连线	组成关系	调用关系

5.5 程序复杂程度的定量度量

详细设计阶段设计出的模块质量，可以使用软件设计的基本原理和概念进一步仔细衡量。但是，这种衡量毕竟只能是定性的，人们希望能进一步定量度量软件的性质。定量度量程序复杂程度的作用如下：

(1) 把程序的复杂程度乘以适当常数，即可估算出软件中错误的数量以及软件开发需要的工作量。

(2) 定量度量的结果可以用来比较两个不同的设计方案或两个不同算法的优劣。

(3) 程序的定量的复杂程度可以作为模块规模的精确限度。

1. McCabe 方法

(1) 流图 McCabe 方法是根据程序控制流的复杂程度，定量度量程序的复杂程度，这样度量出的结果称为程序的环形复杂度。

所谓流图实质上是“退化了的”程序流程图，它仅仅描绘程序的控制流程，完全不表现对数据的具体操作以及分支或循环的具体条件。

1) 流图的表示

流图如图 5-26 所示。

①节点：用圆表示，一个圆代表一条或多条语句。

②边：箭头线称为边，代表控制流。在流图中一条边必须终止于一个节点，即使这个节点并不代表任何语句。

③区域：由边和节点围成的面积称为区域，包括图外部未被围起来的区域。

2) 映射方法

①任何方法表示的过程设计结果，都可以翻译成流图。

②对于顺序结构，一个顺序处理序列和下一个选择或循环的开始语句，可以映射成流图中的一个节点。

③对于选择结构，开始语句映射成一个节点，两条分支至少各映射成一个节点，结束映射成一个节点。

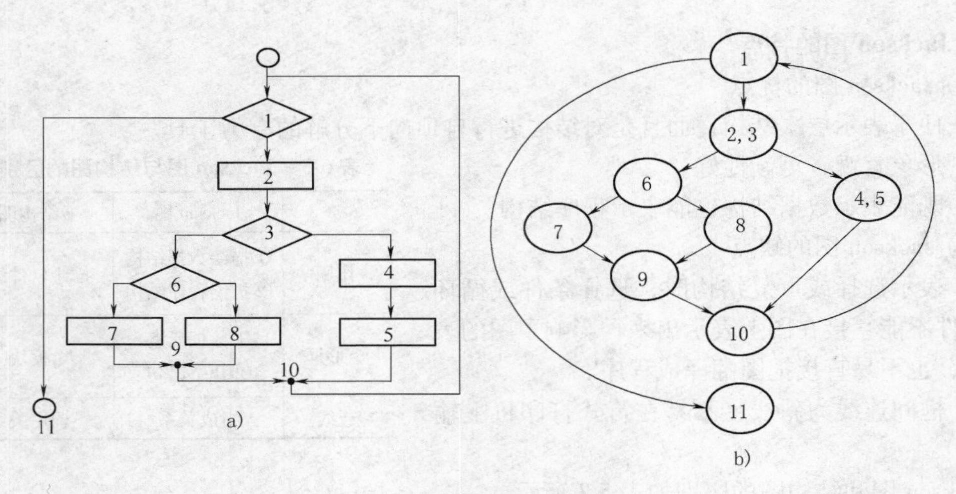

图 5-26　流图

④对于循环结构，开始和结束语句各映射成一个节点。

当过程设计中包含复合条件时，应该把复合条件分解为若干个简单条件，每个简单条件对应流图中一个节点。所谓复合条件，就是在条件中包含了一个或多个布尔运算符（“OR”“AND”“NAND”“NOR”）。

（2）计算环形复杂度的方法　用环形复杂度，定量度量程序的逻辑复杂度。有了描绘程序控制流的流图之后，可以用下述三种方法中的任何一种来计算环形复杂度 $V(G)$。

1）$V(G)$ = 流图中的区域数。

2）$V(G)=E-N+2$，其中 E 是流图中的边数，N 是节点数。

3）$V(G)=P+1$，其中 P 是流图中判定节点的数目。

例 5-4　程序流程图与程序图之间转换如图 5-27 所示。

$$V(G) = \text{区域数} = 4$$

$$V(G) = E - N + 2 = 11 - 9 + 2 = 4$$

$$V(G) = P + 1 = 3 + 1 = 4$$

（3）环形复杂度的用途

1）定量度量程序内分支数或循环个数，即程序结构的复杂程度。

2）定量度量测试难度。

3）能对软件最终的可靠性给出某种预测。

4）实践表明，模块规模以 $V(G) \leqslant 10$ 为宜。

2. Halstead 方法

Halstead 方法根据程序中运算符和操作数的总数来度量程序的复杂程度。

令 N_1 为程序中运算符出现的总次数，N_2 为操作数出现的总次数，程序长度 N 定义为

$$N = N_1 + N_2$$

令程序中使用的不同运算符（包括关键字）的个数 n_1，以及不同操作数（变量和常数）的个数 n_2，预测程序长度的公式如下

$$H = n_1 \log_2 n_1 + n_2 \log_2 n_2$$

预测程序中包含错误的个数的公式如下

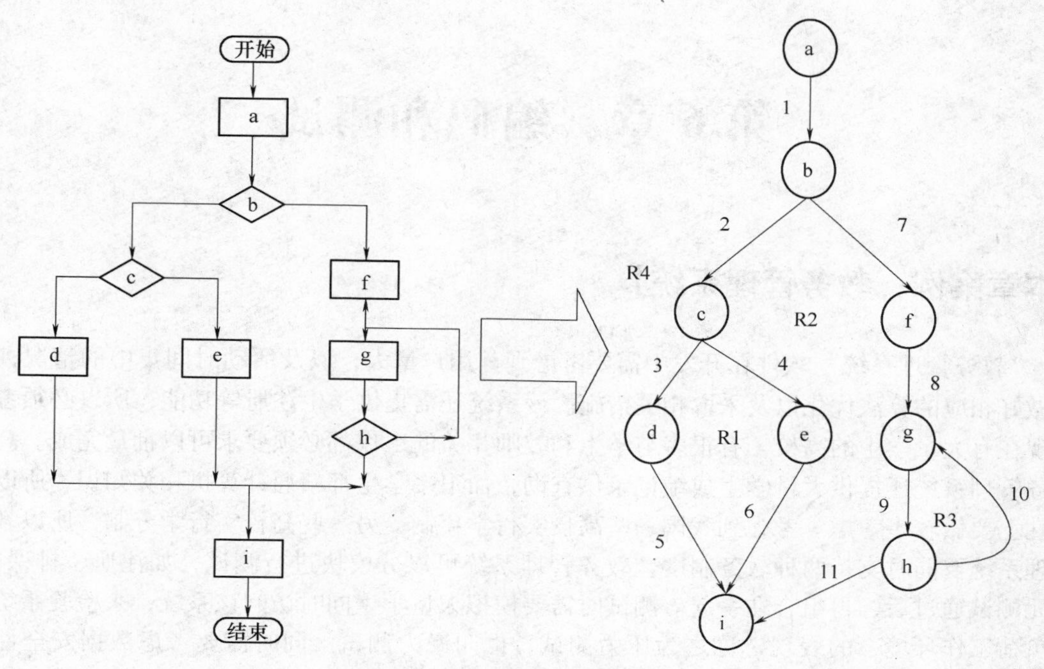

图 5-27　程序流程图-程序图的转换

$$E = N\log_2(n_1 + n_2)/3000$$

【实战练习】

根据本章所学到的有关知识并联系实际写一篇“在线考试系统”的详细设计文档。注意各种流程图和判定表等详细设计工具的使用。

第 6 章　编码和测试

【本章案例：教务管理系统】

“教务管理系统”软件在开发中需要考虑到其用户量大，以及活动时间集中的情况，必须做好相应的算法优化以及采取相关措施。该系统还需提供学生注册等功能，所以必须考虑到现在有大量学生的高校，有很多与学生和教师相关的工作都必须要求可以批量完成。高校教务管理系统还提供大量学生成绩记录供查询，而很多学生都精通计算机相关知识，所以安全性上要做较多考虑。考虑到我国一些高校实行学年制，另一些高校实行学分制，所以教务管理系统要同时支持两种教务制度。教务管理系统可以分模块进行测试，如注册、排课等。单元测试通过后，再组合在一起。测试时需要模拟大量学生同时访问该系统，来检验系统在超负荷工作环境下的表现，称之为压力测试，也叫暴力测试。同时需要考虑数据安全性设计，包括防入侵，防灾害，如断电、水灾等。

【知识导入】

在完成了项目的总体设计和详细设计之后，也就结束了项目的全部设计工作。此时需要考虑如何将设计变为代码，也就进入了本章要学习的内容。编码是将软件设计的结果转换成某种程序的设计语言，是软件工程实施过程中一个必不可少的阶段。

程序编码是把“详细设计”转换成用某一种程序设计语言编写、可在实际环境中运行的实际程序。在此过程中，编程语言的选择和程序设计风格会影响到软件的质量与可维护性。

对源程序的质量要求主要有三点：

（1）语法正确。

（2）源程序具有良好的结构性。

（3）良好的程序设计风格。

在软件开发，特别是大型软件的开发过程中，每一个阶段都可能引入新的错误。虽然可以在每个阶段结束之前，通过正式的技术评审和管理复审的方法发现并纠正软件中的差错，但审查并不能发现所有的错误。软件测试是对软件规格说明、软件设计和编码的最全面也是最后的审查。通过软件测试，可以发现软件中绝大部分潜伏的错误，从而大大提高软件产品的可用性、正确性、可靠性，进而可显著提高软件产品质量。统计表明，软件测试工作量往往占软件开发总工作量的40%以上。对于那些可靠性要求极高的系统，如对关键的实时嵌入式计算机系统的软件测试，其成本可能是软件开发其他阶段总成本的3~5倍以上。可见，软件测试是软件生命周期中十分重要的阶段。

6.1 程序设计语言

编码之前的一项非常重要的工作就是选择一种适当的程序设计语言。

6.1.1 程序设计语言介绍

现有的程序设计语言五花八门、品种繁多，基本上可以分为汇编语言和高级语言。

（1）汇编语言　汇编语言是面向机器的语言，依赖于计算机的硬件结构。不同的计算机对应不同的汇编语言，难学难用。从软件的观点来看，汇编语言编程效率低，易出错，维护困难，其优点是易于系统接口，编译成的机器码的效率高，故仍不被淘汰。

（2）高级语言　从软件工程的角度看，高级语言可分为基础语言、结构化语言和专用语言三类。

1）基础语言是通用语言。属于这类语言的有 BASIC、FORTRAN、COBOL 和 ALGOL。

2）结构化语言也是通用语言，其特点是直接提供结构化的控制结构，具有很强的过程能力和数据结构能力。常见有 PL/1、PASCAL、C 等。

3）专用语言具有为某种特殊应用而设计的独特的语法形式，应用范围比较狭窄。

（3）高级语言的分类　从语言的内在特点看，高级语言可以分为系统实现语言、静态高级语言、块结构高级语言和动态高级语言等四类：

1）系统实现语言是为了克服汇编程序设计的困难而从汇编语言发展起来的。C 语言就是著名的系统实现语言。

2）静态高级语言的特点是静态地分配存储空间，方便了编译程序的设计和实现，但是对程序员施加了较多限制，例如 COBOL 和 FORTRAN。

3）块结构高级语言的特点是提供有限形式的动态存储分配，ALGOL 和 PASCAL 是这类语言的代表。

4）动态高级语言的特点是动态地完成所有存储管理。这类语言一般是为特殊应用而设计的，不属于通用语言。

6.1.2 程序设计语言的特点

软件工程师应该了解程序设计语言各方面的特点。

（1）命名说明　命名说明用来预先说明程序中使用的对象的名字，使编译程序能检查程序中出现的名字的合法性，从而能帮助程序员发现和改正程序中的错误。

（2）类型说明　通过类型说明，用户定义了对象的类型。类型说明不仅仅是一种安全措施，它还是一种重要的抽象机制。

（3）初始化　程序设计中最常见的错误之一是在使用变量之前没对变量初始化，如果没给变量赋值，系统就会发出出错信号。

（4）程序对象的局部性　程序对象的局部性也就是局部化和信息隐蔽原理。局部性有助于提高程序的可读性，减少差错和提高程序的可修改性。

（5）程序模块　由于动态存储分配的缘故，在两次调用一个程序块的间隔中不能保存局部对象的值。即使是只有一两个子程序使用的对象，也需把这个对象说明成全程的，这将增加维护时发生差错的可能性。因此要将程序设计成模块。

（6）循环控制结构　循环控制结构有 for 语句、while _ do 语句和 repeat _ until 语句。

（7）分支控制结构　PASCAL 语言的 case 语句是一种分支控制结构，用 case 表达式的值和 case 标号匹配的办法，选择应该执行的语句。

（8）异常处理　程序运行过程中发生的错误或意外事件称为异常。程序设计语言应能在检测和处理异常方面提供帮助。

（9）独立编译　独立编译能分别编译各个程序单元，再把它们集成为一个完整的程序。这将减少程序开发、调试和维护的成本。

6.1.3　程序设计语言的选择

程序设计语言是人类与计算机交流的基本工具，其特点必然会影响人的思维和解题思路。因此，编码之前选择一种良好的程序设计语言是开始编码工作之前一项非常重要的工作。总的来说，高级语言明显优于汇编语言，因此，除了在很特殊的应用领域，或者大型系统中执行时间非常关键的（或直接依赖于硬件的）一小部分代码需要用汇编语言书写之外，其他程序代码应该一律用高级语言书写。

选择时,不能仅使用理想标准,还必须同时考虑实用方面的种种限制。主要考虑的因素有:

（1）语言自身的功能；
（2）软件的应用领域；
（3）算法和计算复杂性；
（4）数据结构的复杂性；
（5）软件运行环境；
（6）用户的要求；
（7）用户需求中关于性能的需求；
（8）可以使用的软件工具；
（9）软件的可移植性要求；
（10）开发软件系统的工程规模；
（11）可用的编译器和交叉编译器；
（12）程序设计人员的知识水平。

6.2　编码风格

6.2.1　源程序文档化

1. 符号的命名

符号名包括模块名、变量名、常量名、标号名、子程序名以及数据区名、缓冲区名等。这些名字应能反映它所代表的实际东西，能够使人望名知意，这有助于对程序功能的理解，以及后续的开发与维护。

命名时采用的方法（以 C ++ 为例）：成员变量开始要冠以 m _；全局变量开始要冠以

g _;指针开始要冠以 p _；用 m _ CountTimes 表示进行计算的次数；用 m _ MessageLength 表示消息的长度；用 g _ ReceiveMessage ［m _ MessageLength］表示接受的消息等。

注意：名字不是越长越好，太长会增加工作量，给阅读带来负面影响，所以必要时可使用缩写，但这时要注意缩写规则要一致，并要给每个名字加注释。一个变量只能表示一个意义，例如，不能一会用 Temp 来表示温度，一会又用 Temp 来表示临时变量。

2. 程序的注释

如果软件源程序没有注释，或者注释做得不好，程序员本人都有可能读不懂自己以前所编写的程序，更别说别人来维护他的程序了。所以，程序中的注释显得尤为重要：它是程序员与日后的程序读者之间通信的重要手段。

注释分为序言性注释和功能性注释。

（1）序言性注释　序言性注释通常置于每个程序模块开头的部分，给出程序的整体说明，对于理解程序具有引导作用。序言性注释的相关项目包括：

1）模块标题。

2）有关该模块功能和目的的说明。

3）主要算法。

4）接口说明（包括调用形式、参数描述、子程序清单）。

5）有关数据描述（重要的变量及其用途、约束或限制条件以及其他有关信息）。

6）模块位置（在哪个源文件中，或隶属于哪个软件包）。

7）开发简历（模块设计者、复审者，复审日期，修改日期及有关说明）等。

例 6-1　序言性注释示例。

模块标题 UserPortInformationQuery

该模块功能（目的）：用于通过用户端口所在的物理位置查出该用户端口所对应的 L3 地址及电话号码。

主要算法：数据库 APONet. mdb 中的表 UserPortList 中记录了用户端口物理位置与 L3 地址及电话号码的相应关系，通过查询该表，可以容易地得出结果。

接口说明

调用形式：Call UserPortInformationQuery（Struct PhysicalAddress，int L3Address，String TelephoneNumber）;

输入参数：PhysicalAddress。

输出参数：L3Address，TelephoneNumber。

子程序清单：无。

数据描述

重要的变量：PhysicalAddress

用途：记录用户端口的物理位置，包括 APONet 标识号、节点号、机架号、机框号、机槽号和端口号。

约束或限制条件：APONet 标识号取值为 0 ~ 15，节点号取值为 1，机架号取值为 1 ~ 8，机框号取值为 1 ~ 6，机槽号取值为 0 ~ 16 和端口号取值为 0 ~ 8。

其他有关信息：无。

模块位置：在源文件 UserPort. cpp 中。

开发简历：
模块设计者：
复审者：
复审日期：
修改日期：
有关说明：

（2）功能性注释　功能性注释嵌在源程序中，用以描述其后的语句或程序段是在做什么。

1）功能性注释用于描述一段程序，而不是每一个语句。

2）要用缩进和空行，使程序与注释容易区别。

注意：功能性注释是为了描述执行了下面的语句会怎样怎样，而不是解释下面怎样做。

例 6-2　功能性注释示例。

```
/* add amount to total */
total = amount + total;
/* add monthly-sales to annual-total */
annual_total = monthly_sales + annual_total;
```

注释要正确。注释与代码的比例一般要求为6∶1，即平均每写一行代码，要加有六行注释。

6.2.2　数据说明

数据说明的次序应当规范化，使数据属性容易查找，也有利于测试和维护。如：常量说明→简单变量类型说明→数组说明→公共数据块说明→所有的文件说明。

简单变量类型说明又可进一步按下面顺序排列：整型→实型→浮点型→字符型→……

当多个变量用一个语句说明时，要对这些变量按字母顺序排列，如：

```
int high, length, size, width;
```

如果数据结构比较复杂，如链表，要使用注释来加以解释说明。

6.2.3　语句结构

（1）一行内只写一条语句。

（2）每个功能函数的代码长度不能过长，通常不能超过150行。

（3）尽量使用库函数。

（4）程序编写要首先注重清晰性及正确性，然后是执行效率，不要追求技巧。

（5）尽量使用公共过程或子函数去代替重复的功能代码段。

（6）使用括号来清晰地表达算术表达式和逻辑表达式的运算顺序。

（7）尽量减少使用“否定”条件的条件语句。

（8）程序设计模块化，模块功能单一化。

（9）利用信息隐蔽，确保每一个模块的独立性。

（10）确保变量使用前都进行初始化。

（11）避免运算错误，如：用零做除数。

6.2.4 输入和输出

概括说来，对于批处理的输入和输出，应该按照逻辑顺序的要求组织输入数据，具有有效的输入/输出的出错检查和出错恢复功能，并有合理的输出报告格式。对于交互式的输入和输出而言，应有简单且带提示的输入方式，完备的出错检查和出错恢复功能，以及通过人机对话指定输出格式和输入格式的一致性。

无论是批处理的输入和输出，还是交互式的输入和输出，都要注意：

（1）对所有的输入数据都要进行检验，从而识别错误的输入，以保证每个数据的有效性。

（2）检查输入项的各种重要组合的合理性，必要时报告输入状态信息。

（3）使输入的步骤和操作尽可能简单，并保持简单的输入格式，有条件的话可使用输入向导。

（4）输入数据时，应允许使用自由格式输入。

（5）应允许有默认值。

（6）输入一批数据时，应有结束标志。

（7）给输出加注解，可以使用报表格式。

6.3 软件测试

1. 软件测试的定义

软件测试是为了发现程序中的错误而执行程序的过程。或者说，软件测试是根据软件开发各阶段的规格说明和程序的内部结构而精心设计一批测试用例（即输入数据及其预期的输出结果），并利用这些测试用例去运行程序，以发现程序错误的过程，是验证程序正确并符合用户需求的过程。

2. 软件测试的目的

测试的目的是为了发现尽可能多的缺陷，不是为了说明软件中没有缺陷。成功的测试在于发现了迄今尚未发现的缺陷。所以测试人员的职责是设计这样的测试用例，它能有效地揭示潜伏在软件里的缺陷。千万不要将“测试”与“演示”混为一谈。

3. 软件测试的原则

（1）应当把“尽早地和不断地进行软件测试”作为软件开发者的座右铭。

（2）测试用例应由测试输入数据和对应的预期输出结果这两部分组成。

（3）程序员应避免检查自己的程序。

（4）在设计测试用例时，应包括合理的输入条件和不合理的输入条件。

（5）严格执行测试计划，排除测试的随意性。

（6）应当对每一个测试结果做全面检查。

（7）妥善保存测试计划、测试用例、出错统计和最终分析报告，为维护提供方便。

（8）测试的四个阶段：单元测试，集成测试，系统测试，验收测试。

按阶段进行测试是一种基本的测试策略。

4. 软件测试的分类

（1）按测试阶段可分为单元测试、集成（综合）测试、系统测试、验收测试。

（2）按是否需要执行被测软件，可分为静态测试、动态测试。

（3）按对代码逻辑的关注程度，可分为黑盒测试、白盒测试。

（4）按测试种类，可分为功能、测试性能测试。

（5）按测试手段可分为人工、测试自动测试。

6.4 单元测试

6.4.1 单元测试的定义

单元测试是对软件基本组成单元进行的测试。每个单元的接口、算法和数据结构都已经明确了，输入什么数据、返回什么数据都是明确可预期的，测试过程就是检测单元是否按照预期运行。

单元测试一般安排在一个单元的代码完成后，由相应的开发人员完成，QA 人员辅助。

6.4.2 单元测试的目的

（1）尽早发现错误。错误发现越早，修改成本越低。软件开发后期复杂度高，发现并解决错误比较困难。

（2）检查代码是否符合设计和规范。

（3）单个单元的错误便于检测，不像集成测试和系统测试，会出现多个单元相互影响的问题。

6.4.3 单元测试的目标和任务

1. 目标

单元模块被正确编码。具体目标可包括下列内容：

（1）信息能否正确地流入和流出单元。

（2）在单元工作过程中，其内部数据能否保持其完整性，包括内部数据的形式、内容及相互关系不发生错误，也包括全局变量在单元中的处理和影响。

（3）在为限制数据加工而设置的边界处，单元能否正确工作。

（4）单元的运行能否做到满足特定的逻辑覆盖。

（5）若单元中发生了错误，其出错处理措施是否有效。

2. 单元测试任务

（1）模块接口测试　其目的是检查模块接口是否正确。测试内容有以下 5 点。

1）输入的实际参数与形式参数是否一致（个数、属性、量纲）。

2）调用其他模块的实际参数与被调模块的形式参数是否一致（个数、属性、量纲）。

3）全程变量的定义在各模块是否一致。

4）外部输入/输出是否运行正常（文件、缓冲区、错误处理）。

5）其他。

（2）模块局部数据结构测试　其目的是检查局部数据结构完整性。测试内容有以下 6 点。

1）类型说明是否合适或相容。

2）变量有无初值。

3）变量初始化或默认值是否有错。

4）有无不正确的或从来未被使用过的变量名。

5）有无出现上溢或下溢和地址异常。

6）其他。

（3）模块边界条件测试　其目的是检查临界数据处理的正确性。测试内容有以下 5 点。

1）普通合法数据的处理。

2）普通非法数据的处理。

3）边界值内合法边界数据的处理。

4）边界值外非法边界数据的处理。

5）其他。

（4）模块独立执行通路测试　其目的是检查每一条独立执行通路。保证每条语句被至少执行一次。测试内容有以下 6 点。

1）算符优先级。

2）混合类型运算。

3）运算精度。

4）表达式符号。

5）循环条件，死循环。

6）其他

（5）模块的各条错误处理通路测试　其目的是预见、预设的各种出错处理是否正确有效。测试内容有以下 6 点。

1）输出的出错信息是否难以理解。

2）记录的错误与实际是否相符。

3）程序定义的出错处理前系统是否已介入。

4）异常处理恰当否。

5）是否提供足够的定位出错的信息。

6）其他。

6.4.4　静态测试技术的运用

静态测试定义：不运行被测试程序，但对代码通过检查、阅读进行分析。

静态测试三部曲：走查（Walk Through）；审查（Inspection）；评审（Review）。

1. 走查（Walk Through）

定义：采用讲解、讨论和模拟运行的方式进行的查找错误的活动。

要点如下：

（1）在走查前通读设计和编码。

（2）限时，避免跑题。

（3）发现问题适当记录，避免现场修改。

（4）检查要点是：代码是否符合标准和规范，是否有逻辑错误。

2. 审查（Inspection）

定义：采用讲解、提问方式进行，一般有正式的计划、流程和结果。主要方法采用缺陷检查表。要点如下：

（1）以会议形式，制定会议目标、流程和规则，结束后要编写报告。

（2）按缺陷检查表逐项检查。

（3）发现问题适当记录，避免现场修改。

（4）发现重大缺陷，改正后会议需要重开。

（5）检查要点是缺陷检查表，所以该表要根据项目不同不断积累完善。

3. 走查与审查的比较

走查与审查的比较见表6-1。

表6-1　走查与审查的比较

	走　查	审　查
准　备	通读设计与编码	准备好需求描述文档、总体设计文档、程序的源代码清单、代码编码标准及代码缺陷表
形　式	非正式会议	正式会议
参加人员	开发人员为主	项目组成员及测试人员
主要技术方法	无	缺陷检查表
注意事项	限时但不现场修改代码	限时但不现场修改代码
生成文档	会议记录	静态分析错误报告
目　标	代码规范标准，无逻辑错误	代码规范标准，无逻辑错误

4. 评审（Review）

定义：通常在审查会后进行，审查小组根据记录和报告进行评审。要点如下：

（1）充分审查了所规定的代码，并且全部编码准则被遵守。

（2）审查中发现的错误已全部修改。

6.4.5　动态测试技术的运用

动态测试需要真正将程序运行起来，需要设计系列的测试用例以保证测试的完整性和有效性。动态测试包括①白盒测试，②黑盒（灰盒）测试。

1. 白盒测试

白盒测试的主要方法有逻辑驱动法和基本路径法：

（1）语句覆盖　语句覆盖是为了暴露程序中的错误，程序中的每条语句至少应执行一次。

（2）判定覆盖　判定覆盖是指设计足够的测试用例，使程序中的每个判定至少获得一次“真值”或“假值”，或者使程序中的每一个取“真”分支和取“假”分支至少经历一次，因此判定覆盖又称为分支覆盖。

（3）条件覆盖　条件覆盖针对的是由多个条件组合而成的复合判定，其定义是构造一组测试用例，使得每一判定语句中的每个逻辑条件的可能值至少满足一次。

（4）判定/条件覆盖　判定/条件覆盖同时满足判定覆盖和条件覆盖。

（5）条件组合覆盖　条件组合覆盖是指设计足够的测试用例，使得每个判定中条件的各种可能组合都至少出现一次。

（6）路径覆盖　路径覆盖是使程序中每一条可能的路径至少执行一次。

六种覆盖标准中，按语句覆盖、判定覆盖、条件覆盖、判定/条件覆盖、条件组合覆盖和路径覆盖的次序，其发现错误的能力由弱至强。

2. 黑盒测试

运行单元程序有时需要基于被测单元的接口，这需要开发相应的驱动模块和桩模块。

（1）驱动模块（drive）：对底层或子层模块进行测试所编写的调用这些模块的程序。

（2）桩模块（stub）：对顶层或上层模块进行测试时所编写的替代下层模块的程序。

驱动模块和桩模块如图 6-1 所示。

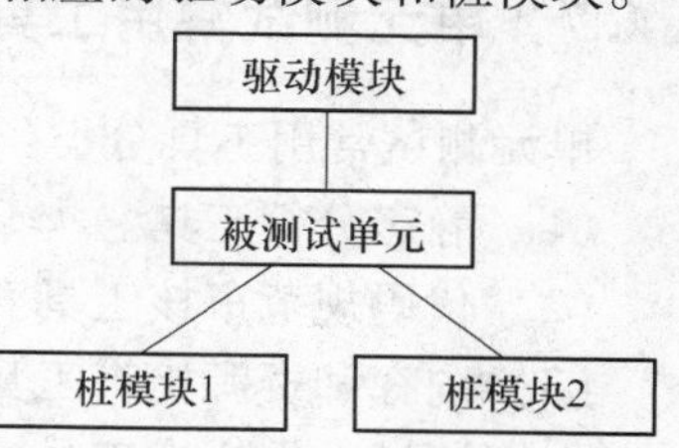

图 6-1　驱动模块和桩模块

3. 黑盒测试的常用方法

（1）划分等价类法　等价类是指某个输入域的子集合。在该子集合中，各个输入数据对于揭露程序中的错误都是等效的。可以合理地进行假设：测试某等价类的代表值就等于对这一类其他值的测试。因此，可以把全部输入数据合理地划分为若干等价类，在每一个等价类中取一个数据作为测试的输入条件，这样可以用少量代表性测试数据，取得较好的测试结果。等价类划分可有两种不同的情况：有效等价类和无效等价类。

1）有效等价类：指对于程序的规格说明来说是合理的。利用有效等价类可检验程序是否实现了规格说明中所规定的功能和性能。

2）无效等价类：与有效等价类的定义恰好相反。

（2）边界值分析法　边界值分析法利用等价类边界的测试用例进行分析。边界值分析法不仅重视输入条件边界，而且也必须考虑输出域边界。它是对等价类划分方法的补充。

（3）错误推测法　错误推测法主要是基于经验和直觉，推测程序中所有可能存在的错误，从而有针对性地设计测试用例。

（4）因果图法　因果图法最终生成的是判定表，它适合于检查程序输入条件的各种组合情况。

6.4.6　单元测试的过程和文档管理

1. 单元测试的过程

（1）在详细设计阶段完成单元测试计划。

（2）建立单元测试环境，完成测试设计和开发。

（3）执行单元测试用例，并且详细记录测试结果。

（4）判定测试用例是否通过。

（5）提交“单元测试报告”。

2. 单元测试的文档

单元测试有其对应的文档和表格，在软件项目开始阶段这些文档就应配套，以便为后续工作的开展打好基础。

（1）“软件需求规格说明书”“软件详细设计说明书”“单元测试计划”。

（2）“单元测试计划”“软件详细设计说明书”“单元测试用例”。

（3）“单元测试用例”文档及“软件需求规格说明书”“软件详细设计说明书”“缺陷跟踪报告”/“缺陷检查表”。

（4）“单元测试用例”、“缺陷跟踪报告”、“缺陷检查表”“单元测试检查表”。

（5）评估“单元测试报告”。

6.4.7 单元测试常用工具简介

单元测试常用工具分类：

（1）静态分析工具。

（2）代码规范审核工具。

（3）内存和资源检查工具。

（4）测试数据生成工具。

（5）测试框架工具。

（6）测试结果比较工具。

（7）测试度量工具。

（8）测试文档生成和管理工具。

6.5 集成测试

集成测试是将软件组装成系统的一种测试技术，即按照系统设计要求把通过单元测试的所有模块逐步组装起来并测试，最后组装成一个完整的软件系统的测试过程。因此，集成测试又称为组装测试或综合测试。集成测试旨在发现与接口有关的错误，这些错误包括：①数据通过接口时会丢失；②一个模块的功能对另一个模块产生了不利影响；③几个功能组合起来没有实现主功能；④全局数据结构出现错误；⑤误差的不断积累达到不能接受的程度。

6.5.1 集成测试的方式

集成测试有两种集成方式，即非增量方式和增量方式。

1. 非增量集成方式

非增量集成方式是将经过单元测试的所有模块一次性全部组装起来，然后进行整体测试，最后得到所要求的软件系统。这种集成方式容易出现混乱，因为开始遇到一大堆错误，而且出错的模块往往并不是错误隐藏的模块，加之模块众多，于是为每个错误定位非常困难。何况在改正一个错误时，还可能引入新的错误，新旧错误交织在一起，会使测试变得更加困难。因此，一般不应采用这种集成方式。

2. 增量集成方式

增量集成方式逐次将未曾集成测试的模块和已经集成测试的模块（或子系统）结合成程序包，再将这些模块集成为较大系统，在集成的过程中边连接边测试，以发现连接过程中产生的问题。

按照不同的实施次序，增量式集成测试又可以分为三种不同的方法：

（1）自顶向下增量式测试。

（2）自底向上增量式测试。

（3）混合增量式测试。

3. 自顶向下增量式测试方法

自顶向下增量式测试表示逐步集成和逐步测试是按照结构图自上而下进行的，即模块集成的顺序是首先集成主控模块（主程序），然后依照控制层次结构向下进行集成。从属于主控模块的按深度优先方式（纵向）或者广度优先方式（横向）集成到结构中去。

（1）深度优先方式的集成　首先集成在结构中的一个主控路径下的所有模块，主控路径的选择是任意的。

（2）广度优先方式的集成　首先沿着水平方向，把每一层中所有直接隶属于上一层的模块集成起来，直到底层。

集成测试的整个过程由三个步骤完成：

1）主控模块作为测试驱动器。

2）根据集成的方式（深度或广度），下层的桩模块一次一次地被替换为真正的模块。

3）在每个模块被集成时，都必须进行单元测试。

重复第2）步，直到整个系统被测试完成。

自顶向下测试的步骤：

第1步：测试顶端模块，用桩模块（stub）代替直接附属的下层模块，如图6-2所示。

第2步：根据深度优先或宽度优先的策略，每次用一个实际模块代换一个stub。深度优先方式如图6-3所示。

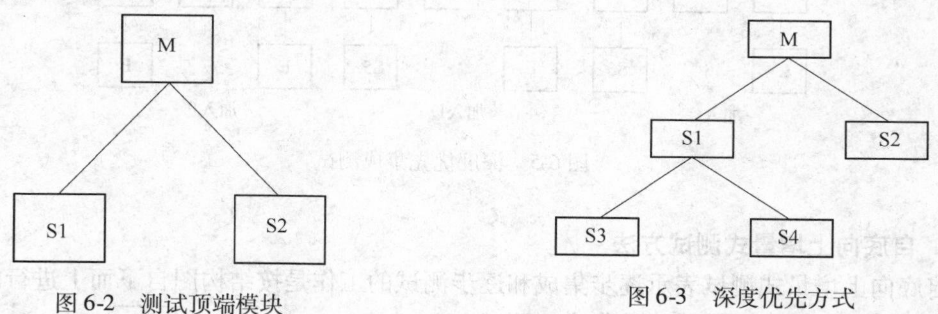

图6-2　测试顶端模块

图6-3　深度优先方式

第3步：在结合进一个模块的同时进行测试。

回到第2步重复进行，直到整个系统结构被集成完成。

优点：在早期即对主要控制及关键的模块进行检验。

问题：桩模块只是对低层模块的模拟，测试时没有重要的数据自下向上流，许多重要的测试须推迟进行，而且在早期不能充分展开人力。

广度优先集成测试如图6-4所示。

深度优先集成测试如图6-5所示。

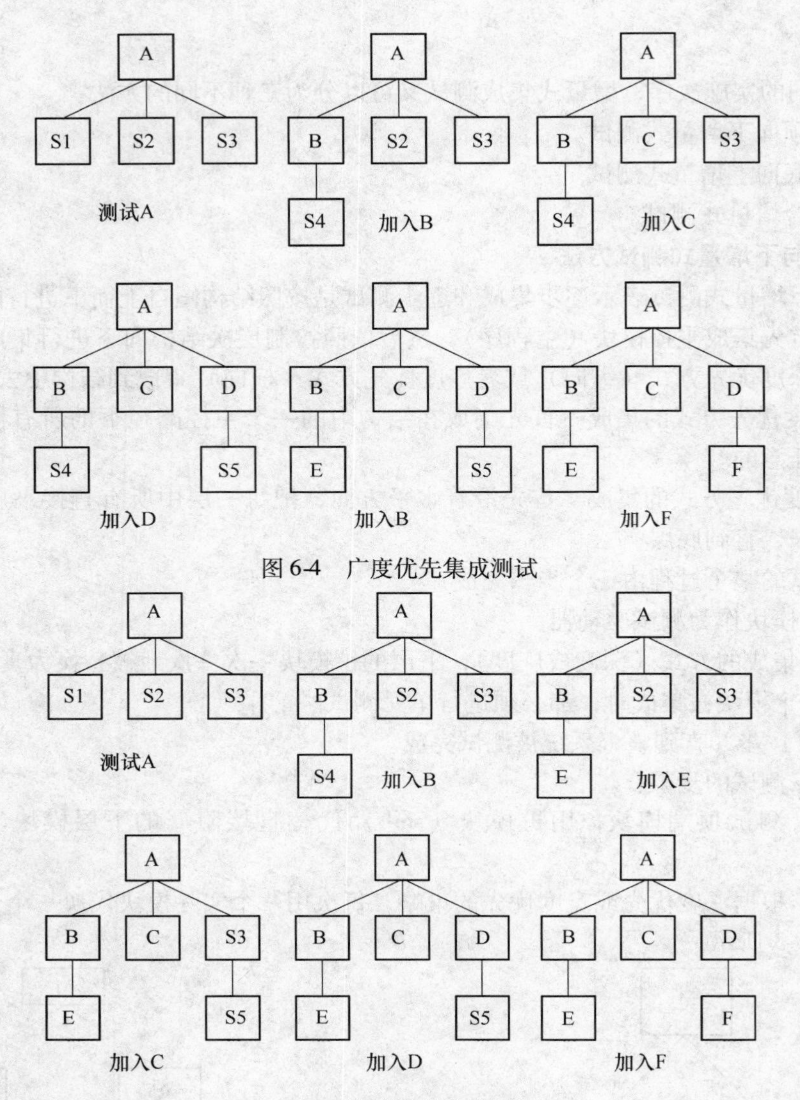

图 6-4　广度优先集成测试

图 6-5　深度优先集成测试

4. 自底向上增量式测试方法

自底向上增量式测试表示逐步集成和逐步测试的工作是按结构图自下而上进行的，即从程序模块结构的最底层模块开始集成和测试。

由于是从最底层开始集成，对于一个给定层次的模块，它的子模块（包括子模块的所有下属模块）已经集成并测试完成，所以不再需要使用桩模块进行辅助测试。在模块的测试过程中需要从子模块得到的信息，可以通过直接运行子模块得到。自底向上方式如图 6-6 所示。

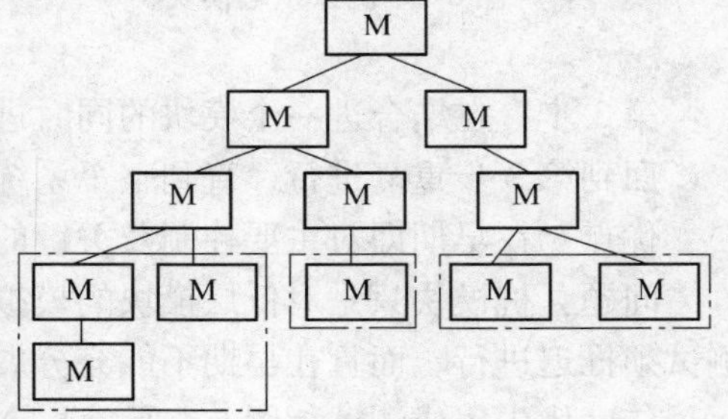

图 6-6　自底向上方式

自底向上测试的步骤：

第 1 步：把低层模块组合成族，每族实现一个子功能。

第 2 步：用驱动程序（Driver）协调测试数据的 I\ O，测试子功能族。

第 3 步：去掉驱动程序，自下而上把子功能组合成更大的子功能族。

自底向上增量式测试如图 6-7 所示。

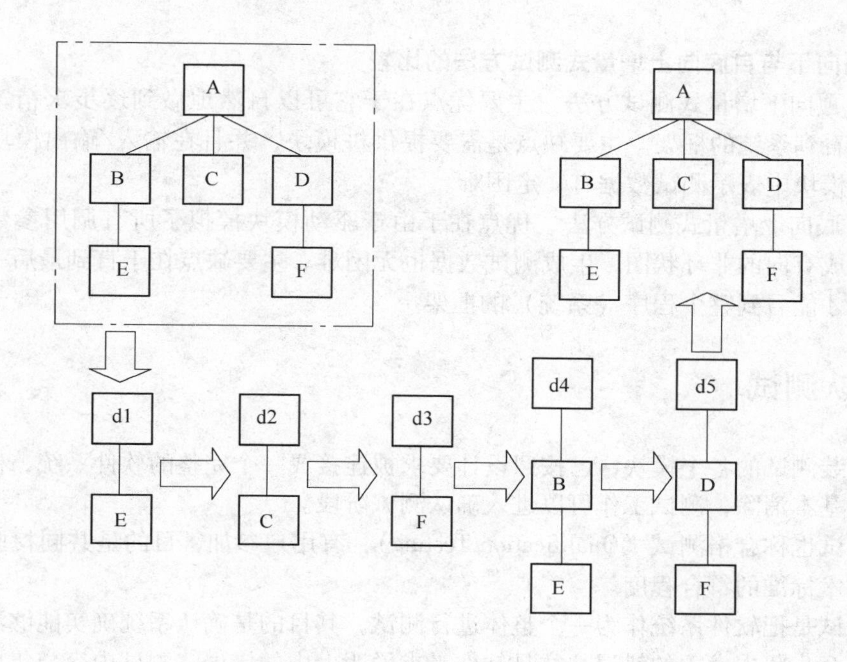

图 6-7　自底向上增量式测试

5. 混合增量式测试方法

（1）演变的自顶向下的增量式测试方法

1）首先对输入/输出模块和引入新算法模块进行测试。

2）再自底向上组装成为功能相当完整且相对独立的子系统。

3）然后由主模块开始自顶向下进行增量式测试。

（2）自底向上-自顶向下的增量式测试方法

1）首先对含读操作的子系统自底向上直至根节点模块进行组装和测试。

2）然后对含写操作的子系统做自顶向下的组装与测试。

（3）回归测试方法

1）这种方式采取自顶向下的方式测试被修改的模块及其子模块。

2）将这一部分视为子系统，再自底向上测试。

6.5.2　不同集成测试方法的比较

1. 非增量式测试与增量式测试的比较

（1）非增量式测试的方法是先分散测试，然后集中起来再一次完成集成测试。假如在模块的接口处存在错误，只会在最后的集成测试时一下子暴露出来。

（2）增量式测试是逐步集成和逐步测试的方法，把可能出现的差错分散暴露出来，便于找出问题和修改。而且一些模块在逐步集成的测试中，得到了较多次的考验，因此，可能会取得较好的测试效果。

结论：增量式测试要比非增量式测试具有一定的优越性，所以一般推荐使用增量式测试。

2. 自顶向下与自底向上增量式测试方法的比较

（1）自顶向下增量式测试方法　主要优点在于它可以自然地做到逐步求精，一开始就能让测试者看到系统的框架。主要缺点是需要提供桩模块，并且在输入/输出模块接入系统以前，在桩模块中表示测试数据有一定困难。

（2）自底向上增量式测试方法　优点在于由于驱动模块模拟了所有调用参数，即使数据流并未构成有向的非环状图，生成测试数据也无困难。主要缺点在于直到最后一个模块被加进去之后才能看到整个程序（系统）的框架。

6.6 确认测试

经过组装测试的各个模块，已按照设计要求被连接成一个完整的软件系统，模块之间的接口错误已基本消除，测试工作可以进入确认测试阶段。

确认测试也称合格测试（Qualification Testing），有用户参加，目的是共同检验软件需求说明书的技术标准的符合程度。

确认测试是把软件系统作为一个整体进行测试，其目的是确认系统确实能够满足用户的需求。在这个步骤中发现的错误往往是软件需求说明书中的错误。测试内容与集成测试内容基本一样，唯一不同的是：确认测试是在用户的参与下进行的，而且可能主要使用实际数据进行测试。以“教务管理系统”为例，其确认测试文档如表6-2～表6-6所示。

表6-2　“教务管理系统”软件确认测试文档1——资源使用

编　号	标　题	步　骤	期望结果
1	资源检索		
1-1	导航浏览检索	登录后单击首页面上的年级、学科或者资源类型，进入资源浏览器	资源目录根据进入资源浏览器时单击的内容（年级、学科、资源）展开目录树
1-1-1	按照资源浏览检索	逐层展开页面左边的资源目录 单击展开的目录按钮浏览该节点资源	所展开的节点下资源被正确显示出来
1-1-2	按照学科浏览检索	逐层展开页面左边的学科目录 单击展开的目录按钮浏览该节点资源	所展开的节点下资源被正确显示出来
1-1-3	按照年级-学科浏览检索	逐层展开页面左边的年级目录 单击展开的目录按钮浏览该节点资源	所展开的节点下资源被正确显示出来

（续）

编　号	标　题	步　骤	期望结果
1-2	关键词检索	输入检索关键词 单击检索按钮进行资源检索 浏览检索结果 在结果中检索 查看再次检索结果 设置“每页显示”记录的条数	通过关键词能准确地检索出相应的资源 在结果中检索结果正确 记录按设定显示
1-3	检索中心		
1-3-1	本地检索	单击“检索中心”按钮进入检索中心的页面 设定检索的基本信息，扩展信息；设定检索范围，以及限定条件	根据设定的条件组合，能够正确地检索出资源
1-3-2	目录检索		
1-3-3	网络检索		
1-4	站点检索（未配置）		
2	资源查看		
2-1	资源列表查看	单击资源（学科，年级）目录中的节点 浏览资源列表 浏览资源的类型、大小、更新学习时间以及单击次数 检查页面跳转	资源列表显示正确，资源的基本信息显示正确，页面跳转正确
2-2	资源详细资料查看	单击资源列表中资源的标题 浏览资源	资源能够正确被显示浏览
2-2-1	资源概要信息	单击“概要信息”按钮，浏览资源的概要信息	概要信息显示正确
2-2-2	资源基本属性	单击“基本属性”按钮，浏览资源的基本属性	资源的基本属性显示正确
2-2-3	资源扩展属性	单击“扩展属性”按钮，浏览资源的扩展属性	资源的扩展属性显示正确
3	资源评价		
3-1	发表评论	单击“发表评论和查看更多评论” 阅读注意事项 填写评论并选择资源等级 提交评论	能够对资源进行评论
3-2	编辑评论	自己发表的评论修改编辑	能够编辑自己发表的评论

（续）

编　号	标　题	步　骤	期望结果
3-3	查看评论	直接在资源浏览页面中单击“用户评论”浏览资源评论，查看评论内容，用户基本信息和评论的人数统计 查看更多评论，评论页面记录能够正确跳转	评论信息正常显示，和评论相关的信息显示正确
3-4	删除评论	删除自己的评论	能够删除自己的评论
4	资源上传（前台用户）	填写资源基本信息，选择资源类型、适用年级、适用学科 浏览资源文件 确定上传资源	资源能够被正常上传，上传的资源格式支持以下格式 movie 类的有：avi、m1v、mov、mp2、mpa、mpe、mpv、mpeg、mpg、mpv2、qt、asx、asf、wmv sound 类的有：aif、aiff、au、mid、midi、rmi、snd、wav、mp3、m3u、wma、mpga image 类的有：jpg、gif、jpeg、bmp 其他格式的有：rm、swf、txt、ini、exe、pdf、nta、doc、rtf、mpp、xls、ppt、asp 、htm 、html、jsp、mht
5	资源下载	进入资源浏览页面 单击资源下载按钮 在当前位置打开浏览资源 保存资源到磁盘 在本地浏览下载的资源	资源能够被以正确的格式下载，并能够被打开浏览

表 6-3　“教务管理系统”软件确认测试文档 2——资源管理

编　号	标　题	步　骤	期望结果
6	资源添加（不可测试）		
7	资源检索		
7-1	检索资源	检索条件设定 浏览检索结果	根据设定的检索条件，正确检索出相应的资源，并且分页显示页面跳转正确
7-2	更改检索条件	单击更改检索条件按钮，返回检索条件设定页面 再次更改检索条件后进行检索	初始设定的条件被保留，重新设定检索条件，检索结果正确
7-3	重新检索资源	单击重新检索资源按钮，返回检索条件设定页面	页面条件设定为系统初始状态
7-4	返回管理页面	单击返回管理页面	页面返回到系统管理页面
8	资源审核		

（续）

编　号	标　题	步　骤	期望结果
8-1	通过资源审核	查看资源文件 选择资源目录 填写资源概要信息、基本属性和扩展属性 通过审核 浏览资源	资源被审核通过，能够在前台正确显示
8-2	设置资源目录		
8-2-1	新建根节点	填写目录名称 选择年级和学科 单击新建按钮 浏览新建目录	在所选择的年级和学科中成功新建目录
8-2-2	新建子节点	在根节点上单击鼠标右键，选择单击“新建”子菜单 在输入框中输入子节点名称，然后确定 查看新建子节点	子节点新建成功
8-2-3	重命名	根节点上单击鼠标右键，选择单击“重命名”子菜单 在输入框中输入节点名称，然后确定 查看重命名后的节点	对节点重命名成功
8-2-4	删除	根节点上单击鼠标右键，选择单击“删除”子菜单 在对话框中单击确定按钮	删除节点成功
8-2-5	移动	根节点上单击鼠标右键，选择单击“移动”子菜单 在弹出的窗口中选择目标节点 查看原节点和移动后的节点	确定移动成功
8-3	否决并删除	查看资源文件 否决并删除 检查是否被删除	未通过审核的资源被删除
9	资源编辑（永久资源）	修改资源相关的目录 查看资源文件 修改资源的概要信息、基本属性以及扩展属性 保存修改信息 浏览编辑修改后的资源	编辑信息能够被保存
10	资源删除	单击删除按钮 查看删除情况	资源被直接删除

表 6-4　“教务管理系统”软件确认测试文档 3——系统管理

编　号	标　题	步　骤	期望结果
11	目录设置		
11-1	资源目录设置		
11-1-1	建立根目录	系统管理员登录→单击“系统设置与维护”进入系统管理平台→单击“系统设置”页面中的“目录设置”按钮→单击“资源目录”按钮进入 填写“目录名称”并选择“资源类型”后单击“新建”按钮	在资源目录树状列表中，创建名称为所选“资源类型”的二级目录，其下包含名称为用户填写的“目录名称”内容的三级目录
11-1-2	新建（子目录）	系统管理员登录→单击“系统设置与维护”进入系统管理平台→单击“系统设置”页面中的“目录设置”按钮→单击“资源目录”按钮进入 在资源目录树状列表的第三级目录上（“Root”为第一级目录）单击右键进行“新建”操作，输入新目录的名称后单击“确定”按钮	新建的资源目录为操作目录的子目录，其正确显示在资源目录树状列表中
11-1-3	重命名（子目录）	系统管理员登录→单击“系统设置与维护”进入系统管理平台→单击“系统设置”页面中的“目录设置”按钮→单击“资源目录”按钮进入 在资源目录树状列表的第三级目录上（“Root”为第一级目录）单击右键进行“重命名”操作，输入目录的名称后单击“确定”按钮	在资源目录树状列表中，资源目录的名称显示为修改后的名称
11-1-4	删除（子目录）	系统管理员登录→单击“系统设置与维护”进入系统管理平台→单击“系统设置”页面中的“目录设置”按钮→单击“资源目录”按钮进入 在资源目录树状列表的第三级目录上（“Root”为第一级目录）单击右键进行“删除”操作	删除的资源目录不再显示在资源目录树状列表中

（续）

编　号	标　题	步　骤	期望结果
11-1-5	移动（子目录）	系统管理员登录→单击“系统设置与维护”进入系统管理平台→单击“系统设置”页面中的“目录设置”按钮→单击“资源目录”按钮进入 在资源目录树状列表的第三级目录上（“Root”为第一级目录）单击右键进行“移动”操作，在弹出窗口中选择目标文件夹后单击“确定”按钮	目标目录只有选择为第二级目录才可以进行目录移动操作 在资源目录树状列表中，操作的资源目录不再出现在原父目录中，而出现在目标目录中 操作完成后查看资源目录，其包含内容和操作前无变化
11-2	年级-学科目录		
11-2-1	建立根目录	系统管理员登录→单击“系统设置与维护”进入系统管理平台→单击“系统设置”页面中的“目录设置”按钮→单击“年级-学科目录”按钮进入 填写“目录名称”并选择“年级”和“学科”后单击“新建”按钮	在年级-学科目录树状列表中，创建名称为所选“年级”的二级目录，其下包含名称为所选“学科”的三级目录，名称为用户填写的“目录名称”的目录是该目录结构的四级目录
11-2-2	新建（子目录）	系统管理员登录→单击“系统设置与维护”进入系统管理平台→单击“系统设置”页面中的“目录设置”按钮→单击“年级-学科目录”按钮进入 在年级-学科目录树状列表的第四级目录上（“知识点”为第一级目录）单击右键进行“新建”操作，输入新目录的名称后单击“确定”按钮	新建的资源目录为操作目录的子目录，其正确显示在年级-学科目录树状列表中
11-2-3	重命名（子目录）	系统管理员登录→单击“系统设置与维护”进入系统管理平台→单击“系统设置”页面中的“目录设置”按钮→单击“年级-学科目录”按钮进入 在年级-学科目录树状列表的第四级目录上（“知识点”为第一级目录）单击右键进行“重命名”操作，输入目录的名称后单击“确定”按钮	在年级-学科目录树状列表中，资源目录的名称显示为修改后的名称

（续）

编　号	标　题	步　骤	期望结果
11-2-4	删除（子目录）	系统管理员登录→单击“系统设置与维护”进入系统管理平台→单击“系统设置”页面中的“目录设置”按钮→单击“年级-学科目录”按钮进入 在年级-学科目录树状列表的第四级目录上（“知识点”为第一级目录）单击右键进行“删除”操作	删除的资源目录不再显示在年级-学科目录树状列表中
11-2-5	移动（子目录）	系统管理员登录→单击“系统设置与维护”进入系统管理平台→单击“系统设置”页面中的“目录设置”按钮→单击“年级-学科目录”按钮进入 在年级-学科目录树状列表的第四级目录上（“知识点”为第一级目录）单击右键进行“移动”操作，在弹出窗口中选择目标文件夹后单击“确定”按钮	目标目录只有选择为第三级目录才可以进行目录移动操作 在年级-学科目录树状列表中，操作的资源目录不再出现在原父目录中，出现在目标目录中 操作完成后查看资源目录，其包含内容和操作前无变化
11-3	学科-年级目录		
11-3-1	建立根目录	系统管理员登录→单击“系统设置与维护”进入系统管理平台→单击“系统设置”页面中的“目录设置”按钮→单击“学科-年级目录”按钮进入 填写“目录名称”并选择“年级”和“学科”后单击“新建”按钮	在学科-年级目录树状列表中，创建名称为所选“学科”的二级目录，其下包含名称为所选“年级”的三级目录，名称为用户填写的“目录名称”的目录是该目录结构的四级目录
11-3-2	新建（子目录）	系统管理员登录→单击“系统设置与维护”进入系统管理平台→单击“系统设置”页面中的“目录设置”按钮→单击“学科-年级目录”按钮进入 在学科-年级目录树状列表的第四级目录上（“知识点”为第一级目录）单击右键进行“新建”操作，输入新目录的名称后单击“确定”按钮	新建的资源目录为操作目录的子目录，其正确显示在学科-年级目录树状列表中

（续）

编　号	标　题	步　骤	期望结果
11-3-3	重命名（子目录）	系统管理员登录→单击“系统设置与维护”进入系统管理平台→单击“系统设置”页面中的“目录设置”按钮→单击“学科-年级目录”按钮进入 在学科-年级目录树状列表的第四级目录上（“知识点”为第一级目录）单击右键进行“重命名”操作，输入目录的名称后单击“确定”按钮	在学科-年级目录树状列表中，资源目录的名称显示为修改后的名称
11-3-4	删除（子目录）	系统管理员登录→单击“系统设置与维护”进入系统管理平台→单击“系统设置”页面中的“目录设置”按钮→单击“学科-年级目录”按钮进入 在学科-年级目录树状列表的第四级目录上（“知识点”为第一级目录）单击右键进行“删除”操作	删除的资源目录不再显示在学科-年级目录树状列表中
11-3-5	移动（子目录）	系统管理员登录→单击“系统设置与维护”进入系统管理平台→单击“系统设置”页面中的“目录设置”按钮→单击“学科-年级目录”按钮进入 在学科-年级目录树状列表的第四级目录上（“知识点”为第一级目录）单击右键进行“移动”操作，在弹出窗口中选择目标文件夹后单击“确定”按钮	目标目录只有选择为第三级目录才可以进行目录移动操作 在学科-年级目录树状列表中，操作的资源目录不再出现在原父目录中，出现在目标目录中 操作完成后查看资源目录，其包含内容和操作前无变化
12	上传目录设置		
12-1	新建目录	系统管理员登录→单击“系统设置与维护”进入系统管理平台→单击“系统设置”页面中的“上传目录设置”按钮进入 单击“新建目录”按钮，输入“目录路径”等目录信息后单击“确定”按钮	系统返回到目录列表页面 新增目录信息显示在目录列表中 目录列表记录统计数增加一

（续）

编　号	标　题	步　骤	期望结果
12-2	编辑目录	系统管理员登录→单击“系统设置与维护”进入系统管理平台→单击“系统设置”页面中的“上传目录设置”按钮进入 单击目录列表中目录记录后的“编辑”按钮，修改“目录路径”等目录信息后单击“确定”按钮	系统返回到目录列表页面 修改后的目录信息在目录列表中正确显示
12-3	删除目录	系统管理员登录→单击“系统设置与维护”进入系统管理平台→单击“系统设置”页面中的“上传目录设置”按钮进入 单击目录列表中目录记录后的“删除”按钮	删除包含资源的目录时，系统有相应的提示信息 删除的目录记录不再显示在目录列表中 目录列表记录统计数减少一
12-4	批量创建目录	系统管理员登录→单击“系统设置与维护”进入系统管理平台→单击“系统设置”页面中的“上传目录设置”按钮进入 单击“批量创建目录”按钮，设定“默认根路径”“基名”“开始序号”“目录数量”“序号位数”和“选项”内容，单击“确定”按钮	系统依照用户设定的目录信息创建了限定目录数量的目录，并按照用户设定的创建选项对目录进行操作
12-5	设置活动目录	系统管理员登录→单击“系统设置与维护”进入系统管理平台→单击“系统设置”页面中的“上传目录设置”按钮进入 单击欲操作的目录记录前的单选按钮后，单击“设置活动”按钮	目录记录移动到目录列表的第一位 目录记录的“状态”属性置为“活动” 目录记录的“优先级”属性置为“1” 用户上传的资源均在此目录下，并每上传一条资源，目录“文件数”属性值增加 1
12-6	提升目录优先级	系统管理员登录→单击“系统设置与维护”进入系统管理平台→单击“系统设置”页面中的“上传目录设置”按钮进入 单击欲操作的目录记录前的单选按钮后，单击“提升优先级”按钮	目录的优先级在目录列表中提升一位 目录的“优先级”属性值等于操作前其上一位记录的优先级数值

（续）

编　号	标　题	步　骤	期望结果
12-7	查询目录	系统管理员登录→单击“系统设置与维护”进入系统管理平台→单击“系统设置”页面中的“上传目录设置”按钮进入 设定查询内容“目录名”、“目录状态”、或“介质类型”，选择查询条件后单击“查询”按钮	系统依照查询条件返回查询结果集
13	资源目录设置		
13-1	新建目录	系统管理员登录→单击“系统设置与维护”进入系统管理平台→单击“系统设置”页面中的“资源目录设置”按钮进入 单击“新建目录”按钮，输入“目录路径”等目录信息后单击“确定”按钮	系统返回到目录列表页面 新增目录信息显示在目录列表中 目录列表记录统计数增加1
13-2	编辑目录	系统管理员登录→单击“系统设置与维护”进入系统管理平台→单击“系统设置”页面中的“资源目录设置”按钮进入 单击目录列表中目录记录后的“编辑”按钮，修改“目录路径”等目录信息后单击“确定”按钮	系统返回到目录列表页面 修改后的目录信息在目录列表中正确显示
13-3	删除目录	系统管理员登录→单击“系统设置与维护”进入系统管理平台→单击“系统设置”页面中的“资源目录设置”按钮进入 单击目录列表中目录记录后的“删除”按钮	删除包含资源的目录时，系统有相应的提示信息 删除的目录记录不再显示在目录列表中 目录列表记录统计数减少1
13-4	批量创建目录	系统管理员登录→单击“系统设置与维护”进入系统管理平台→单击“系统设置”页面中的“资源目录设置”按钮进入 单击“批量创建目录”按钮，设定“默认根路径”“基名”“开始序号”“目录数量”“序号位数”和“选项”内容，单击“确定”按钮	系统依照用户设定的目录信息创建了限定目录数量的目录，并按照用户设定的创建选项对目录进行操作

（续）

编　号	标　题	步　骤	期望结果
13-5	设置活动目录	系统管理员登录→单击“系统设置与维护”进入系统管理平台→单击“系统设置”页面中的“资源目录设置”按钮进入 单击欲操作的目录记录前的单选按钮后，单击“设置活动”按钮	目录记录移动到目录列表的第一位 目录记录的“状态”属性置为“活动” 目录记录的“优先级”属性置为“1”
13-6	提升目录优先级	系统管理员登录→单击“系统设置与维护”进入系统管理平台→单击“系统设置”页面中的“资源目录设置”按钮进入 单击欲操作的目录记录前的单选按钮后，单击“提升优先级”按钮	目录的优先级在目录列表中提升一位 目录的“优先级”属性值等于操作前其上一位记录的优先级数值
13-7	查询目录	系统管理员登录→单击“系统设置与维护”进入系统管理平台→单击“系统设置”页面中的“资源目录设置”按钮进入 设定查询内容“目录名”“目录状态”或“介质类型”，选择查询条件后单击“查询”按钮	系统依照查询条件返回查询结果集
14	厂商信息		
14-1	新建厂商	系统管理员登录→单击“系统设置与维护”进入系统管理平台→单击“系统设置”页面中的“厂商信息”按钮进入 单击“新建厂商”按钮，输入“厂商名称”和“描述”后单击“保存”按钮	新增厂商信息及描述正确显示在厂商列表中 厂商列表记录统计数增加 1
14-2	重置厂商信息	系统管理员登录→单击“系统设置与维护”进入系统管理平台→单击“系统设置”页面中的“厂商信息”按钮进入 单击“新建厂商”按钮，输入“厂商名称”和“描述”后单击“重置”按钮	“厂商名称”和“描述”信息清空

（续）

编　号	标　题	步　骤	期望结果
14-3	编辑厂商信息	系统管理员登录→单击“系统设置与维护”进入系统管理平台→单击“系统设置”页面中的“厂商信息”按钮进入 单击厂商列表中厂商记录后的“编辑”按钮，修改操作后单击“保存”按钮	保存修改后系统返回到厂商列表页面 在厂商列表中正确显示修改后的厂商信息
14-4	删除厂商信息	系统管理员登录→单击“系统设置与维护”进入系统管理平台→单击“系统设置”页面中的“厂商信息”按钮进入 单击厂商列表中厂商记录后的“删除”按钮	删除的厂商记录不再显示在厂商列表中 厂商列表记录统计数减少1
15	产品信息		
15-1	新建产品信息	系统管理员登录→单击“系统设置与维护”进入系统管理平台→单击“系统设置”页面中的“产品信息”按钮进入 单击“新建产品信息”按钮，选择产品所属“厂商名称”，输入“产品名称”“产品版本”和“备注”后单击“保存”按钮	新增产品信息及备注正确显示在产品信息列表中 产品信息列表记录统计数增加1
15-2	重置产品信息	系统管理员登录→单击“系统设置与维护”进入系统管理平台→单击“系统设置”页面中的“产品信息”按钮进入 单击“新建产品信息”按钮，选择产品所属“厂商名称”，输入“产品名称”“产品版本”和“备注”信息后单击“重置”按钮	“厂商名称”恢复到初始值，“产品名称”“产品版本”和“备注”输入框清空
15-3	编辑产品信息	系统管理员登录→单击“系统设置与维护”进入系统管理平台→单击“系统设置”页面中的“产品信息”按钮进入 单击产品信息列表中产品信息记录后的“编辑”按钮，修改操作后单击“保存”按钮	保存修改后系统返回到产品信息列表页面 在产品信息列表中正确显示修改后的产品信息

（续）

编　号	标　题	步　骤	期望结果
15-4	删除产品信息	系统管理员登录→单击“系统设置与维护”进入系统管理平台→单击“系统设置”页面中的“产品信息”按钮进入 单击产品信息列表中产品信息记录后的“删除”按钮	删除的产品信息记录不再显示在产品信息列表中 产品信息列表记录统计数减1
16	系统设置		
16-1	设置“历史保留天数”	系统管理员登录→单击“系统设置与维护”进入系统管理平台→单击“系统设置”页面中的“系统设置”按钮进入 单击历史保留天数“值”，在输入框中输入数字单击“确定”按钮	出现“系统设置成功”提示 单击资源浏览器中的“历史”按钮，查看资源浏览历史保留的天数等于此设定值
16-2	设置“每个目录存储的最大文件数”	系统管理员登录→单击“系统设置与维护”进入系统管理平台→单击“系统设置”页面中的“系统设置”按钮进入 单击每个目录存储的最大文件数“值”，在输入框中输入数字后单击“确定”按钮	出现“系统设置成功”提示 上传目录和资源目录存储的最大文件数不能超过此设定值
16-3	设置“当前站点编号”	系统管理员登录→单击“系统设置与维护”进入系统管理平台→单击“系统设置”页面中的“系统设置”按钮进入 单击当前站点编号“值”，在输入框中输入数字后单击“确定”按钮	此功能属于扩展系统
16-4	设置“是否显示用户评论”	系统管理员登录→单击“系统设置与维护”进入系统管理平台→单击“系统设置”页面中的“系统设置”按钮进入 单击是否显示用户评论“值”，在输入框中输入数字0或1后单击“确定”按钮	出现“系统设置成功”提示 设定浏览资源时的“用户评论”按钮是否显示
16-5	设置“新注册用户默认审核状态”	系统管理员登录→单击“系统设置与维护”进入系统管理平台→单击“系统设置”页面中的“系统设置”按钮进入 单击新注册用户默认审核状态“值”，在输入框中输入数字0或1后单击“确定”按钮	出现“系统设置成功”提示 新注册用户的默认审核状态为此设定状态

（续）

编　号	标　题	步　骤	期望结果
16-6	设置“是否显示未审核的用户评论”	系统管理员登录→单击“系统设置与维护”进入系统管理平台→单击“系统设置”页面中的“系统设置”按钮进入 单击是否显示未审核的用户评论“值”，在输入框中输入数字 0 或 1 后单击“确定”按钮	出现“系统设置成功”提示 用户评论的显示情况依照此设定值
16-7	设置“是否在控制台显示调试信息”	系统管理员登录→单击“系统设置与维护”进入系统管理平台→单击“系统设置”页面中的“系统设置”按钮进入 单击是否在控制台显示调试信息“值”，在输入框中输入数字 0 或 1 后单击“确定”按钮	出现“系统设置成功”提示 应用程序服务器的控制台调试信息的显示情况依照此设定值
16-8	设置“上传文件保存默认根目录”	系统管理员登录→单击“系统设置与维护”进入系统管理平台→单击“系统设置”页面中的“系统设置”按钮进入 单击上传文件保存默认根目录“值”，在输入框中输入绝对路径后单击“确定”按钮	出现“系统设置成功”提示 设定“上传目录设置”模块的“批量创建目录”功能中的默认根路径
16-9	设置“审核后文件保存默认根目录”	系统管理员登录→单击“系统设置与维护”进入系统管理平台→单击“系统设置”页面中的“系统设置”按钮进入 单击审核后文件保存默认根目录“值”，在输入框中输入绝对路径后单击“确定”按钮	出现“系统设置成功”提示 设定“资源目录设置”模块的“批量创建目录”功能中的默认根路径
17	评论管理		
17-1	审核用户评论	系统管理员登录→单击“系统设置与维护”进入系统管理平台→单击“系统设置”页面中的“评论管理”按钮进入 查看未审核状态的用户评论，单击评论记录后的“审核”按钮	审核的评论在未审核状态评论列表中消失，出现在已审核状态评论列表中 未审核状态评论列表的记录统计数减 1 前台系统浏览所评论的资源可以查看到已审核的用户评论
17-2	置为权威评论	系统管理员登录→单击“系统设置与维护”进入系统管理平台→单击“系统设置”页面中的“评论管理”按钮进入 单击评论记录后的“权威”按钮	查看用户评论时，有“权威评论”字样标识

（续）

编　号	标　题	步　骤	期望结果
17-3	用户评论置顶	系统管理员登录→单击“系统设置与维护”进入系统管理平台→单击“系统设置”页面中的“评论管理”按钮进入 单击评论记录后的“置顶”按钮	该评论处于所属资源的所有评论的顶部，若存在多个置顶属性的用户评论，则按评论发表时间排序置顶评论
17-4	删除用户评论	系统管理员登录→单击“系统设置与维护”进入系统管理平台→单击“系统设置”页面中的“评论管理”按钮进入 单击评论记录后的“删除”按钮	删除的记录不再显示在用户评论列表中 用户评论列表记录统计数减1 若删除“已审核”状态的评论则在查看评论资源时用户评论不显示
17-5	按状态查询评论	系统管理员登录→单击“系统设置与维护”进入系统管理平台→单击“系统设置”页面中的“评论管理”按钮进入 选择“未审核”“已审核”或“所有”单选按钮查看对应状态的用户评论记录	在用户评论列表中列出相应状态的用户评论
17-6	全选用户评论	系统管理员登录→单击“系统设置与维护”进入系统管理平台→单击“系统设置”页面中的“评论管理”按钮进入 单击评论列表标题栏的“全选”框	该页用户评论列表中所有记录前的复选框全部被选中
18	站点管理		
18-1	编辑站点信息	系统管理员登录→单击“系统设置与维护”进入系统管理平台→单击“系统设置”页面中的“站点管理”按钮进入 单击站点记录后的“编辑”按钮，修改“站点名称”等信息后单击“保存”按钮	保存修改后系统返回到站点列表页面 在站点列表中正确显示修改后的站点信息
18-2	删除站点信息	系统管理员登录→单击“系统设置与维护”进入系统管理平台→单击“系统设置”页面中的“站点管理”按钮进入 单击站点记录后的“删除”按钮	删除的记录不再显示在站点列表中 站点列表记录统计数减1

（续）

编　号	标　题	步　骤	期望结果
18-3	新建站点目录	系统管理员登录→单击“系统设置与维护”进入系统管理平台→单击“系统设置”页面中的“站点管理”按钮进入 在左侧窗口中站点目录上单击右键进行“新建”操作，输入新目录的名称后单击“确定”按钮	新建的站点目录为操作目录的子目录，正确显示在左侧窗口树状列表中 选择新建的站点目录查看站点列表，记录统计数应为0
18-4	重命名站点目录	系统管理员登录→单击“系统设置与维护”进入系统管理平台→单击“系统设置”页面中的“站点管理”按钮进入 在左侧窗口中站点目录上单击右键进行“重命名”操作，输入目录的名称后单击“确定”按钮	在左侧窗口树状列表中，站点目录的名称显示为修改后的名称 查看站点目录内的站点列表，记录显示和操作前无变化
18-5	删除站点目录	系统管理员登录→单击“系统设置与维护”进入系统管理平台→单击“系统设置”页面中的“站点管理”按钮进入 在左侧窗口中站点目录上单击右键进行“删除”操作	删除的站点目录不再显示在左侧树状列表中 删除的站点目录内包含的站点信息也同时删除，在系统中无法查询到
18-6	移动站点目录	系统管理员登录→单击“系统设置与维护”进入系统管理平台→单击“系统设置”页面中的“站点管理”按钮进入 在左侧窗口中站点目录上单击右键进行“移动”操作，在弹出窗口中选择目标文件夹后单击“确定”按钮	在左侧树状列表中，移动的站点目录不再出现在原父目录中，出现在目标目录中 查看移动的站点目录内的站点信息，记录显示和操作前无变化

表6-5　“教务管理系统”软件确认测试文档4——用户信息

编　号	标　题	步　骤	期望结果
19	用户管理	管理员登录前台，单击“系统设置与维护”进入后台管理系统，单击进入用户管理模块	
19-1	新建用户	单击左上角的“新建用户”，进入用户信息页面 填写必填字段用户账号、密码和对应角色 填写其他相关信息 单击“提交”按钮	在用户列表中单击用户账号查看新建的用户的信息被正确保存

（续）

编　号	标　题	步　骤	期望结果
19-2	浏览用户信息	在用户列表查看用户账号、性别、生日、状态、审核信息 在用户列表中单击用户账号查看前台注册的用户信息	列表信息和用户信息保持一致，查看前台用户信息和前台注册填写的用户信息保持一致
19-3	用户审核	在用户列表中编辑未审核用户信息，将审核字段的状态修改为“通过” 单击“提交”按钮	在用户列表中用户的信息审核状态变为了“通过”，被审核用户能成功登录前台系统
19-4	禁用用户	在用户列表中编辑用户信息，将状态字段的状态修改为“禁用” 单击“提交”按钮	在用户列表中用户的信息状态变为了“禁用”，被禁用用户不能正常登录前台系统
19-5	用户编辑	单击用户列表中用户后的“编辑”按钮 编辑需要修改的信息 单击“提交”按钮	浏览用户信息，修改的信息被成功保存 注：浏览用户信息页面中存在快捷的编辑按钮
19-6	用户删除	单击用户列表中用户后的“删除”按钮	用户信息在列表中被成功删除，并且使用被删除的账号登录前台，系统提示“无此用户” 注：浏览用户信息页面中存在快捷的删除按钮
19-7	用户检索	分别按账号、角色、状态查询用户列表中的信息 按账号、角色、状态“与”的关系查询用户信息 按账号、角色、状态“或”的关系查询用户信息	正确查询出需要查询的用户信息
20	角色管理		
20-1	新建角色	在后台的角色管理功能模块中，单击“新建角色”。按钮进入角色信息页面 填写角色的名称、描述和对应权限	在角色信息列表中名称和描述信息和填写的信息保持一致 将新建角色赋予给某个用户，该用户登录后拥有对应权限具有的权限
20-2	编辑角色	在角色列表中的记录后单击“编辑”按钮进入角色信息页面 修改角色的名称、描述和对应权限	在角色信息列表中名称和描述信息和修改的信息保持一致 将修改后的角色赋予给某个用户，该用户登录后拥有对应权限具有的权限

（续）

编　号	标　题	步　骤	期望结果
20-3	删除角色 注：注册的普通用户和系统管理员为系统默认角色不能删除	在角色列表中的记录后单击“删除”按钮	在角色列表中的记录被成功删除 具有删除角色的用户登录系统没有被赋予角色管理中角色对应权限的任何权限
21	权限管理		
21-1	新建权限	在后台的权限管理功能模块中，单击“新建权限”按钮进入权限信息页面 填写权限的名称、描述和适用资源的类型、学科和年级 给新建权限加入资源审核和系统管理员权限	在权限信息列表中名称和描述信息和填写的信息保持一致 将新建用户的权限赋予角色管理中的某个角色再把这个角色赋予给某个用户，该用户登录后拥有审核相应资源的权限和系统设置与维护的权限
21-2	编辑权限	在权限列表中的记录后单击“编辑”按钮进入权限信息页面 修改权限的名称、描述和适用资源的类型、学科和年级 修改是否具有资源审核和系统管理员权限	在权限信息列表中名称和描述信息和修改的信息保持一致 将修改用户的权限赋予角色管理中的某个角色再把这个角色赋予给某个用户，该用户登录后拥有与修改后一致权限
21-3	删除权限 注：一般权限和系统权限为系统默认权限不能删除	在权限列表中的记录后单击“删除”按钮	在权限列表中的记录被成功删除 具有删除权限的用户登录系统没有被赋予权限管理中的任何权限
22	用户个人信息		
22-1	注册		
22-1-1	基本信息注册	在注册页面的基本信息按要求填写账号、昵称、密码、重复密码、密码提示问题、密码提示答案 单击“注册”按钮	成功注册用户，系统提示“恭喜您！注册成功请登录!”
22-1-2	详细信息注册	在注册页面的详细信息栏按要求填写注册用户的真实姓名、电子邮件、出生日期、性别、身份证号码、电话、来自、邮政编码、详细地址、最高学历、职业、主页、QQ、签名信息 单击“注册”按钮	用户登录前台后点“修改信息”，查看“详细信息”与用户注册时填写的信息一致

（续）

编　号	标　题	步　骤	期望结果
22-2	登录	用户注册成功后在前台“用户”和“密码”输入框后填写用户注册时的注册名和密码	页面上出现提示“当前用户：×××”，表示用户登录成功
22-3	注销	用户登录成功后，单击用户名后的“注销”按钮，系统提示“您要注销吗?” 单击“确定”按钮	成功注销用户登录，系统返回到用户未登录状态
22-4	修改密码	用户登录成功后，单击用户名后的“修改密码”按钮，进入修改密码界面，正确填写用户旧密码和需要修改的新密码，然后再确认输入一次新密码 单击“确定”按钮	用户能用修改后的密码成功登录系统
22-5	修改信息	用户登录成功后，单击用户名后的“修改信息”按钮，在修改页面的详细信息栏正确填写需要修改的真实姓名、电子邮件、出生日期、性别、身份证号码、您的电话、来自、邮政编码、详细地址、最高学历、职业、主页、QQ、签名信息 单击“保存”按钮	查看填写信息是否被正确保存
22-6	取回密码	在首页填写完用户名后单击“找回密码”按钮，在“找密码-回答问题”的页面中按照提示填写用户注册填写的“提示答案” 然后单击“确认”按钮，进入“找回密码-输入新密码”页面，输入新密码并重复输入一次 然后单击“确认”按钮	系统提示“取回密码成功，新密码已经生效!” 用户使用以前的密码不能登录系统，使用找回密码中生成的新密码能正常登录系统
22-7	访客登录	在前台单击“访客登录”按钮 在弹出的提示窗口中单击“确定”按钮	用户成功登录系统，页面上出现提示“当前用户：guest” 注：访客身份的用户没有用户的个性化设置，不能修改个人信息和密码

表6-6 “教务管理系统”软件确认测试文档5——个性服务

编号	标题	步骤	期望结果
23	用户设置		
23-1	这是对用户个性浏览的设置	进入首页-用户设置页面 先对某一用户所选择的资源类型进行设置 然后进入资源浏览器，进行个性浏览 按照所设置的选项进行浏览	用户浏览到的资源类型是完全按照用户的个性设置的类型
23-1-1	对年级类型进行设置	进入首页-用户设置页面 对某一用户所选择的年级进行设置 然后进入资源浏览器，进行个性浏览 按照所设置的选项进行浏览	用户浏览到的资源是完全按照用户的个性设置的年级
23-1-2	对年学科类型进行设置	进入首页-用户设置页面 对某一用户所选择的学科进行设置 然后进入资源浏览器，进行个性浏览 按照所设置的选项进行浏览	用户浏览到的资源是完全按照用户的个性设置的学科
23-2	用户设置页面功能操作的检验	进入首页-用户设置页面属性页的正常切换功能按钮的使用	用户设置页面功能正常使用
23-3	用户设置页面	进入首页-用户设置页面 页面的布局 页面正常显示 页面的美观（包括颜色、图片等）	页面布局合理，正常显示 尽可能地美观
24	收藏		
24-1	收藏添加功能	进入资源浏览器 浏览目录资源对某一资源的收藏 对某一目录的收藏 某一目录资源的收藏	某一资源、某一目录 某一目录资源的正确收藏
24-2	收藏整理功能	进入资源浏览器 进入收藏整理 创建文件夹	创建文件夹的功能正常使用
24-2-1	收藏整理功能	进入收藏整理 删除文件夹	删除文件夹的功能正常使用
24-2-2	收藏整理功能	进入收藏整理 移动文件夹	移动文件夹功能正常使用

（续）

编　号	标　题	步　骤	期望结果
24-2-3	收藏整理功能	进入收藏整理 重命名	重命名功能正常使用
24-2	收藏夹页面	进入资源浏览器 页面的布局 页面的美观（包括颜色、图片等） 页面正常显示	页面布局合理，正常显示 尽可能地美观
25	历史		
25-1	历史记录的浏览	进入资源浏览器 首先浏览一些资源 收藏一些资源	查看历史记录 是否正确
25-2	历史记录页面	进入资源浏览器 页面的布局 页面的美观（包括颜色、图片等） 页面正常显示	页面布局合理，正常显示 尽可能地美观
25-3	记录的范围	查看记录的范围 查看超过范围的历史记录	历史记录的正确记录
25-4	记录的准确性	对资源进行多方面的操作 查看是否都被记录	没有漏掉的记录
26	个性		
26-1	个性化设置浏览资源	1）进入资源浏览器 2）首先进行用户设置包括：年级，学科，资源类型 3）然后进入资源浏览器进行个性化浏览	个性资源的正确显示
26-2			
27	新增资源		
27-1	新增资源的及时显示	首页进入资源上传 先上传一些资源 然后审核资源 再查看新增资源	新上传的资源正常显示
27-2			
28	资源排行		
28-1	资源正确的排行	进入系统首页 查看资源的单击次数	按次序排列
28-2	资源单击次数及时刷新	对在排行榜上的资源进行浏览 刷新首页 查看此资源单击次数是否加1	刷新后自动加1

（续）

编　　号	标　　题	步　　骤	期望结果
29	最新评论		
29-1	最新评论的及时显示	进入资源浏览器 浏览一条资源 对资源进行新的评论 查看新的评论	最新评论的正确显示
29-2			
30	站点书签		
30-1	树形目录的浏览	进入站点书签 站点书签页面中单击网址资源的不同分类层次而逐层展开 单击直到最后一级目录，浏览网址该资源分类的资源	对资源的不同分类层次逐层展开，达到对网址资源进行精确定位检索的目的
30-2	网站的添加		
30-2-1	输入框的表单校验	进入站点书签 选择添加网址 首先对名称进行校验，包括超长字符、特殊字符、超文本、空字符 然后分别对地址、关键字、描述进行表单校验	表单正确处理输入的数据
30-2-2	页面按钮的功能	进入站点书签 选择添加网址 重置按钮的正常使用 返回按钮的正常使用	页面按钮的功能正确
30-2-3	添加网址页面	进入添加网址页面的布局 页面正常显示 页面的美观（包括颜色、图片等）	页面布局合理，正常显示尽可能地美观
30-3	单击排行和上传排行	1）进入添加网址页面 2）首先检查单击数和上传数是否及时更新 后分别单击排行和上传排行	单击排行和上传排行分别按照单击数和上传数正确地排行
30-4	网站检索		
30-4-1	正常检索	进入添加网址页面 输入正确的网址名称进行检索	可以检索出正确的结果
30-4-2	正常检索后的记录集的处理	进行检索 检索后的记录集的分页情况、切换、跳转	记录集的分页情况、切换、跳转可以正确进行
30-5	非正常的检索		

（续）

编　号	标　题	步　骤	期望结果
30-5-1	空字符的检索	输入空字符 进行检索	系统应给出正确的提示 禁止空字符检索
30-5-2	输入单引号进行检索	输入单引号 进行检索	系统应对单引号进行处理，否则会有错误

【实战练习】

结合本章内容，完成“教务管理系统”的代码编写和测试工作，并给出相关阶段性成果报告。

第7章 软件维护

【本章案例：网吧管理系统】

“网吧管理系统”的后期维护的特点是：由于我国对网吧的管理越来越严格，所以在后期维护阶段可能需要添加一些功能，以符合国家对网吧管理系统的要求；同时网吧管理系统面临着极大的安全因素，有人想破解它，以达到免费上网甚致恶意充值的目的。所以网吧管理系统的后期维护主要集中在功能的添加和安全性的提高上。如无必要，则不需要进行改进。

【知识导入】

软件投入使用后就进入软件维护阶段。在软件的生命周期中，维护阶段是持续时间最长，花费精力和费用也最多的一个阶段。据统计，对现存软件的维护可能占开发组织所花费的所有精力的60%以上。促使人们必须花费如此大精力进行软件维护的原因是什么呢？除了软件在开发过程中有错误需要修改外，根本的原因是变化。软件用户的工作流程、组织结构，软件工作的软硬件环境等都在变化。要求使用的软件也跟着变化，就必须对软件进行维护。

7.1 软件维护的概念

维护就是在软件交付使用后进行的修改。修改之前必须理解修改的对象，修改之后应该进行必要的测试，以保证所做的修改是正确的。如果是改正性维护，还必须预先进行调试以确定故障。

1. 软件维护的含义

（1）软件的维护总是针对某一种软件产品在软件生命周期内所进行的活动。

（2）当今的软件维护更强调的是服务。在激烈的市场竞争中，同类软件产品的价格、功能、性能和接口等都差不多，而服务就会成为用户选购软件的重要依据，即“卖软件就是卖服务”。

（3）软件维护的时间是有限的，一般而言，目前软件产品的免费服务时间为两年左右，两年以后软件厂商总会推出更新的版本以适应用户在功能、性能、接口等方面提出的新需求，从而软件厂商也会找到新的利润增长点。

2. 影响软件可维护性的主要因素

（1）可理解性　软件可理解性表现为人们理解软件的结构、接口、功能和内部过程如何运行的难易程度。模块化、详细的设计文档、结构化设计、源代码内部的文档和良好的高级程序设计语言等，都对改进软件的可理解性有重要作用。

（2）可测试性　诊断和测试的难易程度主要取决于软件容易理解的程度。良好的文档对诊断和测试是至关重要的。此外，软件结构、可用的测试工具和调试工具以及以前设计的测试过程也都是非常重要的。维护人员应该能够得到在开发阶段用过的测试方案，以便进行回归测试。在设计阶段应该尽力把软件设计成容易测试和容易诊断的。

（3）可修改性　可修改性表明程序容易修改的程度。一个可修改的程序应当具有可理解性、通用性、灵活性、简单性。其中，灵活性是指能够容易地对程序进行修改，通用性是指能适用于各种功能变化而不需要修改。

度量可修改性的一种定量方法是修改练习。修改练习具体的做法是通过几个简单的修改来评价修改的难度。设 C 是程序中各模块的平均复杂度，D 是必须修改的模块数，A 是总复杂度，则修改的难度由下式计算

$$D = A/C$$

对于简单的修改，如果 $D>1$，说明该程序修改困难。其中 A 和 C 可以用任何一种度量程序复杂性的方法进行计算。

（4）可靠性　可靠性表明一个程序按照用户的要求和设计目标，在给定的一段时间内正确执行的概率。度量软件可靠性的标准主要有：平均失效时间 MTTF、平均修复时间 MT-TR 和有效性 A。度量可靠性有如下方法。

1）根据程序错误统计数字，进行可靠性预测　常用的方法是利用一些可靠性模型，根据程序测试时发现并排除的错误数计算平均失效时间、平均修复时间。

2）根据程序复杂性，预测软件可靠性　当复杂性与可靠性有关时，可用复杂性预测可靠性。程序复杂性度量标准可用于预测哪些模块最可能发生错误以及可能出现的错误类型，了解错误类型及可能出现的位置，就能更快地查出和纠正更多的错误，提高可靠性。

（5）可移植性　可移植性表明程序转移到一个新的计算机环境的可能性的大小，或表明程序可以容易地、有效地在各种各样的计算环境中运行的容易程度。

（6）可使用性　可使用性表明程序方便、实用及易于使用的程度。一个可使用的程序应是易于使用的、能允许用户出错或改变并尽可能不使用户陷入混乱状态的程序。

（7）效率　效率表明一个程序能执行预定功能而又不浪费机器资源的程度，包括所需的内存容量、外存容量、通道容量和执行时间。

7.1.1　软件维护的定义

软件维护的任务是使软件永久地满足用户的需求。也就是说：改正软件在使用过程中的错误；修正软件以适应新环境；更新软件以满足用户的新需求。维护阶段相当复杂，维护活动是一次压缩和简化了的定义和开发过程，需要做大量的工作。软件退役是软件生命周期中的最后一个阶段，即终止对软件产品的支持，软件停止使用。

投入运行的软件需要变更的原因很多，但主要的原因有：软件的原有功能和性能可能不再适应用户的要求。软件的工作环境改变了（例如，增加了新的外部设备等），软件也要做相应的变更。软件运行中发现错误，需要修改。

由于这些原因引发的维护活动可以归纳为四种类型，分别是：①改正性维护，②适应性维护，③完善性维护，④预防性维护。

1. 改正性维护

由于开发时测试得不彻底、不完全，软件在交付使用后使用一段时间可能会发现程序错误。这些隐藏在程序中的错误可能是某些运行结果有错误，也可能是在性能上有错误，在特定的使用环境下暴露出来。为了识别和纠正软件错误、改正软件性能上的缺陷、排除实施中的误使用，而进行的识别、诊断和改正错误的过程，称为改正性维护。例如，解决在开发时没有测试所有可能的执行通路而带来的问题。

2. 适应性维护

随着计算机科学技术领域的各个方面的迅速进步，外部环境或数据环境可能发生变化，为了使软件适应这种变化而去修改软件的过程称为适应性维护。外部环境指的是新的软硬件配置，如大约每过36个月就有新一代的硬件出现，经常推出新操作系统或旧系统的修改版本，时常增加或修改外部设备和其他系统部件等情况。

3. 完善性维护

在软件的使用过程中，用户往往提出新的要求，改变软件某些功能或者增加某些功能，还可能在软件的性能上提出新的要求。为了满足用户的这些要求，需要对软件进行修改或再开发，使其功能更全面，性能提高。为此目的而进行的维护活动称为完善性维护。例如，对于一个图书馆图书借阅系统，需要增加续借功能；针对某些图书附带光盘，增加网上光盘内容下载的功能；增加联机求助功能等。

4. 预防性维护

除了上述三种维护以外，还有第四种维护：当为了提高未来的可维护性或可靠性，或为未来的改进工作奠定好的基础而修改软件时的维护活动，称为预防性维护。通常把预防性维护定义为："把今天的方法学应用于昨天的系统以满足明天的需要。"也就是说，预防性维护就是采用先进的软件工程方法，对需要维护的软件或软件中的某一部分主动地进行重新设计、编码和测试。

在维护阶段的最初1~2年，改正性维护的工作量较大。随着错误发现量急剧降低并趋于稳定，就进入了正常使用期。然而，由于改造的要求，适应性维护和完善性维护的工作量逐步增加，在这种维护过程中又会引入新的错误，从而加重了维护的工作量。实践表明，在几种维护活动中，完善性维护所占的比重最大，也就是说大部分维护工作是改变和加强软件，而不是纠错。所以，维护并不一定是救火式的紧急维修，而可以是有计划、有预案的一种再开发活动。

国外统计数字表明：在整个软件维护阶段花费的全部工作量中，预防性维护只占很小的比例，大约4%左右；完善性维护占了全部维护活动的51%左右；改正性维护占20%左右；适应性维护占25%左右。

7.1.2 软件维护的特点

1. 结构化维护和非结构化维护差别巨大

（1）结构化维护　如果有一个完整的软件配置，那么维护工作就可以从评价设计文档开始：确定软件重要的结构特点、性能特点以及接口特点；估计要求的改动将带来的影响，并且计划实施途径；修改设计并对所做的修改进行仔细复查；编写相应的测试代码；使用在测试说明书中包含的信息进行回归测试；最后，把修改后的软件再次交付使用。结构化维护是软件开发早期应用软件工程方法学的结果。虽然有了软件的完整配置并不能保证维护中没有问题，但确实能减少资源的浪费并能提高维护的总体质量。

（2）非结构化维护　如果软件配置的唯一成分是程序代码，那么维护活动就只能从艰苦的评价程序代码开始。这种评价常常由于程序内部文档不足而变得更加困难，并经常会对软件结构、数据结构、系统接口、性能和设计约束等产生误解，而且对程序代码的改动所产生的后果也难以估量。因为没有测试方面的文档，所以不可能保证所做的修改不会在正常的软件功能中引入错误，因而往往不得不重复过去做过的测试及回归测试。非结构化维护浪费资源并且常常遭受挫折，需要付出很大代价。

2. 软件维护代价高昂

规模大的软件系统其功能也复杂，维护人员理解起来也困难；所使用的编程语言的功能是否足够强，写出的程序模块化和结构化程度是否足够高，对维护人员的阅读及理解也十分关键；系统是否使用数据库技术，因为数据库可以有效管理和存储程序中的数据，减少用户报表的生成以及减少维护人员的工作量。这些都是维护过程必须考虑的代价。维护过程还会产生许多无形的代价：资源的占用会导致其他开发的延误；软件修改不及时会引起用户的不满；在维护过程中还不可避免地会引入新的错误，从而降低软件的质量；另外还有维护中所花费的资金等无形中产生的巨大成本。

3. 软件维护困难多

通常维护人员对编码人员所写的代码理解十分困难。此外，软件如果仅有程序代码没有说明文档，就会出现一些不可预知的严重问题。容易理解的并且和程序代码完全一致的文档才有价值。在绝大多数软件的设计与开发中，并没有考虑将来对软件的修改。除非在开发中强制地使用模块独立的设计原则，否则修改软件是十分困难的事。软件维护工作是一项比较枯燥乏味、不吸引人的工作，很多维护人员在工作中经常遭受挫折，软件维护因而会产生诸多不必要的问题。

软件维护的事件流如图 7-1 所示。

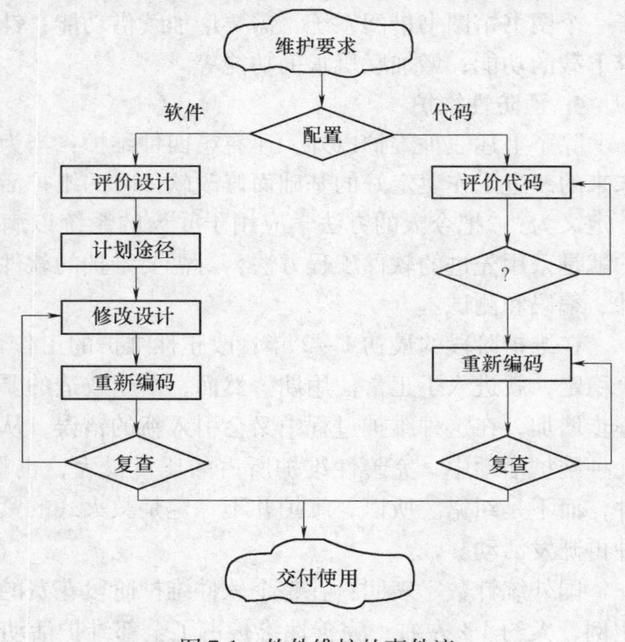

图 7-1　软件维护的事件流

7.1.3　结构化维护和非结构化维护

软件的开发过程对软件的维护产生较大的影响。如果采用软件工程的方法进行软件开发，保证每个阶段都有完整且详细的文档，这样维护会相对容易，被称为结构化的维护。反之，如果不采用软件工程方法开发软件，软件只有程序而欠缺文档，则维护工作变得十分困难，被称为非结构化的维护。

1. 结构化维护

在结构化维护的过程中，所开发的软件具有各个阶段的文档，它对于理解和掌握软件的功能、性能、体系结构、数据结构、系统接口和设计约束等有很大的作用。维护时，开发人员从分析需求规格说明开始，明白软件功能和性能上的改变，对设计说明文档进行修改和复查，再根据设计修改进行程序变动，并用测试文档中的测试用例进行回归测试，最后将修改后的软件再次交付使用。这种维护有利于减少工作量和降低成本，大大提高软件的维护效率。

2. 非结构化维护

在非结构化维护过程中，开发人员只能通过阅读、理解和分析源程序来了解系统功能、软件结构、数据结构、系统接口和设计约束等，这样做是十分困难的，也容易产生误解。要弄清楚整个系统，势必要花费大量的人力和物力，对源程序修改产生的后果难以估计。在没有文档的情况下，也不可能进行回归测试，很难保证程序的正确性。

7.1.4 软件维护的代价

（1）软件维护的有形代价逐年上升，从以下数据可以看出：

1970 年代软件维护费用占总费用的 35%～40%。

1980 年代软件维护费用占总费用的 40%～60%。

1990 年代软件维护费用占总费用的 70%～80%。

维护费用只不过是软件维护最明显的代价，其他一些不明显的代价将来可能更为人们关注。

（2）其他无形的代价还有：

1）可用的资源被软件维护所占用。

2）未能及时满足用户的维护要求时引起用户不满。

3）维护时改动软件，引入了潜在故障，降低了软件质量。

4）抽调人员从事维护工作，对新的开发过程造成混乱。

（3）用于维护工作的劳动可以划分成：

1）生产性活动（如，分析评价、修改设计、编写程序代码等）。

2）非生产性活动（例如，理解程序代码功能、解释数据结构、接口特点、性能限度等）。

（4）软件维护工作量的一个计算表达式模型为

$$M = P + K\mathrm{e}^{(c-d)} \tag{7-1}$$

式中 M——维护的总工作量；

P——生产性工作量；

K——经验常数；

c——复杂程度；

d——维护人员对软件的熟悉程度。

式（7-1）表明，如果软件开发没有运用软件工程方法学，而且原来的开发人员未能够参与到维护工作之中，则维护工作量和费用将按指数增加。

7.1.5 软件维护的问题

与软件维护有关的大多数问题都可归因于软件定义和开发方法上的不足。软件开发时采用急功近利，还是放眼未来的态度，对软件维护影响极大。一般说来，软件开发若不严格遵循软件开发标准，软件维护就会遇到许多困难。

下面列出了和软件维护有关的部分问题：

（1）理解别人的代码通常是非常困难的，而且难度随着软件配置成分的缺失而迅速增加。

（2）需要维护的软件通常没有合格的文档，或文档资料不足。认识到文档仅仅是第一步，容易理解且和程序保持一致的文档才是真正具有价值的。

（3）当软件要求维护时，不能指望开发人员仔细说明软件。由于维护持续时间很长，因此当需要解释软件时候，往往开发人员已经不在附近了。

上述种种问题在没有采用软件工程思想开发出来的软件中，都或多或少存在。

软件维护困难的原因有以下几种：

（1）软件人员经常流动，当需要对某些程序进行维护时，可能已找不到原来的开发人员。

（2）人们一般难以读懂他人的程序。

（3）当没有文档或者文档很差时，不知道如何下手。

（4）很多程序在设计时没有考虑到将来要改动，程序之间相互交织，触一而牵百。

（5）如果软件发行了多个版本，要追踪软件的演化非常困难。

（6）软件维护会产生不良的副作用，不论是修改代码、数据或文档，都有可能产生新的错误。

（7）软件维护工作毫无吸引力。

7.1.6　影响软件维护工作量的因素

在软件维护中，影响维护工作量的因素主要有以下六种：

（1）系统的大小　系统规模越大，其功能就越复杂，软件维护的工作量也随之增大。

（2）程序设计语言　使用强功能的程序设计语言可以控制程序的规模。语言的功能越强，生成程序的模块化和结构化程度越高，所需的语句数就越少，程序的可读性越好。

（3）系统年龄　老系统比新系统需要更多的维护工作量。因为多次的修改可能造成系统结构变得混乱；维护人员经常更换，会使程序变得越来越难于理解；加之系统开发时文档不齐全，或在长期的维护过程中文档在许多地方与程序实现变得不一致，都会使维护变得十分困难。

（4）数据库技术的应用　使用数据库，可以简单而有效地管理和存储用户程序中的数据，还可以减少生成用户报表应用软件的维护工作量。

（5）先进的软件开发技术　在软件开发过程中，如果采用先进的分析技术和程序设计技术，如面向对象技术、复用技术等，可减少大量的维护工作量。

（6）其他因素　如应用的类型、数学模型、任务的难度、开关与标记、IF 嵌套深度、索引或下标数等因素，对维护工作量也有影响。

7.1.7　软件维护的过程

软件维护工作在维护申请提出之前就开始了，它包括：

（1）建立维护组织，强制实行报告和评估的过程。

（2）为每个维护申请确定标准化的事件序列。

（3）制定保存维护活动记录的制度和有关复审及评估的标准。

维护阶段的工作事件流如图 7-2 所示。

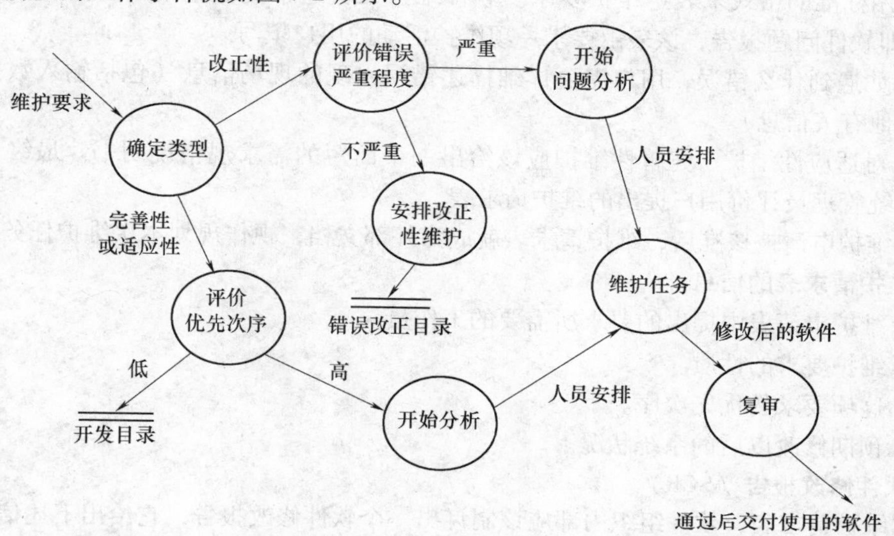

图 7-2　维护阶段的工作事件流

7.1.8　软件维护团队

在维护活动开始之前就明确维护责任是十分必要的，可以大大地减少维护过程中可能出现的混乱。

每个维护申请通过维护管理员转告给系统管理员，系统管理员一般都是对程序（某一部分）特别熟悉的技术人员，他们对维护申请及可能引起的软件修改进行评估，并向修改控制决策机构（一个或一组管理者）报告，由它最后确定是否采取行动。

软件维护团队的结构如图 7-3 所示。

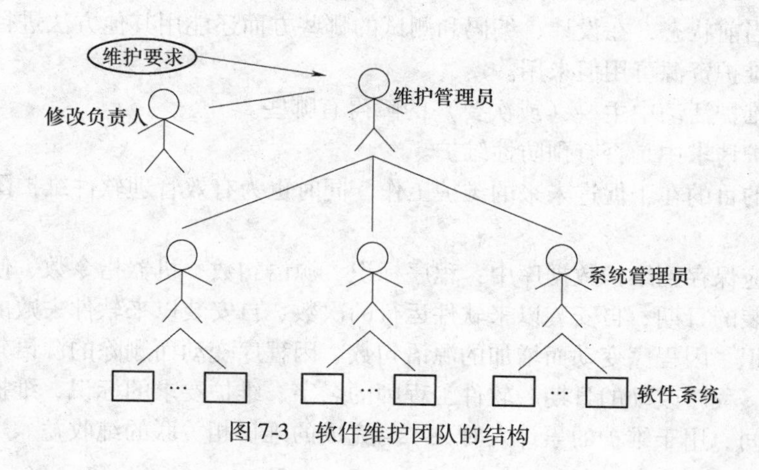

图 7-3　软件维护团队的结构

7.1.9 软件维护报告

1. 维护请求表（MRF）

应该用标准的格式来表达维护要求。软件维护人员通常提供给用户空白的维护请求表（报告）即软件问题报告，该表由要求一项维护活动的用户填写。

（1）如遇到什么错误，用户需要详细描述错误出现的现场信息（包括输入数据、列表文件和其他有关信息）。

（2）对适应性维护、完善性维护应该给出一个简短的需求规格说明书。最终由维护管理员和系统管理员评价用户提出的维护请求表。

一个维护申请被核准后，维护请求表就成为外部文档，视作规划本次维护任务的依据。

2. 维护请求表的信息

（1）维护申请表中提出的要求所需要的工作员。

（2）维护要求的性质。

（3）这项要求的优先次序。

（4）预期修改以后的系统状况。

3. 软件修改报告（SCR）

依据维护请求表，软件组织内部应该制订出一个软件修改报告，它给出下述信息：

（1）满足维护请求表中提出的要求所需的工作量。

（2）维护要求的性质。

（3）维护要求的优先次序。

（4）与修改有关的背景数据。

在拟定进一步维护计划前，把软件修改报告提交控制决策机构审查批准。

虽然每种维护请求的类型、着眼点不同，但总的维护方法是相同的。

维护工作最后一步是复审，主要审查修改过的软件配置，以验证软件结构中的所有成分的功能，保证满足维护请求表中的要求。

7.1.10 情况复审

当一项软件维护任务完成之后，进行一次情况复审是非常必要的。情况复审主要考虑下列问题：

（1）依照当前状态，在设计、编码和测试的哪些方面还能用其他方法进行。

（2）哪些维护资源可用但未用。

（3）这次维护活动中主要（或次要）的障碍有哪些。

（4）在维护请求中是否有预防性维护。

情况复审的目的在于促进未来的维护工作，同时也为有效管理软件维护团队提供重要的反馈信息。

下列数据应保存到维护数据库中：程序标识、源语句数、机器指令数、使用的程序设计语言、软件安装的日期、自安装以来软件运行的次数、自安装以来软件失败的次数、程序变动的层次和标识、因程序变动而增加的源语句数、因程序变动而删除的源语句数、每个改动消耗的人时数、程序改动的日期、软件工程师的名字、维护要求的标识、维护类型、维护开始和完成的时间、用于维护的累计人时数、与完成的维护相关联的纯收益。

应该为每项维护工作都收集上述数据，可以利用这些数据构成一个维护数据库。有了维护数据库，就可从下列方面评价维护活动。

（1）每次程序运行平均失败的次数。

（2）用于每一类维护活动的总人时数。

（3）平均每个程序、每种语言、每种维护类型所必需的程序变动数。

（4）维护过程中增加或删除源语句平均花费的人时数。

（5）维护每种语言平均花费的人时数。

（6）一张维护要求表的平均周转时间。

（7）不同维护类型所占的比例。

根据这些统计量可对开发技术、编程语言以及维护工作量的预测与资源分配等诸多方面的决策进行评价。

7.1.11 软件的可维护性

软件可维护性即软件被理解、改正、调整和改进的难易程度。可维护性是指导软件工程各个阶段工作的一条基本原则，也是软件工程追求的目标之一。

1. 影响软件可维护性的因素

软件的可维护性受各种因素的影响，如设计、编码和测试时漫不经心，软件配置不全等，都会给维护带来困难。除了与开发方法有关的因素外，还有下列与开发环境有关的因素：

（1）是否拥有一组训练有素的软件人员。

（2）系统结构是否可理解。

（3）是否使用标准的程序设计语言。

（4）是否使用标准的操作系统。

（5）文档的结构是否标准化。

（6）测试用例是否合适。

（7）是否已有嵌入系统的调试工具。

（8）是否有一台计算机可用于维护。

除此之外，软件开发时的原班人马是否能参加维护也是一个值得考虑的因素。

2. 软件可维护性的度量

软件可维护性与软件质量和可靠性一样是难于量化的概念，然而借助维护活动中可以定量估算的属性，能间接地度量可维护性：

（1）察觉到问题所耗的时间。

（2）收集维护工具所用的时间。

（3）分析问题所需时间。

（4）形成修改说明书所需时间。

（5）纠错（或修改）所用时间。

（6）局部测试所用时间。

（7）整体测试所用时间。

（8）维护复审所用时间。

(9) 完全恢复所用时间。

3. 软件维护的副作用

软件修改是一项很危险的工作，对一个复杂的逻辑过程，哪怕做一项微小的改动，都可能引入潜在的错误。虽然设计文档化和细致的回归测试有助于排除错误，但是维护仍然会产生副作用。

软件维护的副作用指由于在维护过程中其他一些不期望的行为引入的错误。副作用大致可分为三类：代码副作用；数据副作用；文档副作用。

(1) 代码的副作用　对代码的修改最容易发生副作用。修改会使程序混乱、结构不清晰、可读性变差，而且会产生连锁反应。容易产生代码副作用的修改包括：

1) 修改或删除子程序。

2) 修改或删除语句标号。

3) 修改或删除标识符。

4) 为提高执行效率而做的修改。

5) 修改文件的 open、close 操作。

6) 修改逻辑操作符。

7) 由设计变动引起的代码修改。

8) 修改对边界条件的测试。

代码的副作用有时可以通过回归测试发现，一经发现应立即采取补救措施。

(2) 数据的副作用　数据结构是程序的骨架，在维护阶段一旦修改了数据结构，软件设计与数据可能就不再吻合，错误随即出现。容易产生数据副作用的修改包括：

1) 局部和全局常量的再定义。

2) 记录或文件格式的再定义。

3) 增减数据或其他复杂数据结构的体积。

4) 修改全局数据。

5) 重新初始化控制标志和指针。

6) 重新排列 I/O 表或子程序参数表。

7) 修改用户数据。

(3) 文档的副作用　对软件的任何修改都应在相应的技术文档中反映出来，如果设计文档与用户手册不能与软件当前的状况对应，则会比没有文档更糟。因为用户很多情况下都按照用户手册来使用软件。

软件维护应统一考虑整个软件配置，而不仅仅是源代码。否则，就会由于在设计文档和用户手册中未能准确反映修改情况而引起文档副作用。

1) 对软件的任何修改都应在相应的技术文档中反映出来。

2) 对用户来说，若用户手册中未能反映修改后的状况，那么用户在这些问题上必定出错。

3) 一次维护完成之后，再次交付软件之前应仔细复审整个配置，有效地减少文档副作用。

4) 某些维护申请不必修改设计和代码，只需整理用户文档便可达到维护的目的。

5) 许多软件的维护十分困难，原因在于这些软件的文档不全、质量差、开发过程不注意采用好的方法，忽视程序设计风格等。

6）许多维护要求并不是因为程序中出错而提出的，而是为适应环境变化或需求变化而提出的。

7）为了使得软件能够易于维护，必须考虑使软件具有可维护性。

（4）软件可维护性的定量度量　人们一直期望对软件的可维护性做出定量度量，但要做到这一点并不容易。常用的度量一个可维护的程序的七种方法是：

1）可理解性；

2）可测试性；

3）可修改性；

4）可靠性；

5）可移植性；

6）可使用性；

7）效率。

7.2 软件维护的方法

7.2.1 提高软件可维护性的方法

提高软件可维护性的方法通常包括：①建立明确的软件质量目标和优先级；②使用提高软件质量的技术和工具；③进行明确的质量保证审查；④选择可维护的程序设计语言；⑤改进程序的文档。

1. 建立明确的软件质量目标和优先级

（1）一个可维护的程序应是可理解的、可靠的、可测试的、可修改的、可移植的、效率高的、可使用的。

（2）要实现这所有的目标，需要付出很大的代价，而且也不一定行得通。

（3）某些质量特性是相互促进的，例如可理解性和可测试性、可理解性和可修改性。

（4）另一些质量特性是相互抵触的，如效率和可移植性、效率和可修改性等。

（5）每一种质量特性的相对重要性应随程序的用途及计算环境的不同而不同。例如，对编译程序来说，可能强调效率；但对管理信息系统来说，则可能强调可使用性和可修改性。

（6）对程序的质量特性，在提出目标的同时还必须规定它们的优先级。

2. 使用提高软件质量的技术和工具

（1）模块化

1）如果需要改变某个模块的功能，则只要改变这个模块，对其他模块影响很小。

2）如果需要增加程序的某些功能，则仅需增加完成这些功能的新的模块或模块层。

3）程序的测试与重复测试比较容易。

4）程序错误易于定位和纠正。

（2）结构化程序设计

1）程序被划分成分层的模块结构。

2）模块调用控制必须从模块的入口点进入，从其出口点退出。

3）模块的控制结构仅限于顺序、选择、重复三种，且没有 GOTO 语句。

4）每个程序变量只用于唯一的程序目的，而且变量的作用范围应是明确的、有限制的。

（3）使用结构化程序设计技术，提高现有系统的可维护性

1）采用备用件的方法，用一个新的结构良好的模块替换掉整个要修改的模块。

2）采用自动重建结构和重新格式化的工具（结构更新技术），把非结构化代码转换成良好结构代码 。

3）改进现有程序的不完善的文档，建立或补充系统说明书、设计文档、模块说明书以及在源程序中插入必要的注释。

3. 进行明确的质量保证审查

质量保证审查对于获得和维持软件的质量，是一个很有用的技术。审查可以用来检测在开发和维护阶段内发生的质量变化。一旦检测出问题来，就可以采取措施来纠正，以控制不断增长的软件维护成本，延长软件系统的有效生命期。

（1）在检查点进行复审　保证软件质量的最佳方法是在软件开发的最初阶段把质量要求考虑进去，并在开发过程每一阶段的终点设置检查点进行检查。

检查的目的是要证实已开发的软件是否符合标准，是否满足规定的质量需求。在不同的检查点，检查的重点不完全相同。软件开发期间各个检查点的检查重点如图 7-4 所示。

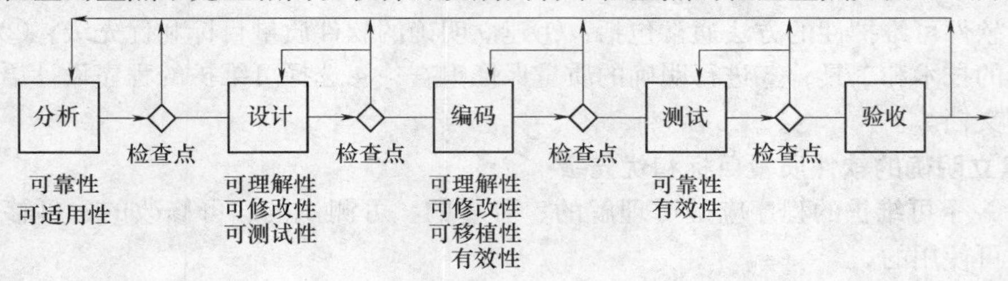

图 7-4　软件开发期间各个检查点的检查重点

1）设计阶段的检查重点是可理解性、可修改性、可测试性。

2）可理解性检查的重点是程序的复杂性。对每个模块可用 McCabe 环路来计算模块的复杂性，若大于 10，则需重新设计。

3）可以使用各种质量特性检查表，或用度量标准来检查可维护性。

4）审查小组可以采用人工测试的方式，进行审查。

（2）验收检查　验收检查是一个特殊的检查点的检查，是交付使用前的最后一次检查。验收检查实际上是验收测试的一部分，只不过它是从维护的角度提出验收的条件和标准。验收检查必须遵循的最小验收标准如下。

1）需求和规范标准：

①需求应当以可测试的术语进行书写，排列优先次序和定义。

②区分必需的、任选的、将来的需求。

③包括对系统运行时的计算机设备的需求；对维护、测试、操作以及维护人员的需求；对测试工具等的需求。

2）设计标准：

①程序应设计成分层的模块结构。每个模块应完成唯一的功能，并达到高内聚、低耦合。

②通过一些知道预期变化的实例，说明设计的可扩充性、可缩减性和可适应性。

3）源代码标准：

①所有的代码都必须具有良好的结构。

②所有的代码都必须文档化，在注释中说明它的输入、输出以及便于测试和再测试的一些特点与风格。

4）文档标准：文档中应说明如下内容：

①程序的输入/输出；

②使用的方法/算法；

③错误恢复方法；

④所有参数的范围；

⑤默认条件。

（3）周期性地维护审查　检查点复查和验收检查，可用来保证新软件系统的可维护性。对已有的软件系统，则应当进行周期性的维护检查。软件在运行期间进行修改，会导致软件质量有变坏的危险，破坏程序概念的完整性。必须定期检查，对软件做周期性的维护审查，以跟踪软件质量的变化。周期性维护审查实际上是开发阶段检查点复查的继续，并且采用的检查方法、检查内容都是相同的。维护审查的结果可以同以前的维护审查的结果、以前的验收检查的结果、检查点检查的结果相比较，任何一种改变都表明在软件质量上或其他类型的问题上可能起了变化。对于改变的原因应当进行分析。

（4）对软件包进行检查　软件包是一种标准化的，可为不同单位、不同用户使用的软件。一般源代码和程序文档不会提供给用户。对软件包的维护采取以下方法。

1）使用单位的维护人员首先要仔细分析、研究卖方提供的用户手册、操作手册、培训教程等，以及卖方提供的验收测试报告等。

2）在此基础上，深入了解本单位的希望和要求，编制软件包的检验程序。检查软件包程序所执行的功能是否与用户的要求和条件相一致。

3）为了建立这个程序，维护人员可以利用卖方提供的验收测试实例，还可以自己重新设计新的测试实例。

4）根据测试结果，检查和验证软件包的参数或控制结构，以完成软件包的维护。

4. 选择可维护的程序设计语言

程序设计语言的选择对程序的可维护性影响很大。程序设计语言的可维护性如图7-5所示。

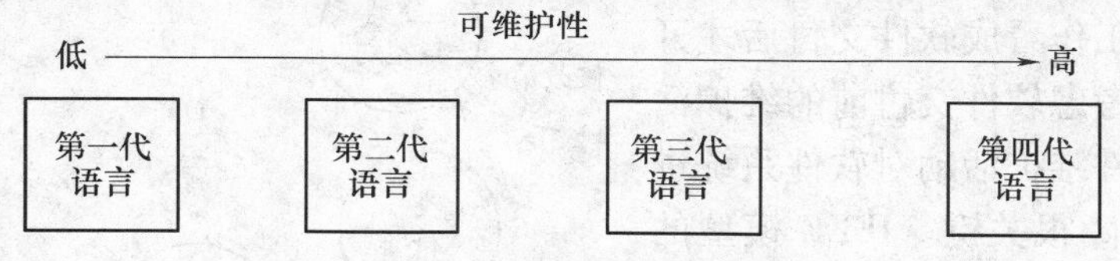

图7-5　程序设计语言的可维护性

5. 改进程序的文档

（1）程序文档是对程序总目标、程序各组成部分之间的关系、程序设计策略、程序实现过程的历史数据等的说明和补充。

（2）即使是一个十分简单的程序，要想有效地、高效率地维护它，也需要编制文档来解释其目的及任务。

（3）对于程序维护人员来说，要想按程序编制人员的意图重新改造程序，并对今后变化的可能性进行估计，缺了文档是不行的。

（4）为了维护程序，人们必须阅读和理解文档。

（5）另外，在软件维护阶段，利用历史文档，可以大大简化维护工作。通过了解原设计思想，可以判断出错之处，指导维护人员选择适当的方法修改代码而不危及系统的完整性。

（6）历史文档有三种：①系统开发日志；②错误记载；③系统维护日志。

7.2.2 软件维护的管理

软件维护不仅仅是技术性的，还需要大量的管理工作予以配合，才能保证维护工作的质量。

为了确保维护中所作修改的正确性，消除因不当修改给用户带来不良影响，要求对修改工作持谨慎态度。维护人员应和用户充分讨论，在说明情况、弄清要求的基础上，提出修改意见。

由谁来承担软件维护工作是维护管理的另一个重要问题。

（1）一般认为应该由开发人员来维护，因为他们对软件最熟悉，维护起来最方便。

（2）另一种做法是安排专职维护人员负责维护工作，而非开发人员。这样的好处是开发人员可以集中精力做好开发工作，有利于坚持实施开发标准，有利于保证文档的编制质量。同时专职的维护人员可以深入透彻地分析软件，从而更有力于维护的开展。

（3）还有一种较好的做法，即安排软件人员开发任务和维护任务的定期轮换。这样可以使软件人员体会到开发和维护工作的具体要求、开发和维护的关系，有利于提高软件人员的技术水平和软件系统的质量。

7.2.3 IEEE 的软件维护模型

IEEE 计算机学会软件工程标准化分委会颁布了 IEEE 软件维护标准（IEEE 1219 1998）。该标准详细阐述了管理与执行软件维护活动的迭代过程，该过程模型包括软件维护的输入、处理、控制及输出。

将软件维护工作看成软件交付后才开始的观点，没有考虑软件交付前的维护活动，其实那些软件维护活动对软件系统进行高效低耗的保障很关键。IEEE 模型的软件维护过程如图 7-6 所示。

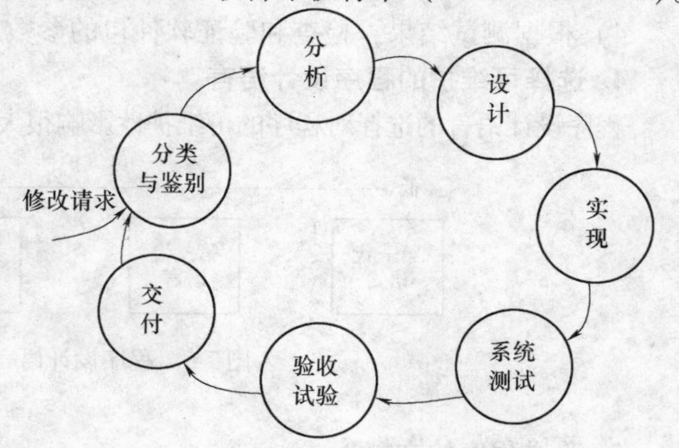

图 7-6 IEEE 的软件维护过程

1. 分类与鉴别

软件维护来自一个对软件的维护申请，通常该申请由用户、程序员或管理员人员提出。申请以维护请求表（MR）的形式提交，既可以是纠错性维护也可以是扩充性维护。维护机构确定修改的种类，再将其划分到合适的维护类别中，并确定其处理的优先级别。每一个申请都必须分配一个唯一的编号，其数据存储在一个数据库（知识库）中，以便跟踪该申请。

2. 分析

在分析阶段，要先进行维护的可行性分析，在此基础上再进行详细分析。可行性分析确定软件更改的影响、可行的解决方法及所需要的费用等。详细分析主要是提出完整的需求更改说明、鉴别需要更改的要素（模块）、提出测试方案或策略、制订实施计划。最后由配置控制委员会（CCB）审查并决定是否着手开始工作。

3. 设计

在设计阶段，要汇总全部信息以便审查并用于软件更改的设计。这些信息包括系统/项目的文档、分析阶段产生的错误、源代码、知识库信息等。

4. 实现

在实现阶段，主要制订程序更改计划以便进行软件更改。实现阶段的主要工作包括：编码与单元测试、集成、风险分析、测试审查准备、更新所有的文档。

5. 系统测试

在系统测试阶段，要测试程序之间的接口，以确保系统满足原来的需求以及新增加或更改的需求。回归测试是系统测试的组成部分，是为了确保不要引入新的错误。

6. 验收测试

验收测试指在完全集成的系统上进行的测试，由用户或者第三方完成。验收测试的工作应包括：报告测试结果、进行功能配置审核、建立软件新版本。此外，还应包括相应的软件文档。一旦文档和验收测试完成，系统就该进入交付阶段了。

7. 交付

在交付阶段，要将新的系统交给用户安装并运行。软件开发商应进行物理配置审核（确定所有的配置项目都已交付）、将信息通报用户、对文档版本进行备份、完成安装与培训。交付后，系统即可投入使用。

7.2.4 软件再工程

软件再工程是目前预防性维护所采用的主要技术，是为了以新形式重构已存在软件系统而实施的检测、分析、更替，以及随后构建新系统的工程活动。

软件再工程的目的是理解已存在的软件（包括规范、设计、实现），然后对该软件重新实现以期增强它的功能，提高它的性能，或降低它的实现难度，客观上达到维持软件的现有功能并为今后新功能的加入做好准备的目标。

软件再工程的对象是某些使用中的系统，这些系统常被称为“遗留系统”（legacy system）。遗留系统一般具有以下特点：①缺乏良好的设计结构和编码风格，该类软件的修改费时费力。②相关的公司或组织由于长久地依赖它们，不忍或不太可能将这些遗留系统完全抛弃。③对“遗留系统”进行分析研究，利用好的软件开发方法，重新构造一个新的目标系统，这样的系统将保持原系统所需要的功能，并使得新系统易于维护。

1. 软件再工程的具体目标

（1）为追加、增强功能做准备。

（2）提高可维护性。

（3）软件的移植。

（4）提高可靠性。

再工程是一个重新构建活动，这一活动需要花费大量的时间和资源。软件再工程过程模型定义了六类活动，即库存目录分析、文档重构、逆向工程、代码重构、数据重构和正向工程。软件再工程模型如图 7-7 所示。

该模型是一个循环模型，这意味着作为该模型一部分的活动可能被重复。在循环任意圈后，这些活动可以终止。

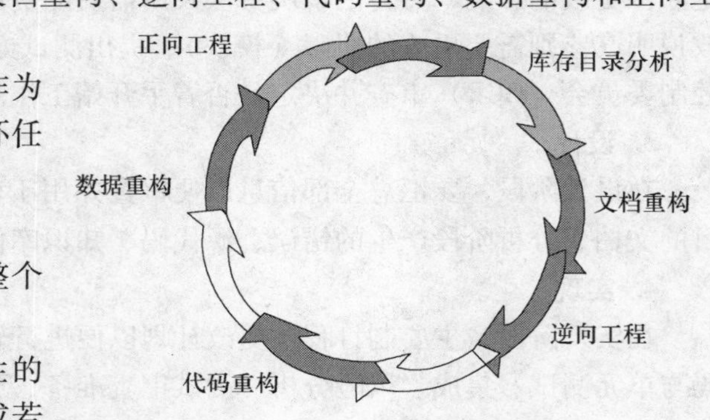

图 7-7　软件再工程模型

2. 软件再工程的方法

（1）“大爆炸”方法，这个方法将整个遗留系统用新系统一下子替换。

（2）增量方法，这一方法是阶段性的推进方法，首先依原有系统的结构划分成若干模块，然后分阶段地逐一改造和组装。

（3）演化方法，该方法类似于增量方法，不同之处是在演化方法中，改造的划分是基于功能模块，而不是基于原有的结构，并通过对功能模块的逐一替换来达到改造和集成的目的。

7.2.5　逆向工程

逆向工程是一个对已有系统分析的过程，通过分析识别出系统中的模块、组件及它们之间的关系，并以另一种形式或在更高的抽象层次上，创建出系统表示。

逆向工程的目的就是在缺少文档说明或根本没有文档的情况下，还原出软件系统的设计结构、需求实现，并尽可能地找出内部的各种联系及相应的接口等，从而恢复已遗失的信息，侦测出存在的缺陷，生成可变换的系统视图，综合出较高的抽象表示。逆向工程过程如图 7-8 所示。

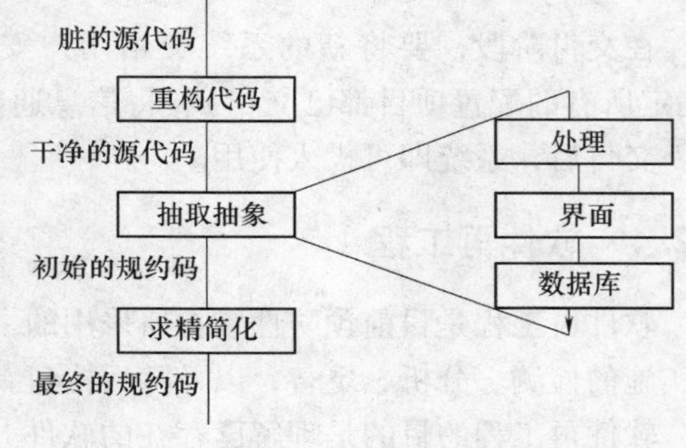

图 7-8　逆向工程过程

7.2.6　重构

软件重构修改源代码或数据，以使它适应未来的变化。传统意义上，重构并不修改软件体系结构，它趋向于关注个体模块的设计细节以及定义在模块中的局部数据结构。重构一般分为代码重构、数据重构和文档重构。

1. 代码重构

代码重构的目标是产生具有相同功能、但比原程序质量更高的程序。通常，代码重构技术用布尔代数对程序逻辑进行建模，然后应用一系列变换规则来重构逻辑，目标是从代码导出遵从结构化程序设计的过程设计。

2. 数据重构

在开始设计数据重构前，必须进行源代码分析。源代码分析对数据定义、文件描述、I/O以及接口描述的程序语句进行评估，目的是抽取数据项和对象，获取关于数据流的信息，以及理解现存实现的数据结构。该活动又称为数据分析。

一旦完成数据分析，则开始数据重设计。这一工作主要有数据记录的标准化，以澄清数据定义，达到现存数据结构或文件格式中的数据项名或物理记录格式间的一致性。

3. 文档重构

缺少文档是很多遗留系统共同存在的问题。通常分三种情况进行处理：

（1）如果系统能够正常运作，则保持其现状。在某些情况下，这是一个正确的方法，不可能为数百个计算机程序重新建立文档。

（2）仅对系统当前正在进行改变的那些部分程序建立完整文档。随时间推移，将得到一组有用的文档。

（3）系统的业务非常关键，这时必须完全地重构文档。在这种情况下，明智的方法是设法将文档工作量减少到最少。

7.2.7 正向过程

新目标系统的生成是通过正向工程来完成的。正向工程过程应用软件工程的原理、概念和方法来重新构建某现存应用系统。

这一过程从前期工作生成的、与逻辑实现无关的抽象描述开始，一步一步地求精，直至生成可替换旧软件系统的新系统及相关的详细文档为止。这一过程与通常的软件开发过程相类似。在大多数情况下，正向工程并不是简单地创建某旧程序的一个等价版本，而是将新的用户需求和技术需求集成到再工程活动中，重新开发的程序扩展了旧应用系统的能力。

【实战练习】

结合本章知识点，就软件维护的四种类型，阐述“教务管理系统”的软件维护工作开展的几个方面，并设计一个适合该系统的软件维护策略。

第 8 章　面向对象的方法学

【本章案例：通用日记账财务系统】

“通用日记账财务系统”是一个比较通用的财务软件，具有较多的通用性。在以面向对象的方法开发“通用日记账财务系统”中，把现实生活中的各种实体抽象为对象，各种活动抽象为方法，各种状态抽象为属性，就构成“通用日记账财务系统”的基础。把软件开发的面向对象的方法，应用于现实中的日记账活动再继续细化，做出详细设计，然后编码。

【知识导入】

传统开发方法存在如下问题。

（1）软件重用性差　重用性是指同一事物不经修改或稍加修改就可多次重复使用的性质。软件重用性是软件工程追求的目标之一，也是节约费用、减少人员、提高软件生产率的重要途径。传统的开发方法，例如结构化方法等，虽然给软件产业带来巨大进步，但是并没有解决软件重用的问题。同类型的项目，只要需求有一些变化，都要从头开始，原来的系统很难重用。

（2）软件可维护性差　软件工程强调软件的可维护性，强调文档资料的重要性，规定最终的软件产品应该由完整、一致的配置成分组成。在软件开发过程中，始终强调软件的可读性、可修改性和可测试性是软件的重要的质量指标。但是实践证明，用传统方法开发出来的软件，维护时其费用和成本仍然很高，其原因是可修改性差，维护困难，导致可维护性差。

（3）开发出的软件不能满足用户需要　用传统的结构化方法开发大型软件系统涉及各种不同领域的知识，在开发需求模糊或需求动态变化的系统时，所开发出的软件系统往往不能真正满足用户的需要。资料显示，在美国开发出来的软件系统中，真正符合用户需要并顺利投入使用的系统仅占总数的1/4左右，另外有1/4左右的系统在开发期间中途夭折，剩下的一半虽然完成了开发过程，但并未被用户采用或并未被长期使用。究其原因是开发人员不能完全获得或不能彻底理解用户的要求，以致开发出的软件系统与用户预期的系统不一致，不能满足用户的需要。另一种原因是所开发的软件系统不能适应用户经常变化的需求，系统的稳定性和可扩充性不能满足用户的要求。

用结构化方法开发的软件，其稳定性、可修改性和可重用性都比较差，这是因为结构化方法的本质是功能分解，从代表目标系统整体功能的单个处理着手，自顶向下不断把复杂的处理分解为子处理，这样一层一层的分解下去，直到仅剩下若干个容易实现的子处理为止，然后用相应的工具来描述各个最底层的处理。因此，结构化方法是围绕实现处理功能的“过程”来构造系统的。然而，用户需求的变化大部分是针对功能的，因此，这种变化对于基于过程的设计来说是灾难性的。用这种方法设计出来的系统结构常常是不稳定的，用户需求的变化往往造成系统结构的较大变化，从而需要花费很大代价才能实现这种变化。

20世纪90年代前广泛使用的软件开发方法，包括面向过程的方法和面向数据的方法，都在很大程度上解决了由于软件规模不断扩大给软件开发带来的复杂性。但这两种方法都是将信息和对信息的处理单独进行考虑的，信息和信息处理过程的分离会导致信息的完整性遭到破坏。面向对象的方法则将现实世界划分成互相作用的对象，对象封装了信息和信息处理的过程，很好地解决了面向过程方法和面向数据方法的问题。

面向对象的分析设计方法大部分情况下比结构化设计好。

结构化设计强调软件的结构按照功能来组织，一旦功能改变，软件的结构就会不稳定，而面向对象设计把数据流和功能统一起来。信息技术行业绝大部分（70%～80%）的软件设计（包括数据库设计）可以采用面向对象的方法，剩下的少部分有特定需求的可能还会用传统方法。

另外在电信界，用有限自动状态机的SDL（Simple DirectMedia Layer）方法仍占绝大多数，但现在UML（Unified Modeling Language）和SDL出现了融合的趋势。

面向对象的方法产生于20世纪70年代中期，但真正被接受并广泛使用却是在20世纪90年代。从1989年到1994年，面向对象方法从10种增加到50多种。这些不同的面向对象的方法具有不同的建模符号体系，建模语言本身又各有优势，用户很难从这些方法中找到一个适合自己的方法。面向对象的语言也在蓬勃发展，为面向对象开发提供了有利支持。

20世纪90年代初期，James Rumbaugh提出的OMT（Object Modeling Technology）方法、Grady Booch提出的Booch方法以及由Ivar Jacobson提出的OOSE（Object Oriented Software Engineering）方法成了主流的面向对象的建模方法。Coad/Yourdon方法出现较早，由于其简单、易学，在面向对象的建模方法中占有重要的地位。

20世纪90年代中期，为了消除不同符号体系给面向对象建模带来的混乱局面，James Rumbaugh、Grady Booch、Ivar Jacobson总和各自建模方法的优秀之处，创建了UML（Unified Modeling Language，统一建模语言）。对于面向对象的开发方法，通常采用的是与之对应的统一过程（Unified Process，UP）。UP的核心思想是螺旋（Spiral）、增量（Increment）和迭代（Iteration）。

8.1 面向对象的概念

有人认为："面向对象=对象+类+继承+通信"。一个面向对象的程序其每一成分应是对象，计算是通过新对象的建立和对象之间的通信来执行的。

面向对象方法学的出发点和基本原则，是尽可能模拟人类习惯的思维方式，使开发软件的方法与过程尽可能接近人类认识世界解决问题的方法与过程，也就是使描述问题的问题空间（也称为问题域）与实现解法的解空间（也称为求解域）在结构上尽可能一致。

1. 面向对象方法的特点

概括地说，面向对象方法具有下述四个要点。

（1）对象的概念　面向对象方法认为客观世界是由各种对象组成的，任何事物都是对象，复杂的对象可以由比较简单的对象以某种方式组合而成。按照这种观点，可以认为整个世界就是一个最复杂的对象。因此，面向对象的软件系统是由对象组成的，软件中的任何元素都是对象，复杂的软件对象由比较简单的对象组合而成。由此可见，面向对象方法用对象分解取代了传统方法的功能分解。

（2）对象类　所有对象都可划分成各种对象类（简称为类，class），每个对象类都定义了一组数据和一组方法。数据用于表示对象的静态属性，是对象的状态信息。因此，每当建立该对象类的一个新实例时，就按照类中对数据的定义为这个新对象生成一组专用的数据，以便描述该对象独特的属性值。

类中定义的方法，是允许施加于该类对象上的操作，是该类所有对象共享的，并不需要为每个对象都复制操作的代码。

（3）把对象类组成层次结构　按照子类（或称为派生类）与父类（或称为基类）的关系，若干个对象类组成了一个层次结构的系统（也称为类等级）。在这种层次结构中，下层的派生类具有和上层的基类相同的特性（包括数据和方法），这种现象称为继承（inheritance）。但是，如果在派生类中对某些特性又做了重新描述，则在派生类中的这些特性将以新描述为准，也就是说，低层的特性将屏蔽高层的同名特性。

（4）消息机制　对象彼此之间仅能通过传递消息互相联系。对象与传统的数据有本质区别，它不是被动地等待外界对它施加操作，相反，它是进行处理的主体，必须发消息请求它执行它的某个操作，处理它的私有数据，而不能从外界直接对它的私有数据进行操作。也就是说，一切局部于该对象的私有信息，都被封装在该对象类的定义中，就好像装在一个不透明的黑盒子中一样，在外界是看不见的，更不能直接使用，这就是“封装性”。

2. 面向对象方法的特性

面向对象方法具有抽象性、封装性、多态性等特性。

（1）抽象　抽象是对现实世界的简明表示。形成对象的关键是抽象，对象是抽象思维的结果。抽象思维是通过概念、判断、推理来反映对象的本质，揭示对象内部联系的过程。任何一个对象都是通过抽象和概括而形成的。面向对象方法具有很强的抽象表达能力，正是因为这个缘故，可以将对象抽象成对象类，实现抽象的数据类型，允许用户定义数据类型。

（2）封装　封装是指将方法与数据放于一对象中，以使对数据的操作只可通过该对象本身的方法来进行。即一对象不能直接作用于另一对象的数据，对象间的通信只能通过消息来进行。对象是一个封装好的独立模块。封装是一种信息隐蔽技术，封装的目的在于将对象的使用者和对象的设计者分开，用户只能见到对象封装界面上的信息，对象内部对用户是隐蔽的。也就是说，对用户而言，只需了解这个模块是干什么的即功能是什么，至于怎么干即如何实现这些功能则是隐蔽在对象内部的。一个对象的内部状态不受外界的影响，其内部状态的改变也不影响其他对象的内部状态。封装本身即模块性，把定义模块和实现模块分开，就使得用面向对象技术开发或设计的软件的可维护性、可修改性大为改善。

（3）多态　多态性是指一般类中定义的属性和服务，在特殊类中不改变其名字，但通过各自不同的实现后，可以具有不同的数据类型或具有不同的行为。

如一个绘图系统中类的多态性如图 8-1 所示。

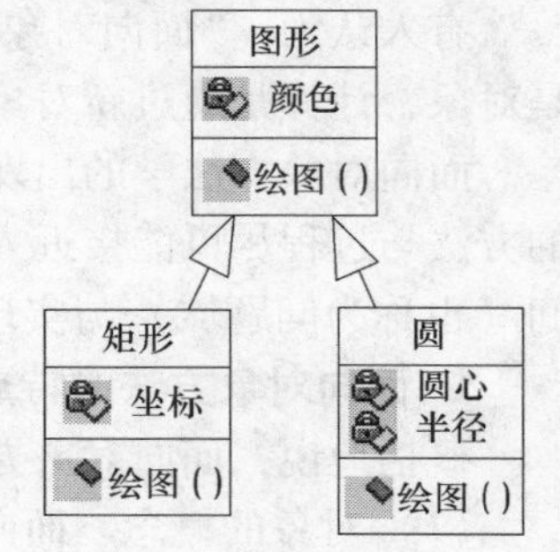

图 8-1　多态性

当向图形对象发送消息进行绘图服务请求后，图形对象会自动判断自己所属的类然后执行相应的绘图服务。

3. 面向对象方法的优点

（1）与人类习惯的思维方法一致　面对对象方法的出发点和基本原则是：尽可能模拟人类习惯的思维方式，以人类认识世界、解决问题的方法和过程，来分析、设计和实现一个软件系统。面向对象方法有许多特征，如软件系统是由对象组成的；把对象划分成类，每个对象类都定义一组数据和方法；对象彼此之间仅能通过传递消息互相联系；层次结构的继承等。

（2）稳定性好　面向过程的方法是以功能为中心来描述系统，而面向对象的方法是以数据为中心来描述系统。相对于功能而言，数据具有更强的稳定性。

（3）可重用性好　用已有的零部件装配新的产品，是典型的重用技术，例如，可以用已有的预制件建筑一幢结构和外形都不同于从前的新大楼。重用是提高生产率的最主要的方法。

（4）较易开发大型软件产品　在开发大型软件产品时，组织开发人员的方法不恰当往往是出现问题的主要原因。用面向对象方法开发软件时，构成软件系统的每个对象就像一个微型程序，有自己的数据、操作、功能和用途，因此，可以把一个大型软件产品分解成一系列本质上相互独立的小产品来处理，这就不仅降低了开发的技术难度，而且也使得对开发工作的管理变得容易多了。这就是为什么对于大型软件产品来说，面向对象范型优于结构化范型的原因之一。

（5）可维护性好　采用面向对象思想设计的结构，可读性好。由于继承的存在，即使改变需求，维护也只是在局部模块，所以维护起来是非常方便和低成本的。

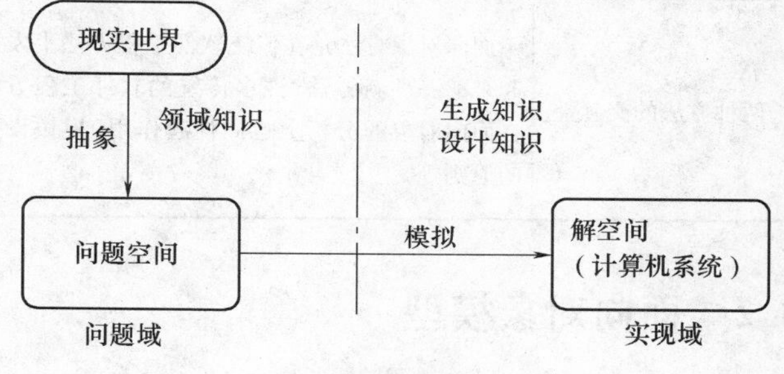

图 8-2　面向方法的要点

面向方法的要点如图 8-2 所示。

综合以上分析，可得出向对象方法与面向过程方法的比较分析如表 8-1 所示。

表 8-1　面向对象方法与面向过程方法的比较

属　性	面向对象方法	面向过程方法
计算机处理的实体对象	这里的对象是指数据以及可以施加在这些数据之上的操作所构成的统一体	是各种预定义类型的变量、数组、记录和文件等数据描述
计算机处理对象的操作	通过消息驱动使对象主动地执行自身的数据处理行为	通过对象（参数）传送，并调用外部的处理功能来处理对象
处理观点上的不同	把程序看成是相互协作而又彼此独立的对象的集合。每个对象就是一个微型的程序，有自己的数据、操作、功能和目的	把程序看做是工作在数据之上的一系列过程或函数的集合
基本实体	类（数据＋行为）	模块（数据＋部分行为）
通信机制	消息的传递	模块调用和参数的传递

（续）

属　　性	面向对象方法	面向过程方法
思维的特点	该方法使用现实世界的概念抽象地思考问题从而自然地解决问题。它强调模拟现实世界中的概念而不强调算法。在进行面向对象设计时,计算机处理问题的方式被放弃,而重点针对需要处理的问题进行分析	这种方法以算法为核心,把数据和过程作为相互独立的部分,数据代表问题空间中的客体,程序代码则用于处理这些数据。这种思维方法与计算机处理问题的方法是相一致的。对于那些非常熟悉计算机处理过程的程序员来说具有不可替代的优势
软件开发过程的特点	面向对象的方法重点强调反映现实需求的对象业务模型的建立,相对而言,设计和编码部分的工作则较为次要	重点在软件处理过程的设计和实现上
适用范围的比较	适合于比较大型的,对计算机的处理效率要求不是非常高的应用	对于要求涉及底层处理的应用或需要较高处理效率、直接对硬件系统进行操作的系统比较适用。另外对一些小的需要复杂处理流程的软件系统也比较适用
一般特点比较	稳定、可重用、易维护,但效率比较低	效率高,但难维护
两种方法的交互性	面向对象方法是在传统软件工程方法上发展起来的一种新方法,许多传统的软件工程方法在面向对象的分析上也同样起作用(模块设计的原则等)	面向过程方法在面向对象的设计中还存在一些不可消除的作用,当前提出的面向方面的设计就是这种作用的体现

8.2　面向对象模型

8.2.1　传统数据模型存在的主要问题

目前非空间数据最主要的数据模型是层次模型、网状模型和关系模型。下面以 GIS 地理数据库为例，说明它们的局限性。

1. 层次模型用于 GIS 地理数据库的局限性

层次模型反映了地理世界中实体之间的层次关系，在描述地理世界中自然的层次结构关系时简单、直观，易于理解，并在一定程度上支持数据的重构。它用于 GIS 地理数据库时存在的主要问题是：

（1）很难描述复杂的地理实体之间的联系，描述多对多的关系时导致物理存储上的冗余。

（2）对任何对象的查询都必须从层次结构的根节点开始，低层次对象的查询效率很低，很难进行反向查询。

（3）数据独立性较差，数据更新涉及许多指针，插入和删除操作比较复杂，父节点的删除意味着其下层所有子节点均被删除。

（4）层次命令具有过程式性质，要求用户了解数据的物理结构，并在数据操纵命令中显式地给出数据的存取路径。

（5）基本不具备演绎功能和操作代数基础。

2. 网状模型用于 GIS 地理数据库的局限性

网状模型是层次模型的一般形式，反映了地理世界中常见的多对多关系，在一定程度上支持数据的重构，具有一定的数据独立和数据共享特性，且运行效率较高。网状模型用于 GIS 地理数据库时的主要问题如下：

（1）由于网状结构的复杂性，增加了用户查询的定位困难，要求用户熟悉数据的逻辑结构，知道自己所处的位置。

（2）网状数据操作命令具有过程式性质，存在与层次模型相同的问题。

（3）不直接支持对于层次结构的表达。

（4）基本不具备演绎功能和操作代数基础。

3. 关系模型用于 GIS 地理数据库的局限性

关系模型表示各种地理实体及其间的关系时，方式简单、灵活，支持数据重构，具有严格的数学基础，并与一阶逻辑理论密切相关，具有一定的演绎功能。关系操作和关系演算具有非过程式特点。尽管如此，关系模型用于 GIS 地理数据库也还存在一些不足，主要问题是：

（1）无法用递归和嵌套的方式来描述复杂关系的层次和网状结构，模拟和操作复杂地理对象的能力较弱。

（2）用关系模型描述本身具有复杂结构和涵义的地理对象时，需对地理实体进行不自然地分解，导致存储模式、查询途径及操作等方面均显得语义不甚合理。

（3）由于概念模式和存储模式的相互独立性，及实现关系之间的联系需要执行系统开销较大的连接操作，运行效率不够高。

不难看出，关系模型的根本问题是不能有效地管理复杂的地理对象。

8.2.2 面向对象模型的四种核心技术

1. 分类

类是具有相同属性结构和操作方法的对象的集合，属于同一类的对象具有相同的属性结构和操作方法。分类是把一组具有相同属性结构和操作方法的对象归纳或映射为一个公共类的过程。对象和类之间的关系是“实例”（instance-of）的关系。

同一个类中的若干个对象，用于类中所有对象的操作都是相同的。属性结构即属性的表现形式相同，但它们具有不同的属性值。因此，在面向对象的数据库中，只需对每个类定义一组操作，供该类中的每个对象使用，而类中每一个对象的属性值要分别存储，因为每个对象的属性值是不完全相同的。例如，在面向对象的地理数据模型中，城镇建筑可分为行政区、住宅建筑区、文化区等若干个类。以住宅建筑类而论，每栋住宅作为对象都有门牌号、地址、电话号码等相同的属性结构，但具体的门牌号、地址、电话号码等是各不相同的。当然，对它们的操作方法如查询等都是相同的。

2. 概括

概括是把几个类中某些具有部分公共特征的属性和操作方法抽象出来，形成一个更高层次、更具一般性的超类的过程。子类和超类用来表示概括的特征，表明它们之间的关系是"即是"（is-a）关系。

子类是超类的一个特例。超类还可以进一步分类：一方面它可能是更高层次超类的子类，另一方面它也可能是另外几个子类的超类。所以，概括可能有任意多层次。例如，建筑物是住宅的超类，住宅是建筑物的子类，但如果把住宅的概括延伸到城市住宅和农村住宅，则住宅又是城市住宅和农村住宅的超类。

概括技术的采用避免了说明和存储上的大量冗余，因为住宅地址、门牌号、电话号码等是"住宅"类的属性，同时也是它的超类"建筑物"的属性。当然，这需要一种能自动地从超类的属性和操作中获取子类的属性和操作的机制。

3. 聚集

聚集是将几个不同类的对象组合成一个更高级的复合对象的过程。术语"复合对象"用来描述更高层次的对象，"部分"或"成分"是复合对象的组成部分。"部分"与复合对象的关系是"部分"（part-of）的关系；"成分"与复合对象的关系是"组成"的关系。例如，医院由医护人员、病人、门诊部、住院部等聚集而成。

每个不同属性的对象是复合对象的一个部分，它们有自己的属性数据和操作方法，这些是不能为复合对象所公用的，但复合对象可以从它们那里派生得到一些信息。复合对象有自己的属性值和操作，它只从具有不同属性的对象中提取部分属性值，且一般不继承子类对象的操作。这就是说，复合对象的操作与其成分的操作是不兼容的。

4. 联合

联合是将同一类对象中的几个具有部分相同属性值的对象组合起来，形成一个更高水平的集合对象的过程。术语"集合对象"描述由联合而构成的更高水平的对象。有联合关系的对象称为成员，"成员"与集合对象的关系是"成员"（member-of）的关系。

在联合中，强调的是整个集合对象的特征，而忽略成员对象的具体细节。集合对象通过其成员对象产生集合数据结构，集合对象的操作由其成员对象的操作组成。例如，一个农场主有三个水塘，它们使用同样的养殖方法，养殖同样的水产品，由于农场主、养殖方法和养殖水产品等三个属性都相同，故可以联合成一个包含这三个属性的集合对象。

联合与概括在概念上不同。概括是对类进行抽象概括；联合是对属于同一类的对象进行抽象联合。联合有点类似于聚集，所以在许多文献中将联合的概念附在聚集的概念中，都是在传播途径中提取对象的属性值。

8.2.3 UML

既然面向对象是一种思维方式，当然就需要用一种语言来表达和交流。UML 就是表达面向对象的标准化语言。UML 只是语言，不是方法。

任何语言都有语法和语义两个方面。UML 采用元-元模型、元模型、模型和用户对象四个层次来定义其体系结构。

UML 是基于面向对象的可视化建模语言，支持面向对象的各种概念，提供了丰富的概念元素和图形表示元素，就像英语语言中提供了丰富的单词。

通过用 UML 元素按照规定的语法建立系统模型，可以按照不同的抽象层次建立、分析模型和设计模型。

UML 的公共机制包括：说明、装饰、通用划分、扩展。

1. UML 语言的体系结构

UML 语言的体系结构如图 8-3 所示。

这四个层次中，除元-元模型外，每一层都是上一层的实例。

（1）元-元模型是定义描述元模型的语言，它是任何模型的基础。

（2）元模型是描述模型的语言。在 UML 语言的元模型中，定义了面向对象范畴的概念，如：对象类、关联、链接等。

（3）模型是对现实世界的抽象，用来描述信息领域，如银行系统中的储户、账户等都是元模型中对象类的实例。

（4）用户对象是一个特定的信息领域对象，如“张三”是储户对象类的一个实例。

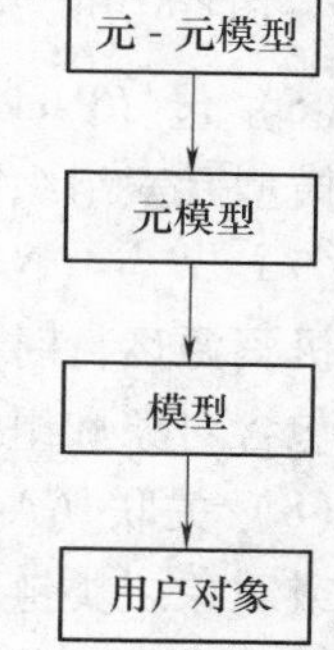

图 8-3　UML 语言的体系结构图

2. 符号与图形

在 UML 元模型中定义了很多模型元素，如用例、对象类、接口、组件等，为了模型的可视化，UML 为每个模型元素规定了特定的图形符号。

（1）活动者（Actor）　活动者的图形符号如图 8-4 所示。活动者是作用于系统的一个角色或者说是一个外部用户。活动者可以是一个人，也可以是使用本系统的外部系统。

（2）用例（Use Case）　用例的图形符号如图 8-5 所示。用例就是对活动者使用系统的一项功能的交互过程的陈述。如用户进行登录的用例图可以表示为如图 8-6 所示。

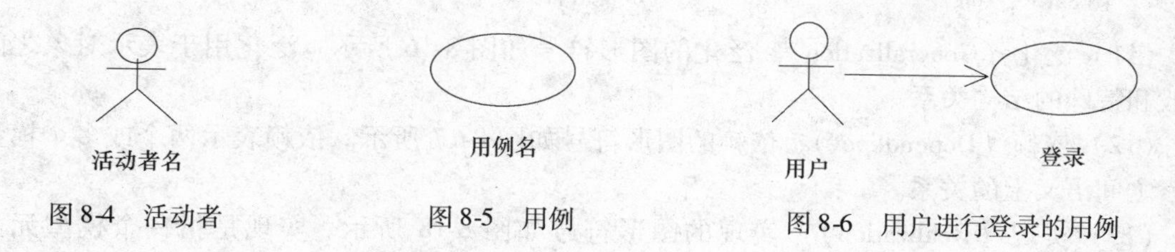

图 8-4　活动者　　图 8-5　用例　　图 8-6　用户进行登录的用例

（3）对象类（Class）　对象类的图形符号如图 8-7 所示。对象类（类）是具有相同属性和相同操作的对象的集合。

1）属性（Attribute）

可视性属性名[多重性]：类型 = 初始值

2）操作（Operation）

可视性操作名（参数列表）：返回列表

如用户类的图形符号如图 8-8 所示。

图 8-7　对象类

（4）接口（Interface）　接口的图形符号如图 8-9 所示。接口是一种抽象类，它对外提供一组操作，但自己没有属性和方法（操作的实现），它是在没有给出对象实现的情况下对对象行为的描述。接口使用对象类的图形表示方法，接口名前面加构造型“Interface”。

（5）组件（Component）　组件的图形符号如图 8-10 所示。组件体现了系统中逻辑模型元素的物理实现。

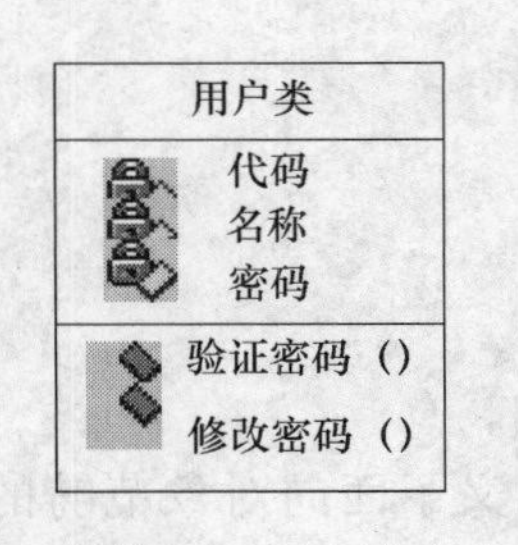

图 8-8　用户类

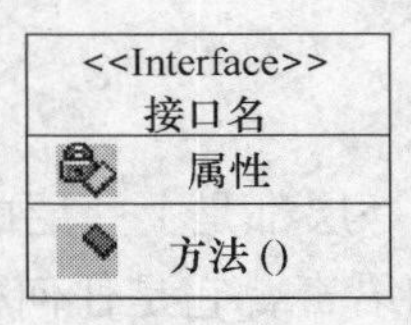

图 8-9　接口

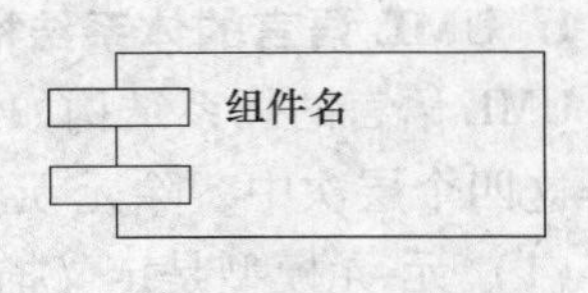

图 8-10　组件

（6）包（Package）　包的图形符号如图 8-11 所示。包也是一种模型元素，可以把语义相近的模型元素组织在一个包里，增加对模型元素的可维护性。

图 8-11　包

（7）节点（Node）　节点的图形符号如图 8-12 所示。节点是表示计算机资源运行时的物理对象，一般指有处理能力的硬件设备。节点上可以包含对象和组件的实例。

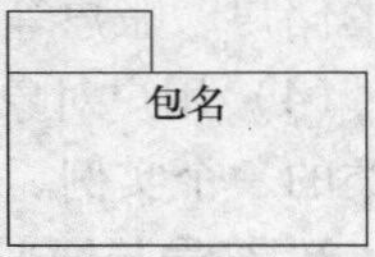

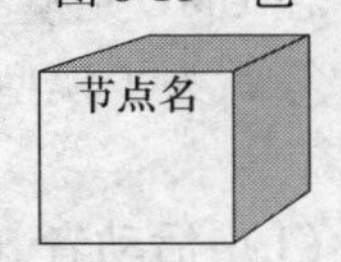

图 8-12　节点

（8）关联（Association）　关联的图形符号如图 8-13 所示。关联就是类或对象之类链接的描述。

（9）组合（Composition）　组合的图形符号如图 8-14 所示。组合关系用于表示对象之间部分和整体关系，关系很紧密。

（10）聚合（Aggregation）　聚合的图形符号如图 8-15 所示。聚合关系也用于表示对象之间部分和整体关系，但关系比较松散。

图 8-13　关联

图 8-14　组合

图 8-15　聚合

（11）泛化（Generalization）　泛化的图形符号如图 8-16 所示。泛化用于表示对象之间一般和特殊的结构关系。

（12）依赖（Dependency）　依赖的图形符号如图 8-17 所示。依赖表示两个或多个模型元素之间语义上的关系。

（13）实现（Realization）　实现的图形符号如图 8-18 所示。实现是指一个模型元素（如：类）是另一个模型元素（如：接口）的实现。

图 8-16　泛化

图 8-17　依赖

图 8-18　实现

（14）消息（Message）　消息的图形符号如图 8-19 所示。

（15）状态（State）　状态的图形符号如图 8-20 所示。状态描述了对象在生命周期中的一个时间段。

（16）注释（Comment）　注释的图形符号如图 8-21 所示。注释没有特定的语义，它用于对其他模型元素的补充说明。

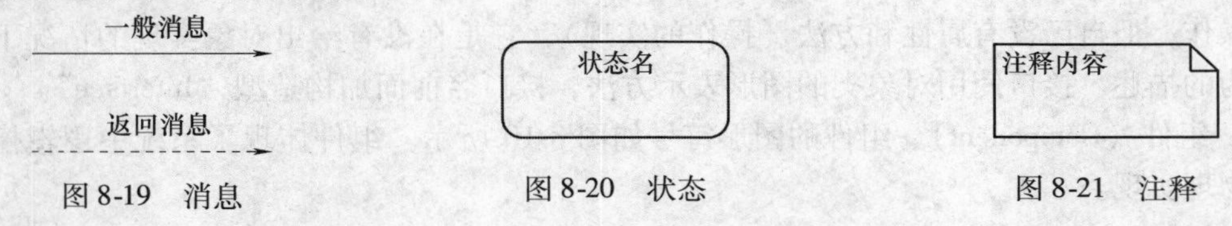

图 8-19　消息

图 8-20　状态

图 8-21　注释

8.3 面向对象分析

分析过程分为论域分析和应用分析。论域分析建立概括的系统实现环境，应用分析根据特定应用的需求进行论域分析。

面向对象分析是软件开发过程中的问题定义阶段，这一阶段最后得到的是对问题论域的清晰、精确的定义。传统的系统分析产生一组面向过程的文档，定义目标系统的功能。面向对象分析则产生一种描述系统功能和问题论域基本特征的综合文档。它考虑的部分不再局限于与问题直接相关的部分，而是在更大的问题论域范围里考虑问题。在分析过程中识别的概念是高层的抽象，这些抽象成为一个灵活的可扩充的基本构建块。

面向对象的分析方法把问题当做一组相互作用的实体，并确定这些实体之间的关系。

应用分析根据在论域分析时建立起来的问题论域模型，把这个模型适配于当前正在建立的应用中。用户对系统的需求可以当做限制来使用，用它们缩减论域的信息量。论域分析产生的模型并不需要用任何基于计算机系统的程序设计语言来表示，而应用分析阶段产生影响的条件则伴随着某种基于计算机系统的程序设计语言的表示。响应时间需求、用户界面需求和某些特殊的需求，如数据安全等，都是在这一层分解抽出。

许多模型识别的要求是针对不止一个应用的。通常应着重考虑两个方面：应用视图和类视图。必须对每个类的规格说明和操作进行详细化，还必须对形成应用结构的类之间的相互作用加以表示。

8.4 面向对象设计

8.4.1 概述

面向对象的设计（简称 OOD）与结构化设计有很大的不同。面向对象的设计是在面向对象的分析（简称 OOA）的基础上，对 OOA 模型逐渐扩充的过程。OOD 和 OOA 采用相同的符号表示，并且没有明显的分界线，它们往往反复迭代地进行。

在设计时，主要解决系统如何做，因此需要在 OOA 的模型中为系统的实现补充一些新的类，或在原有类中补充一些属性和操作。设计时应能从类中导出对象，以及这些对象如何互相关联，还要描述对象间的关系、行为以及对象间的通信如何实现。

可把面向对象的设计分为总体设计和详细设计两个阶段。在总体设计阶段主要重点放在解决系统高层次问题上，如将 OOA 模型划分成子系统、选择构造系统的策略等，通常在面向对象的设计中把它称为系统设计阶段。在详细设计阶段主要解决系统的一些细节问题，如类、关联、接口形式及实现服务的算法等，通常在面向对象的设计中把它称为对象设计阶段。

8.4.2 面向对象设计的原则

在面向对象的设计中，如何通过很小的设计改变就可以应对设计需求的变化，这是令设计者极为关注的问题。为此不少面向对象设计的先驱们提出了很多有关面向对象设计的原则用于指导设计和开发。下面是几条与类设计相关的设计原则。

1. 开闭原则（Open Closed Principle，OCP）

一个模块在扩展性方面应该是开放的，而在更改性方面应该是封闭的，这就是开闭原则。因此在进行面向对象设计时要尽量考虑接口封装机制、抽象机制和多态技术。该原则同样适合于非面向对象设计的方法，是软件工程设计方法的重要原则之一。

下面以收音机为例，讲述面向对象的开闭原则。收听节目时需要打开收音机电源，对准电台频率和进行音量调节。但是对于不同的收音机，实现这三个步骤的细节往往有所不同。比如自动搜索方式和按钮式搜索方式在操作细节上并不相同。因此，不太可能针对每种不同类型的收音机通过一个收音机类来实现（通过重载）这些不同的操作方式。但是可以定义一个收音机接口，提供开机、关机、增加频率、降低频率、增加音量、降低音量六个抽象方法。不同的收音机类实现这六个抽象方法。这样新增收音机类型不会影响其他原有的收音机类型，收音机类型扩展极为方便。此外，已存在的收音机类型在修改其操作方法时也不会影响到其他类型的收音机。

图 8-22 是一个应用开闭原则生成的收音机类图的例子。

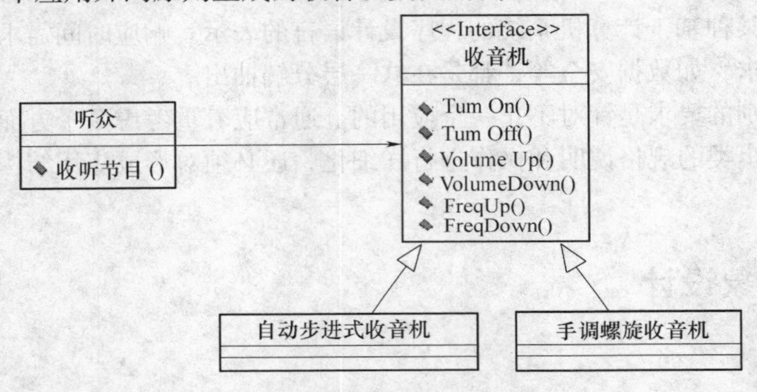

图 8-22　开闭原则的应用（收音机）

2. 替换原则（Liskov Substitution Principle，LSP）

子类应当可以替换父类并出现在父类能够出现的任何地方。这个原则是 Liskov 于 1987 年提出的设计原则。它同样可以从 Bertrand Meyer 的 DBC（Design by Contract）的概念推出。

以学生类为例，夜校生为学生类的子类，因此在任何学生可以出现的地方，夜校生均可出现。

Liskov 替换原则如图 8-23 所示。

运用替换原则时，应尽量把类 B 设计为抽象类或者接口，让类 C 继承类 B（接口 B）并实现操作 A 和操作 B。运行时，类 C 的实例替换类 B 的实例，这样即可进行新类的扩展（继承类 B 或接口 B），同时无须对类 A 进行修改。

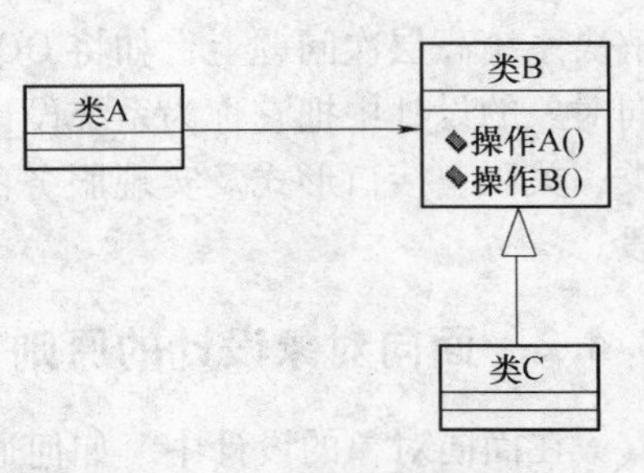

图 8-23　Liskov 替换原则

3. 依赖原则（Dependency Inversion Principle，DIP）

在进行业务设计时，与特定业务有关的依赖关系应该尽量依赖接口和抽象类，而不是依赖于具体类。具体类只负责相关业务的实现，修改具体类不影响与特定业务有关的依赖关系。

在结构化设计中，可以看到底层的模块是对高层抽象模块的实现（高层抽象模块通过调用底层模块），这说明，抽象的模块要依赖具体实现相关的模块，底层模块的具体实现发生变动时将会严重影响高层抽象的模块，显然这是结构化方法的一个“硬伤”。

面向对象方法的依赖关系刚好相反，具体实现类依赖于抽象类和接口（见图8-24）。

为此，在进行业务设计时，应尽量在接口或抽象类中定义业务方法的原型，并通过具体的实现类（子类）来实现该业务方法。业务方法内容的修改将不会影响到运行时业务方具体的实现类（子类），也不会影响到运行时业务方法的调用。

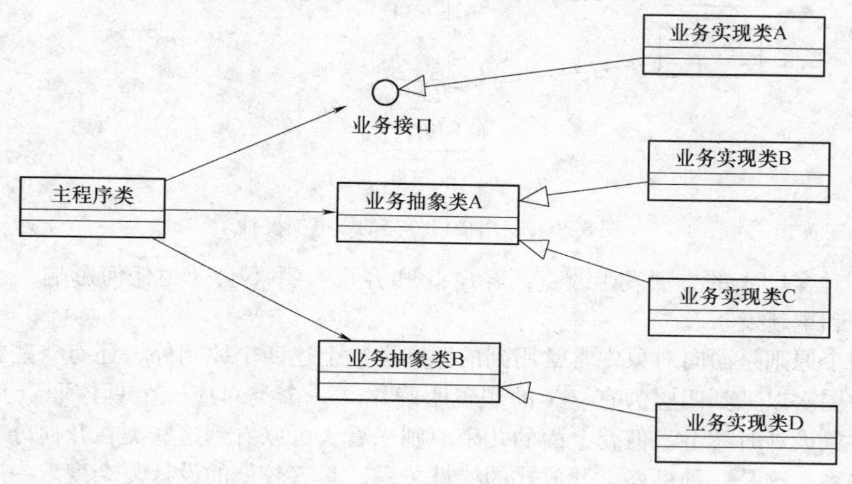

图8-24　依赖原则

采用多个与特定客户类有关的接口比采用一个通用的涵盖多个业务方法的接口要好。

4. 接口分离原则（Interface Segragation Principle，ISP）

ISP原则是另外一个支持诸如COM等组件化的技术。缺少ISP，组件、类的可用性和移植性将大打折扣。

这个原则的本质相当简单：一个针对多个客户的类，为每一个客户创建特定业务接口，然后使该客户类继承多个特定业务接口，将比直接加载客户所需所有方法有效。

图8-25展示了一个拥有多个客户的带有集成接口的服务类。它通过一个巨大的接口来服务所有的客户。只要针对客户A的方法发生改变，客户B和客户C就会受到影响。因此可能需要进行重新编译和发布，这是一种不幸的做法。

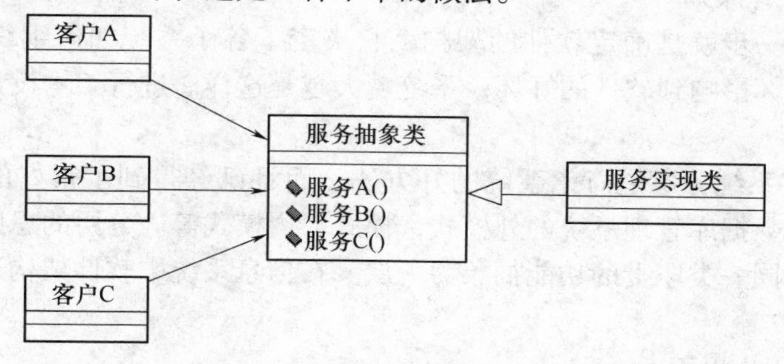

图8-25　带有集成接口的服务类

再看图 8-26 中所展示的技术。每个特定客户所需的方法被置于特定的接口中，这些接口被服务实现类所实现。

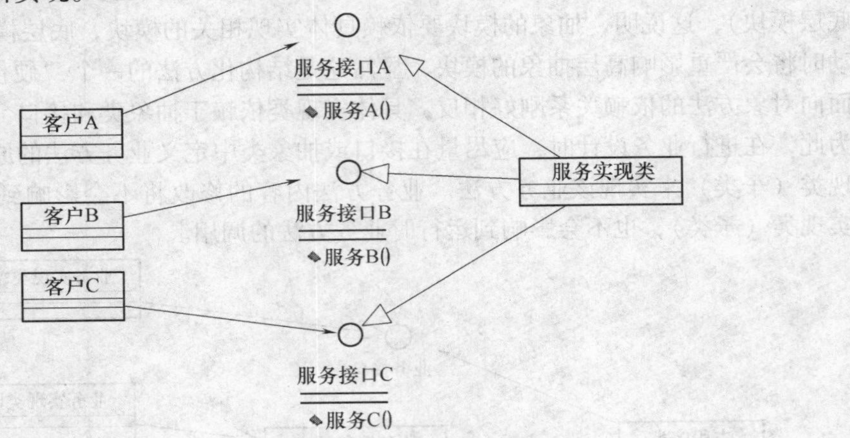

图 8-26　使用接口分离的服务类设计

如果针对客户 A 的方法发生改变，客户 B 和客户 C 并不会受到任何影响，也不需要进行再次编译和重新发布。

以上四个原则是面向对象中常常用到的原则。除上述四个原则外，还有一些常用的经验诸如类结构层次以三到四层为宜、类的职责明确化（一个类对应一个具体职责）等可供在进行面向对象设计时参考。但就上面的几个原则来看，可以看到这些类在几何分布上呈现树形拓扑的关系，这是一种良好、开放式的线性关系，具有较低的设计复杂度。一般说来，在软件设计中应当尽量避免出现带有闭包、循环的设计关系，它们反映的是较大的耦合度和设计复杂化。

8.4.3　系统架构设计

系统架构设计是把分析模型转变成系统设计模型。分析模型由功能模型、对象模型和动态模型组成。系统架构设计时将这些模型作为输入，将这些输入转变成包含系统内部结构信息的系统设计模型，或者更一般地说，转变成系统的硬件配置是如何实现的模型。

系统架构设计的结果是得到一个模型，包括各个策略的清晰描述、子系统分解的 UML 包图以及表示系统硬件/软件映射的 UML 配置图。

1. 系统架构设计原则

系统设计的第一步就是确定软件的架构，它决定了各子系统如何组织以及如何协调工作。架构设计的好坏影响到软件的好坏，系统越大越是这样。进行架构设计时，有两个重要的原则可以遵循。

（1）分层　将系统分层是简化系统的好方法，而且已经得到了很好的证实。如 OSI 七层模型网络协议，数据库管理系统的外模式、模式、内模式等。分层的思路是将系统按功能职责进行划分，将同一类职责的功能抽象为一层。在信息系统中软件架构通常采用典型的三层结构：

1）表示层：用户界面。

2）业务层：业务处理流程。

3）数据层：持久化存储。

与传统的两层结构相比，它最大的特征是将业务层独立了出来，从而提高了业务层的可复用性。在两层结构中，用户界面和业务处理流程放在一起，因此无法直接复用业务处理的相关功能，也无法将业务处理功能进行灵活的部署。在三层结构中，表示层只处理用户界面相关的功能，业务层专心处理业务流程，可以对业务层进行灵活的部署，开发时也便于业务处理的开发和用户界面的开发同时进行。

当然也可以分为更多的层，关键是尽量提高层内各功能的内聚，降低各层之间的耦合。

（2）各层之间的通信　OSI 中要求高层只能调用它的下一层提供的接口，设计接口时也应尽量遵守这样的约束。例如典型的三层结构的访问关系如图 8-27 所示。

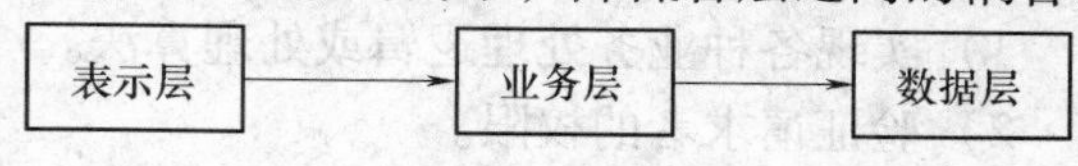

图 8-27　典型的三层结构访问关系

下面将根据架构设计原则和信息系统原理来建立一个信息系统的架构设计模型。

2. 信息系统的架构设计

将信息系统中比较关心的对象分层，可分为三层：用户界面层、业务处理层、数据访问层。再把各层中的一些公共部分提出来，如权限管理、异常处理，这样得到信息系统的架构设计图如图 8-28 所示。

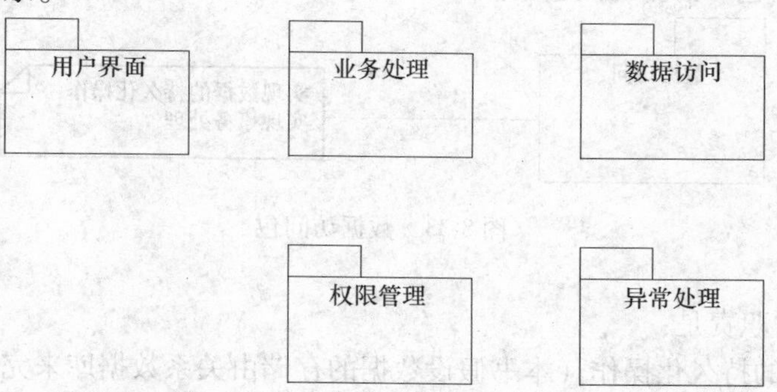

图 8-28　信息系统的架构设计图

（1）用户界面包　用户界面包如图 8-29 所示。

用户界面层的职责是：

1）与用户的交互，接收用户的各种输入以及输出各种提示信息或处理结果。

2）对于输入的数据进行数据校验，过滤非法数据。

3）向业务处理对象发送处理请求。

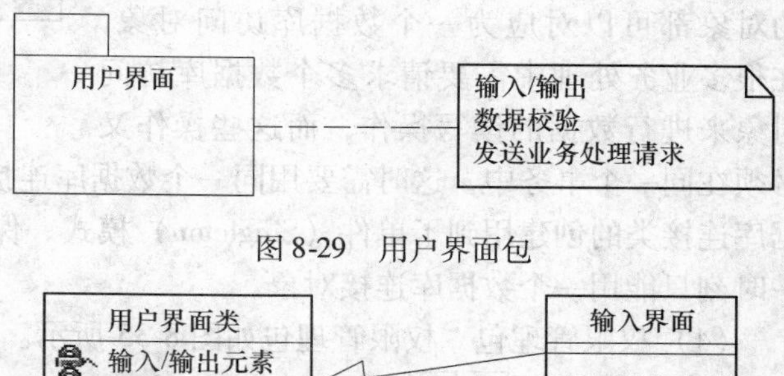

图 8-29　用户界面包

用户界面包中包含的类如图 8-30 所示。

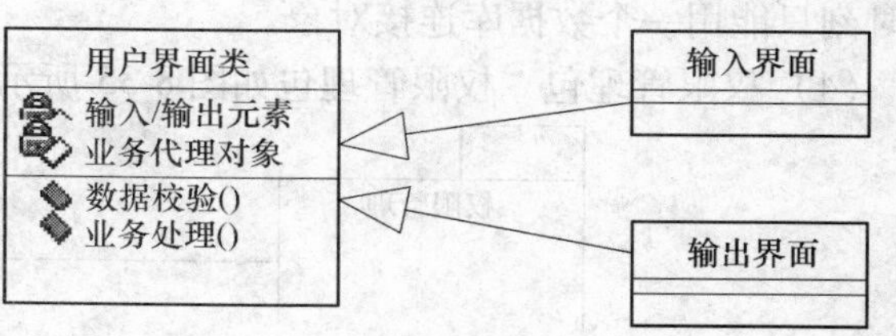

图 8-30　用户界面包中包含的类

（2）业务处理包　业务处理包如图 8-31 所示。

图 8-31 业务处理包

业务处理层的职责是：

1）实现各种业务处理逻辑或处理算法。

2）验证请求者的权限。

3）向数据访问对象发送数据持久化操作的请求。

4）向用户界面层返回处理结果。

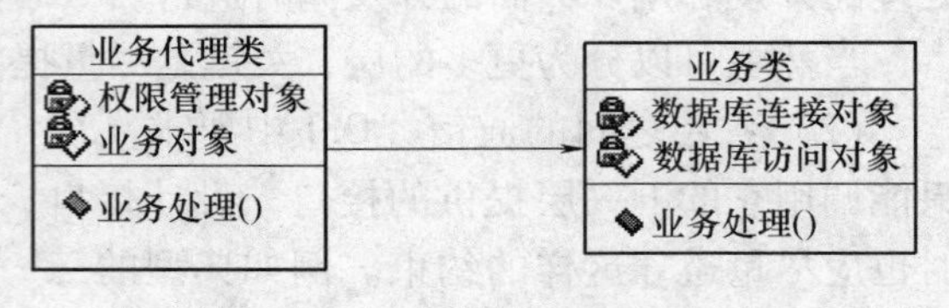

图 8-32 业务处理包中包含的类

业务处理包中包含的类如图 8-32 所示。

这里使用了代理（Proxy）模式，用户界面对象只能通过业务代理对象来向业务对象发送请求。业务代理对象首先判断请求者的权限，然后转发合法请求者的请求。

（3）数据访问包 数据访问包如图 8-33 所示。

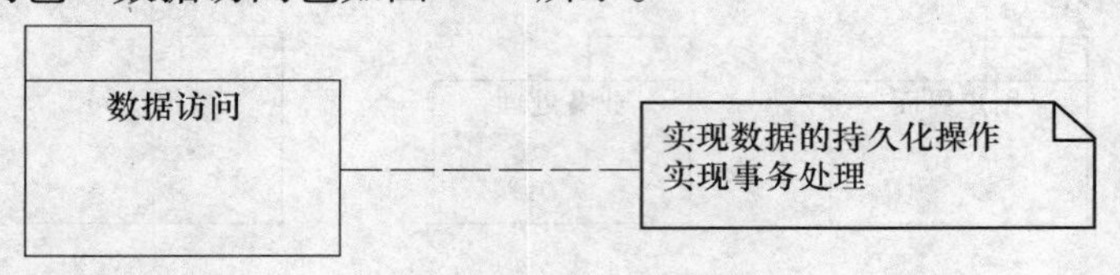

图 8-33 数据访问包

数据访问层的职责是：

1）实现数据的持久化操作（本书假设数据的存储由关系数据库来完成）。

2）实现事务处理。

数据访问包中包含的类如图 8-34 所示。

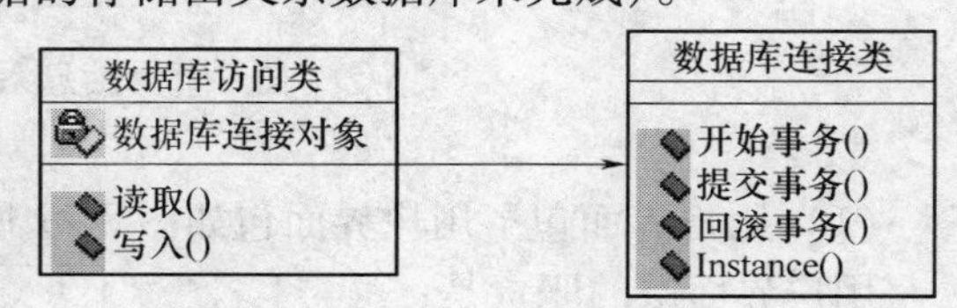

图 8-34 数据访问包中包含的类

对于每一个业务处理中需要持久化操作的对象都可以对应为一个数据库访问对象，在很多业务处理中需要请求多个数据库访问对象来进行数据的读写操作，而这些操作又必须在同一个事务中，这时需要用同一个数据库连接对象来进行统一的事务处理。这里的数据库连接类的创建用到了单件（Singleton）模式，保证一个类仅有一个实例，一个客户在同一时刻只能用一个数据库连接对象。

（4）权限管理包 权限管理包如图 8-35 所示。

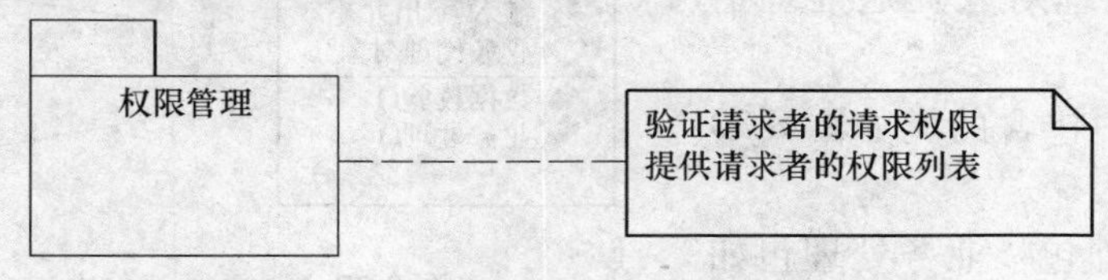

图 8-35 权限管理包

权限管理的主要职责是：

1）验证请求者的请求权限。

2）提供请求者的权限列表。

权限管包中包含的类如图 8-36 所示。

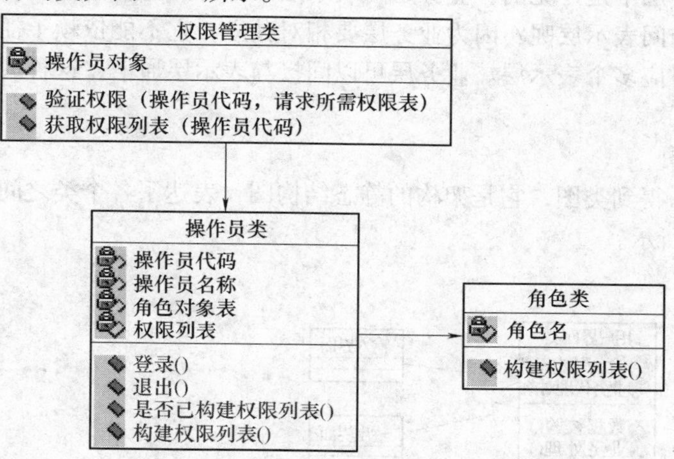

图 8-36　极限管理包中包含的类

业务处理对象通过权限管理对象来验证权限。

（5）异常处理包　异常处理包如图 8-37 所示。

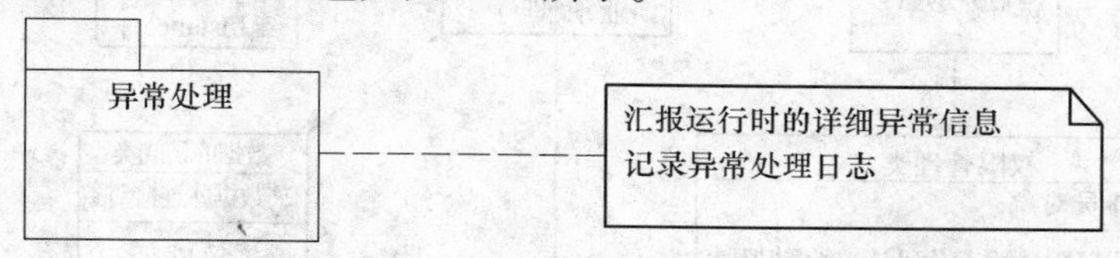

图 8-37　异常处理包

异常处理的职责：

1）汇报运行时的详细异常信息。

2）记录异常处理日志。

异常处理包中包含的类如图 8-38 所示。

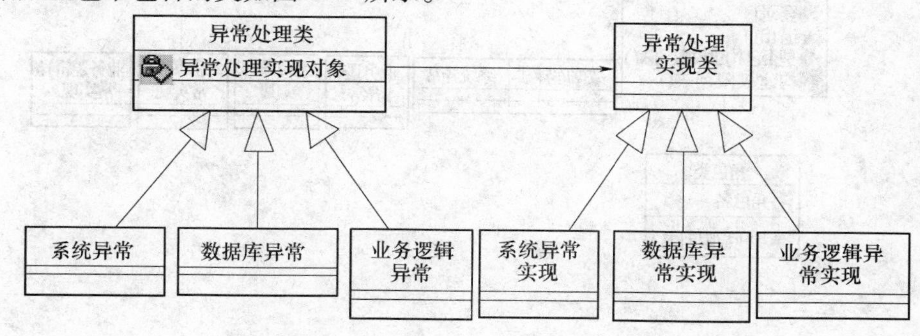

图 8-38　异常处理包中包含的类

因为异常处理类型比较多，如系统异常、数据库异常、业务逻辑异常等。针对不同类型的异常处理方式也容易变化，如显示错误，记录文本日志，记录数据库日志等，所以这里使用了桥接（Bridge）模式来实现，使各部分的变化比较独立。

数据层在业务层中是可见的，业务层在表示层中是可见的，反之则不可见。为什么在业务层中不能直接访问表示层呢？因为业务层要相对独立，它不能依赖于任何表示层，以至于一个业务层可以对应多个表示层。业务层可以间接与表示层通信，这种通信方式根据实际需要来确定。

3. 架构的类图

将包图展开，得到类图，它是架构的静态结构图，表达了各个类之间的静态联系。架构的类图如图 8-39 所示。

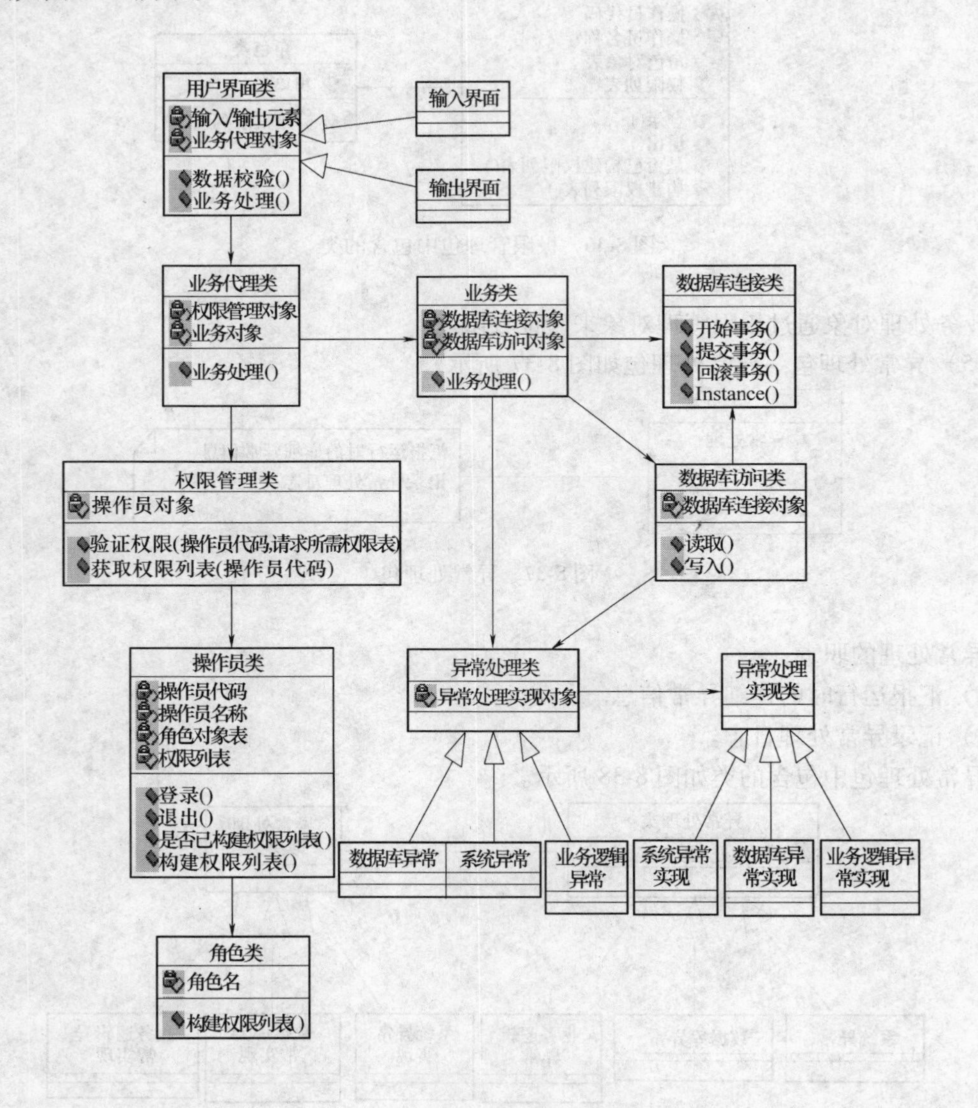

图 8-39 架构的类图

4. 架构的动态图

架构动态图是对象的动态结构图，它表达了类对象之间的动态协助关系。架构的动态图如图 8-40 所示。

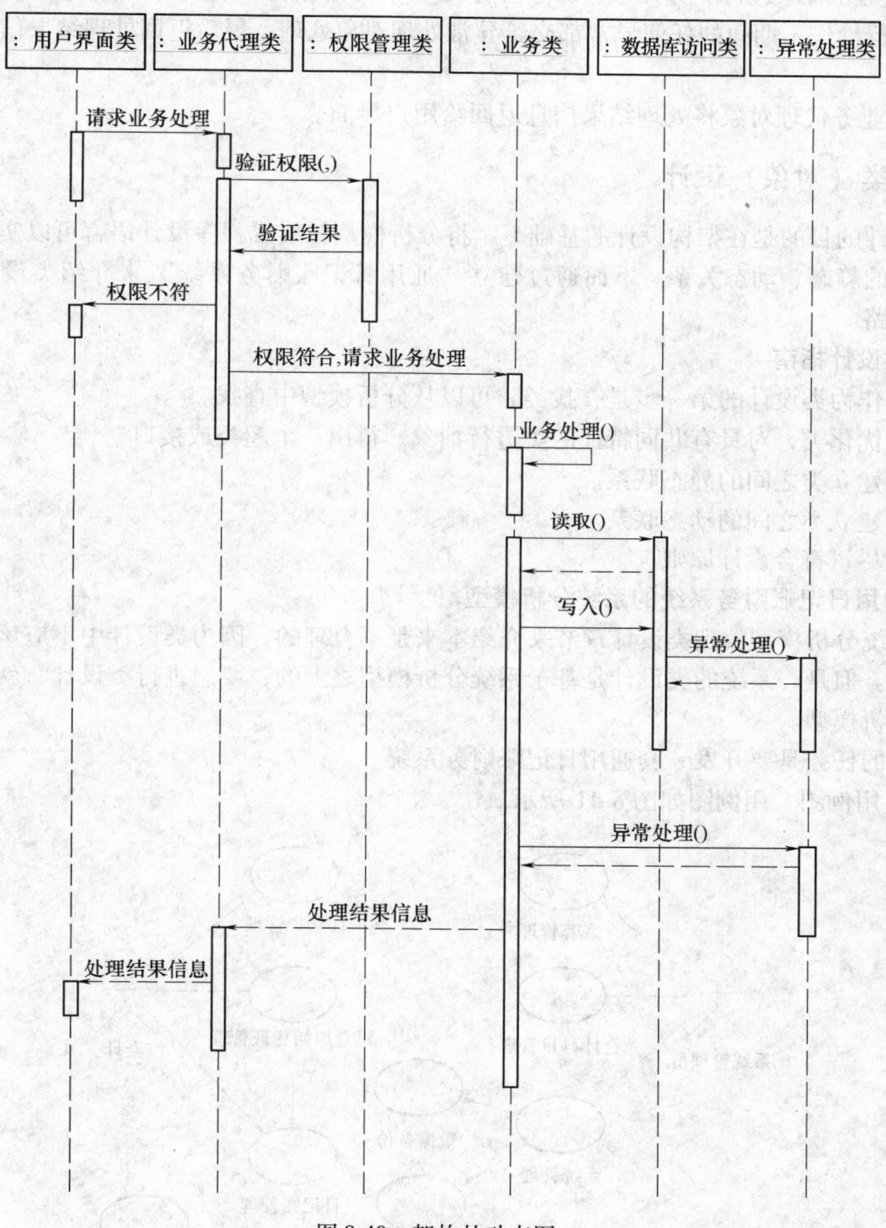

图 8-40　架构的动态图

流程：

（1）用户界面对象在接收了用户的输入请求后，向业务代理对象发送处理请求。

（2）业务代理对象接收到请求后，向权限管理对象发送验证权限请求。

（3）权限管理对象验证权限后将验证结果返回给业务代理对象。

（4）业务代理对象根据验证结果进行以下处理：对于不符合权限的请求返回提示信息；对于符合权限的请求，则将请求转发给业务对象。

（5）业务对象进行业务处理。对于业务处理中的数据持久化操作，通过访问数据库访问对象进行操作，期间的任何异常都交给异常处理对象处理。最后返回处理结果信息给业务代理对象。

（6）业务代理对象将处理结果信息返回给用户界面。

8.4.4 类（对象）设计

类设计的目的是在架构设计的基础上，将分析模型转换成程序设计语言可以实现的对象类和对象的静态、动态关系。下面通过建立“通用日记账财务系统”来介绍类设计的过程和设计思路。

1. 类设计指南

（1）作为类设计的第一步是查找类，可以从分析模型中查找。

（2）优化类，对具有共同特征的类进行抽象，得出一个超类或接口。

（3）建立类之间的静态联系。

（4）建立类之间的动态联系。

（5）尽量符合设计原则。

2. 通用日记账财务系统的系统分析模型

把系统分析模型放到类设计章节来介绍本来是不合理的，因为类设计中不应该包含系统分析模型。但是，系统的类设计是基于系统分析模型之上的，要想进行类设计，就要首先给出系统分析模型。

现在的任务是要开发一套通用日记账财务系统。

（1）用例图　用例图如图8-41所示。

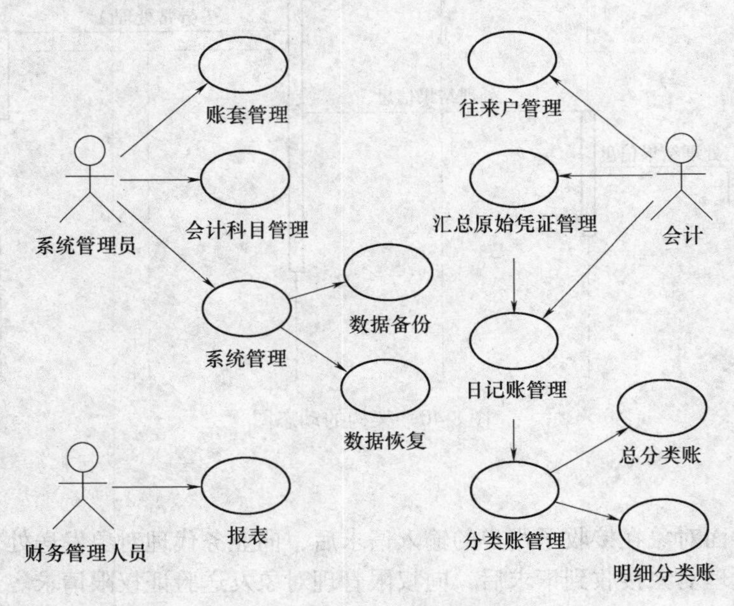

图8-41　用例图

用例图中有：

活动者（或角色）：会计、财务管理人员、系统管理员。

用例：账套管理、会计科目管理、系统管理、汇总原始凭证管理、日记账管理、分类账管理、往来户管理、报表。

（2）系统管理员操作流程　系统管理员操作流程图如图 8-42 所示。

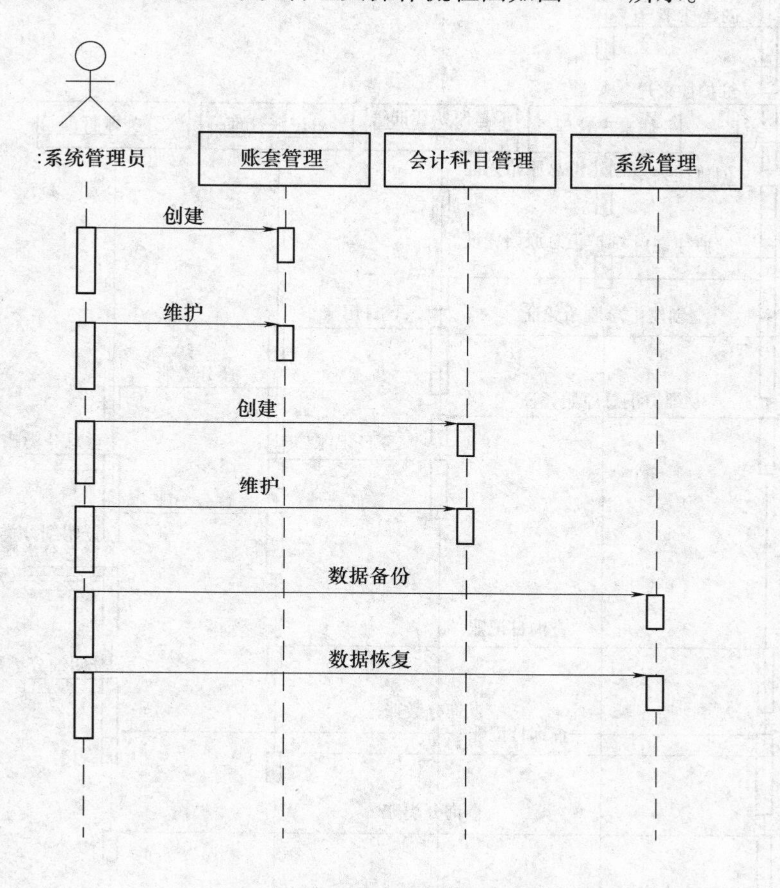

图 8-42　系统管理员操作流程图

1）在系统开始时，系统管理员需要创建一个新的账套，然后设置好本账套的会计科目。

2）系统管理员要负责日常的数据备份工作，当系统运行出现异常需要数据恢复时，要负责数据恢复工作。

（3）会计操作流程　会计操作流程图如图 8-43 所示。

1）会计负责创建和维护往来户。

2）会计根据原始凭证创建汇总原始凭证。

3）系统根据汇总原始凭证登日记账。

4）系统根据日记账登总分类账和明细分类账。

5）会计可以查询日记账和分类账。

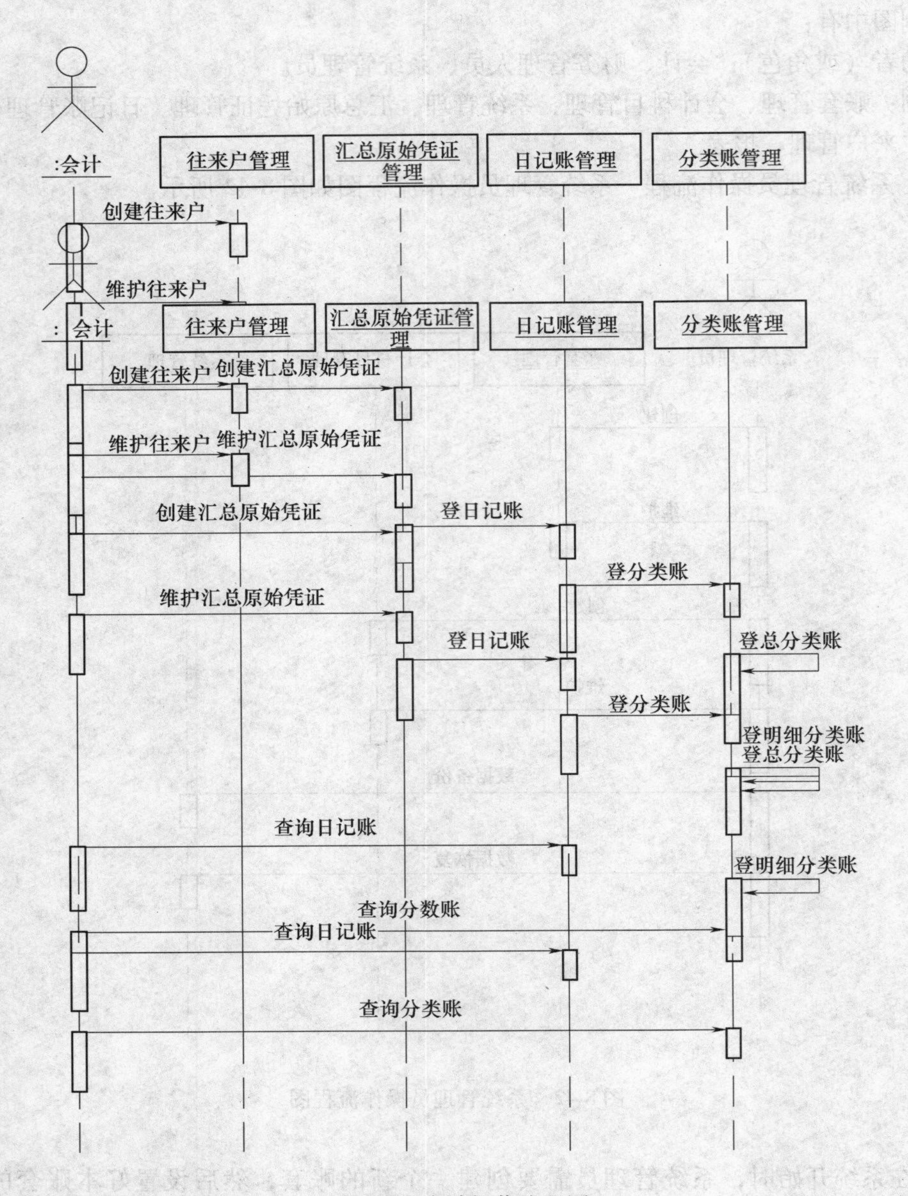

图 8-43　会计操作流程图

(4) 财务管理人员操作流程　财务管理人员操作流程图如图 8-44 所示。

财务管理人员月终打印会计报表。

3. 通用日记账财务系统的类图

(1) 查找类　从上面的系统分析模型可以找出类：汇总原始凭证、日记账、分类账、会计科目、往来户。

汇总原始凭证有子类：收款凭证、付款凭证、转账凭证。

分类账有子类：总分类账、明细分类账。

往来户有子类：应收往来户、应付往来户。

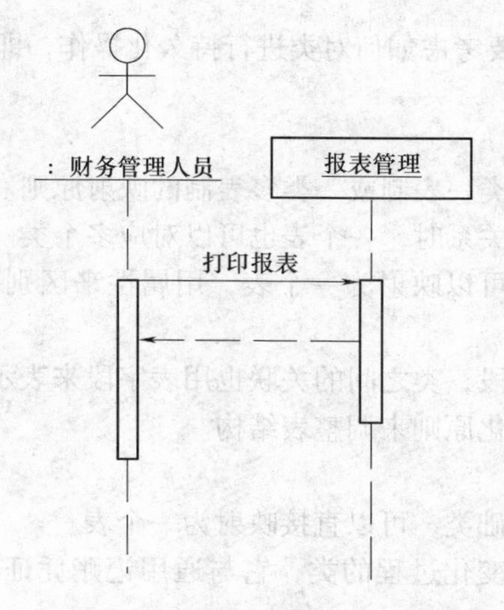

图 8-44　财务管理人员操作流程图

（2）查找各个类的方法　逐步查找出各个类的方法后，将它们联系起来。类的静态结构如图 8-45 所示。

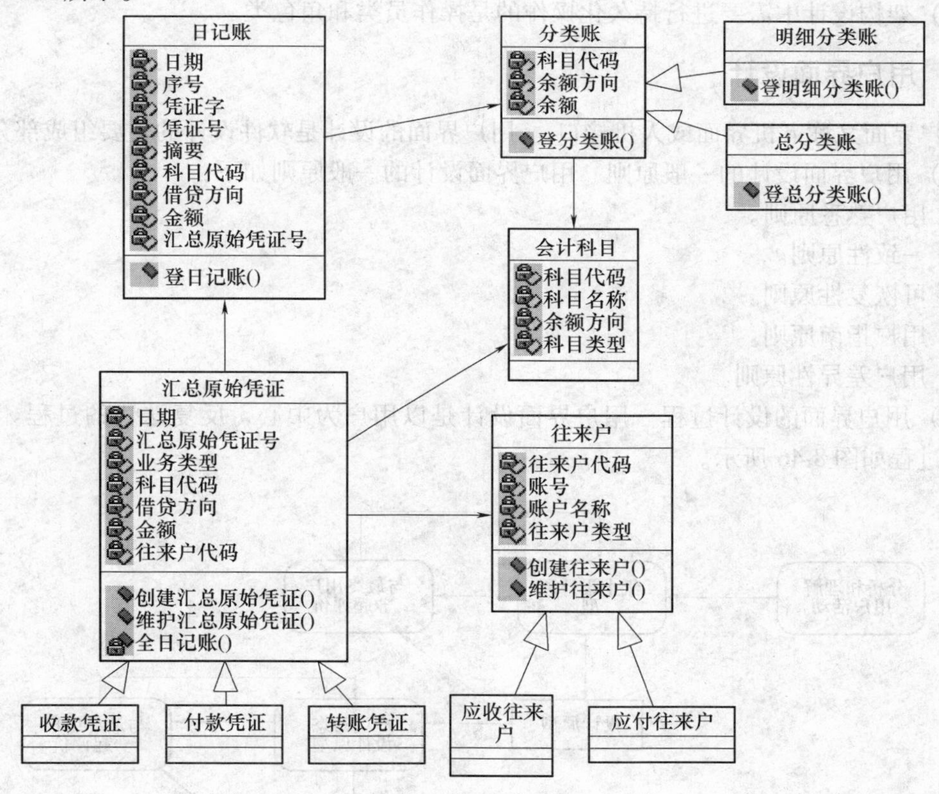

图 8-45　类的静态结构

8.4.5　数据管理子系统设计

关系型数据库是目前应用最广泛的数据库。既然是面向对象的系统设计，数据库设计当然也要是面向对象的。现在要考虑如何对类进行持久化操作，即如何将对象类映射到关系数据库的二维表中。

1. 映射原则

（1）基础类可以采用一类一表制或一类多表制的映射原则。

（2）当类之间有一对多关系时，一个表也可以对应多个类。

（3）存在继承关系的类可以映射为一个表，用属性来区别不同的子类，也可以是不同的子类分别映射一个表。

（4）类属性映射为表字段，类之间的关联也用表字段来表示。

（5）按关系数据库规范化原则来调整表结构。

2. 映射

（1）会计科目是一个基础类，可以直接映射为一个表。

（2）日记账是一个记录变化过程的类，它与通用记账凭证是一对一的关系，可以映射为一个表。

（3）原始汇总凭证、分类账、往来户都存在着继承关系，可以分别对应一个表，也可以是它们和它们的子类分别对应一个表。

（4）架构设计中需要进行持久化操作的是操作员类和角色类。

8.4.6 用户界面设计

用户界面又称人机界面或人机接口 。用户界面的设计是软件设计的重要组成部分。

（1）用户界面设计的一般原则　用户界面设计的一般原则如下：

1）用户熟悉原则。

2）一致性原则。

3）可恢复性原则。

4）用户指南原则。

5）用户差异性原则。

（2）用户界面的设计过程　用户界面设计是以用户为中心，反复迭代的过程。用户界面设计过程如图 8-46 所示。

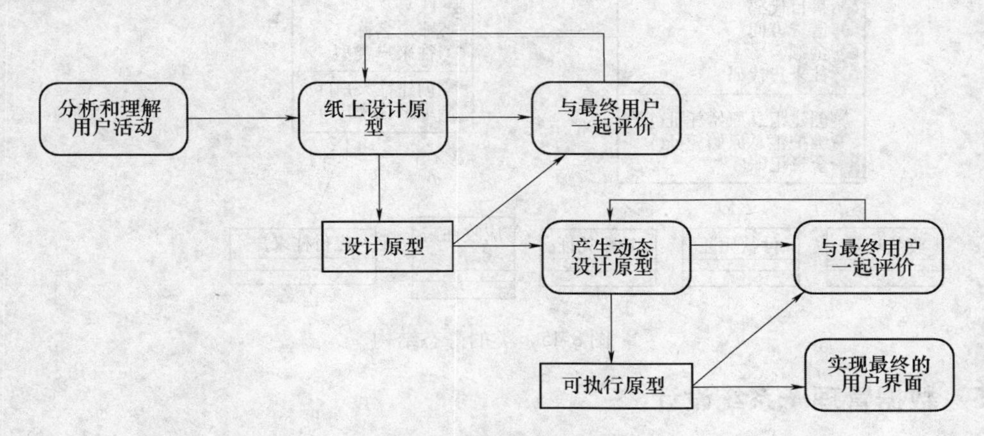

图 8-46　用户界面的设计过程

8.4.7 从设计到实施

写代码是设计阶段的扩展。写代码实际上是很机械的，因为所有困难的解决在设计阶段已经完成了。代码应是从设计到特定语言的简单翻译。在写代码阶段也要做一些裁决，因为程序代码是问题解决的最终体现，所以程序的风格对于可维护性及可扩展性是很重要的。

可以用任何一种语言来实施设计。任何一种语言，无论是面向对象的（C++、Eiffeb、Smalltalk 等）还是非面向对象的（C、Pascal 等），都是一种工具，可以被使用得很好，也可能被使用得很差。面向对象编程大大改善了程序的表达能力，但同时也增加了混乱的可能性（如果你是一个粗心的程序员）。好的程序需要纪律，要坚持好的编程风格。考虑多方面的因素，这里采用的开发工具采用的是 C++，具体来说是 Visual C++5.0 for Windows NT。C++对面向对象概念的支持是比较彻底的，C++中与面向对象有关的特征为：类和数据封装，结构作为一种特殊的类，构造函数和析构函数，类的私有、保护和公有部分，对象和消息，友元，类中运算符及函数名重载，派生类，虚拟函数等。

当主要关心的问题是对持久数据的存储，而不是对数据的操作时，那么数据库是实施的有效形式。数据库主要的焦点在于数据库的结构和对数据的约束。数据库的命令主要是对数据库某一数据集合的操作，这其中包含着高度的并发性，而传统语言大多数都是串行的。数据库体系结构的基本部分之一就是提供并发的数据操作。

8.5 面向对象实现

在开发过程中，类的实现是核心问题。在用面向对象方法所写的系统中，所有的数据都被封装在类的实例中，而整个应用程序则被封装在一个更高级的类中。这种封装和类提供的标准界面很容易把类所表达的特性嵌入到应用程序中。

在使用现存部件的面向对象系统中，可以只花费少量时间和工作量来实现应用软件。在实现一个特定的应用软件之前，可以把许多必要的功能事先设计在类中，只要增加类的实例，开发少量的新类和实现各个对象之间互相通信的操作，就能建立需要的应用软件。

8.5.1 类的实现

类的实现有多种方案，其中一种方案是先开发一个比较小的、比较简单的类，作为开发比较大的、比较复杂的类的基础，即从简单到复杂的开发方案。

在这种方案中，类的开发是分层的。一个类建立在一些现存的类的基础上，而这些现存的类又是建立在其他现存的类的基础上，通过诸如继承或组装之类的关系，利用现存代码就能着手建立新的类。如果现存的类编写得良好且经过严格的测试，那么它们就成为可复用的宝贵财富，但如果代码把缺陷传播到新的部件中，则这种代码就成为一种祸害。

1. 软件库

引入软件库的目的是为了引用现存的部件。软件库的价值建立在它内部代码的可靠性。为了确保加入软件库的完整性，必须有某种检验过程。对于软件开发人员来说，最重要的是在建立新类时所使用的代码必须是可信的。

2. 复用

在设计类的同时，就应当从复用开始着手类的实现。类的设计可以使用各种抽象的类，在类设计期间，必须开发这些类中的“具体的”对象。

一旦确认了某一个数据对象是应用软件所需求的，就必须把它组织成类，以便有效地提交所需要的模型。可按照下列次序选择用来产生所需功能的方法。

(1)“原封不动”复用　寻找“原封不动”使用的现存类，若所需要的类已经存在，现在建立它的一个实例，用以提供所需要的特性。这个实例可直接为应用软件利用，或者它可以用来做另一个类的实现部分。通过复用一个现存的类，可得到不加修改就能工作的已测试的代码。由于大多数面向对象语言的两个特性，即界面与实现的分离（信息隐藏）和封装，这种复用一般是成功的。

(2) 进化性复用　此时，一个能够完全符合要求的类可能并不存在，但是，如果具有类似功能的类存在，则可以通过继承，由现存的类渐进式地设计新类。新类作为一个现存类的子类，它继承这个现存类的所有特性，然后新类可以对需要追加的数据及必需的功能做局部定义。还可以将几个现存类的特性混合起来开发出新的类，每个现存类是某些概念的模型，混合起来则产生了一个为特定待开发软件所用的具有多重概念的类。

有时，一个现存的类可能会提供某些新类中需要的特性，以及某些新类中不需要的特性。因此，可先建立一个新的更抽象的类，使之成为要设计的类的父类，然后，修改现存类以继承新的父类。

(3)“废弃性”开发　废弃性开发即不用任何复用来开发一个新类。虽然不使用现存类来演变成新类，但还是有复用的可能性。在新类的实现时，通过借鉴一些现存类的实例，可以加快一个类的实现。像表格、硬件接口等都可以用来作为一个新类的局部。

3. 多重实现

软件库必须对库中的每一个部分都能保留充足的信息，使得定义能同时关联到不止一个实现。为了做到这一点，Ada 程序设计环境（Ada Programming Support Environment，APSE）做了一些工作，取得了一定的成果。使用在软件库中连接各个元素的关系（由面向对象范型更明确地建立），为模型化软件部件之间的关系提供了很大的灵活性。

8.5.2　应用程序的实现

应用程序的实现是在所有的类被实现之后的事情。事实上，实际实现一个应用程序是一个比用过程性方法更简单、更简短的过程。例如：在 C ++ 中它的主过程很小。

类开发出来时就实现了应用程序，每个类提供了完成应用程序所需要的某种功能。完成类的过程要求建立这些类的实例，有些建立起来的实例将在其他类的初始化过程中使用，而其余的则必须用某种主过程显式地加以使用，或者当做系统最高层的类的表示的一部分。在 C ++ 中有一个 main（）函数、在 Java 中有 public static void main（String [ ] args）函数，可以使用这个过程来创建构成应用程序主要对象的那些类的实例。以绘图程序为例：首先建立一个用户界面实例，一旦它建立起来，就发送一个消息，启动绘图程序的命令循环，然后，这个实例担负起在系统寿命的其余时期协调通信联系和建立对象实例的责任。

对于纯面向对象的语言，在系统中的每个“事物”都是对象。在这些语言中没有“主过程”，且常常是交互的。用户在他们的环境中建立起一个类的实例，然后接受控制和执行操作，产生实例建立的结果或接收由用户发送来的消息。

【实战练习】

结合本章知识点，采用面向对象的程序设计方法对“通用日记账财务系统”进行设计。

第3部分 软件项目管理

学习目标

- 了解软件项目的立项及软件项目的管理方法。
- 了解软件项目的特征及表现形式。
- 掌握软件项目的成本估算方法。
- 掌握软件项目的成本/效益分析技术。
- 掌握软件项目的管理手段。
- 掌握软件能力成熟度模型集成（CMMI）。

第9章　软件项目立项

【知识导入】

立项和结项分别是软件项目的头和尾，应该做到有始有终。良好的开端是成功的一半，为了避免项目失败，首要任务是做好立项管理。立项的主要目的，是通过规范化的流程，判断并采用符合企业根本目标的立项建议，提供合适的资金和资源，使立项建议转化成为正式的项目。拒绝不能给企业带来利益的软件项目立项建议，避免造成资源的浪费。

立项的具体过程，就是在市场调查研究的基础上，分析立项的必要性（是否有市场前景）和可能性（是否有能力实现）；具体列出系统的功能、性能、接口和运行环境等方面的需求；分析当前客户群和潜在客户群的情况；分析投入产出前景；编写立项建议书，并对它进行评审。评审通过后才算正式立项。

9.1　软件项目立项方法

软件项目的立项是软件项目正式启动之前的一系列活动，其流程分三个阶段：立项建议阶段、立项评审阶段和项目启动阶段。

1. 立项建议阶段

（1）成立立项建议小组　该小组实施立项的所有活动。

（2）立项建议小组进行产品构思　需要从宏观角度出发，搞清楚“开发什么”“怎样开发”“如何盈利”等大问题。具体包括：软件项目的主要功能，开发技术方案，哪些部分应当采购、外包或者自主研发，开发计划，市场营销计划等。产品构思的内容应写入“立项建议书”。

（3）进行立项调查和可行性分析　立项调查的目的是为产品构思和可行性分析提供充分的、有价值的信息。应遵循客观真实的原则，不可主观臆断；所获取的数据、图表等要真实并且有据可查，不可凭空捏造。立项调查的内容主要包括：市场调查、政策调查、同类产品调查、竞争对手调查、用户调查等，可通过收集相关信息资料、与用户交谈、向用户群发放调查问卷、与同行及专家交流等多种方式来完成。最后将有价值的信息系统地分析、归类，形成“调查报告”。

可行性分析的主要目的是通过各个方面的分析，判断“立项建议书”中的建议是否能真的实现、成功的可能性有多大、值不值得立项，其宗旨是为决策提供有价值的证据和结论。可行性分析一般包括市场可行性分析、政策可行性分析、技术可行性分析、成本/效益分析、SWOT（Strengths 优势、Weaknesses 劣势、Opportunities 机会、Threats 风险）分析几个要素。立项建议人和评审双方都需要做可行性分析。

（4）撰写相应文档并申请立项　形成并完善“调查报告”“可行性分析报告”“立项建

议书”等相关文档，递交给有决策权的机构领导，正式申请立项。

立项就是决策，IT企业的决策必须按照决策程序进行。没有决策程序就要先制定决策程序，不能一个人拍脑袋定决策。

立项建议书的目的，就是在某种程度上代替开发合同或用户需求报告，作为软件策划的基础。

立项建议书的编制者一般不是软件开发人员，而是软件公司的市场销售人员，因为他们对市场行情及客户需求熟悉。

2. 立项评审阶段

（1）评审准备　机构领导根据项目特征组织立项评审委员会，一般由机构领导、各级经理、市场人员、技术专家、财务人员组成，并确定主席。委员会按少数服从多数的原则投票决定是否同意立项。主席确定评审会议的时间、地点、设备和参加人员名单，准备相关材料。

（2）举行评审会议　立项建议小组陈述“立项建议书”的主要内容，评审委员会提出疑问，立项建议小组进行答疑。双方应对有争议的内容达成一致的处理意见。

（3）评估　每位评审委员根据“立项评审检查表”进行项目评估。

（4）评审会议决议　评审委员会给出评审结论和意见，按少数服从多数的原则投票决定是否同意立项。一般来说，如果半数以上的评委反对立项，则评审结论为“不同意立项”，反之则评审结论为“同意立项”。

（5）机构领导终审　如果机构领导的终审结论与评审委员会的结论一致，则机构领导和评审委员会共同分担立项评审工作的责任。如果机构领导的终审结论与评审委员会的结论相反，同时机构领导可以行使“一票否决权”，则机构领导应当对立项评审工作负全部责任。

3. 项目启动阶段

（1）启动准备　在项目的立项和核准后，应按计划开展相应的筹备、启动工作。建立项目管理制度，包括项目考核管理制度、项目费用管理制度、项目例会管理制度、项目通报制度、项目计划管理制度等、项目文件管理制度等。同时准备、整理项目启动会议资料。

（2）召开项目启动会议　项目启动会议的任务包括：阐述项目背景、价值、目标；项目交付物清单；项目组织结构及主要成员职责介绍；各方人员彼此认识，清楚各个层次的结构；项目初步计划与风险分析；项目管理制度；项目将要使用的工作方式。

（3）任命项目经理　完成该软件项目经理及各级负责人的任命。

项目启动后，立项工作基本完成。其后应制订详细计划，定义各阶段的目标及其所需的资源。项目组根据计划来执行任务，同时定期监督和测量项目的进展，来判断项目实际的执行情况与计划的差异，如果需要还应该采取纠正措施，直到确定项目可以正式收尾结束。

9.2　软件项目规模成本估算

在作软件项目计划时，估算是所有其他项目计划活动的基石，是非常重要的一项工作。无论是进行可行性分析，进行项目预算，还是根据用户的需求进行软件项目报价，都需要对项目进行规模或成本的初步估算。由于软件项目往往存在某些不确定性，可见性差、定量化难，因此很难在项目完全结束前准确估算出开发该项目所需要的工作量和费用。通常管理者可以根据以往开发类似软件的经验、有用的历史信息、足够的定量数据来进行规模成本估算，也可将软件项目划分成若干个子系统或按照软件生命周期的各个阶段分别估算其成本，然后汇总出整个软件的成本。

估算本来就是带有风险的活动。项目的复杂性、规模、结构化程度，项目参加人员的经验，历史信息的有效性等，都能影响估算的风险。项目的复杂性越高，估算的风险就越高。同时随着软件规模的扩大，软件相同元素之间的相互依赖、相互影响程度也迅速增加，造成估算时的问题分解也变得更困难。

对完成一个软件项目所需的资源进行估算，包含的内容有最基本的资源——人力资源，以及用以支持软件开发的工具——硬件资源和软件资源。对每一项资源都应给出当前资源的描述、资源的有效性说明、资源在何时开始需要以及使用资源的持续时间四个特征。软件成本和工作量的估算一般很难精确作出，因为人、技术、环境、政治等因素都会影响软件的最终成本和开发的工作量。但是，软件项目的估算还是能通过一系列系统化的步骤，在可接受的风险范围内提供估算结果。

1. 基于任务分解的估算

当一个问题过于复杂时，可对它进行分解并分别解决每一个子问题，最后将这些子问题的答案综合起来，从而得到原问题的解答。对软件项目而言，在大多数情况下，规模和成本的估算非常复杂，要一次性解决比较困难。因此，可通过任务分解的方式首先进行可控的子问题的估算。

估算技术一般有代码行（LOC）和功能点（FP）估算法，这是两种不同的估算技术，但有许多共同特性。项目计划人员首先给出一个有界的软件范围的叙述，再由此尝试着把软件分解成一些小的可分别独立进行估算的子功能。然后对每一个子功能估算其 LOC 或 FP（即估算变量）。接着，把基线生产率度量（如 LOC/PM 或 FP/PM，这里的 PM 是人月数）用做特定的估算变量，导出子功能的成本或工作量。将子功能的估算进行综合后就能得到整个项目的总估算。

代码行或功能点估算法对于分解所需要的详细程度是不同的。当用 LOC 作为估算变量时，功能分解是绝对必要的且需要达到很详细的程度。而功能点估算法所需要的数据是宏观的量，当把 FP 当做估算变量时所需要的分解程度可以不必很详细。LOC 是直接估算的，而 FP 是通过估计输入、输出、数据文件、查询和外部接口的数目以及复杂性校正值间接地确定的。除去所用到的估算变量，项目计划人员必须对每一个分解的功能提出一个有代表性的估算值范围。利用历史数据或凭实际经验，计划人员对每个功能分别按乐观的、可能的、悲观的三种情况给出 LOC 或 FP 估计值。同时，为了反映开发特性的影响，应当随时修正平均生产率。

（1）LOC 估算　把项目划分为若干个功能，分别计算每个功能的代码长度，所有功能代码行之和即项目的代码长度。

LOC 估算表包括：

每个功能的代码长度估算值 =（乐观值 +4 × 可能值 + 悲观值）/6；

估算工作量 = 代码总估算长度/估算生产率；

估算总成本 = 日薪 × 估算工作量；

估算行成本 = 估算总成本/估算代码长度。

其中，估算生产率由经验获得。

（2）FP（功能点）估算　项目的功能点数是几个测量参数（用户输入数、用户输出数、用户查询数、文件数、外部接口数）的功能点之和。

1）用户输入数：计算每个用户输入，它们向软件提供面向应用的数据。输入应该与查询区分开来，分别计算。

2）用户输出数：计算每个用户输出，它们向软件提供面向应用的信息。这里，输出是指报表、屏幕、出错信息等。一个报表中的单个数据项不单独计算。

3）用户查询数：一个查询被定义为一次联机输入，它导致软件以联机输出的方式产生实时的响应。每一个不同的查询都要计算。

4）文件数：计算每个逻辑的主文件（如数据的一个逻辑组合，它可能是某个大型数据库的一部分或是一个独立的文件）。

5）外部接口数：计算所有机器可读的接口（如磁带或磁盘上的数据文件），利用这些接口可以将信息从一个系统传送到另一个系统。

FP 估算表包括：

每个测量参数的估算 FP 计数 = 估算值 × 加权因子；

项目估算 FP = 各参数 FP 计数之和 × 复杂度调整因子；

估算工作量 = 项目估算 FP/估算生产率；

估算总成本 = 日薪 × 估算工作量；

单个 FP 估算成本 = 估算总成本/估算 FP。

其中，估算生产率由经验获得。

2. 基于工作量的估算

工作量估算类似于 LOC 或 FP 技术。估算从软件项目范围抽出软件功能，接着给出实现其中每一项功能所必需的软件工程任务及其对应的工作量估算值（一般以人月 PM 表示），包括需求分析、设计、编码、测试等，其总和即是项目总工作量估算。针对每一软件功能，给出与每个软件工程任务相关的劳动费用率。最后计算每一个功能及软件工程任务的工作量和成本。其总和，即是项目总成本估算。

3. 基于软件开发成本的估算

软件开发成本主要是指软件开发过程中所花费的工作量及相应的代价，主要是人的劳动的消耗，是以整个软件开发过程所花费的代价为依据。其估算方法主要有以下几种。

（1）自顶向下法：从项目的整体出发，自上而下进行类推。

（2）自底向上法：首先估计各个子任务的独立成本，然后自下而上汇总出项目总成本。

（3）类比估算法：利用以前的类似项目的实际成本作为估算的依据，类似的部分按实际量进行计算，差异部分则采用相应的方法进行估算。这种方法的精度较低。

（4）参数模型法：将项目特征（参数）用于数学模型来预测项目成本。在所使用的参数已经量化的情况下，精度比较高，否则精度较低。常用的经验模型包括：IBM 模型、Putnam 模型、COCOMO 模型。

（5）专家判定法：由多位专家进行成本估算，取得多个估算值，通过多种方法可把这些估算值合成一个估算值。

4. 成本估算中的问题

除了项目的软件成本，一个项目还有其他成本，如软硬件购置费、差旅费、培训费、会议费、资料费、通信费、固定资产折旧费、咨询费、招待费等。为了提高成本估算的准确性，可以考虑采用几种不同的方法，并运用统计技术进行成本统计分析，或根据已有的项目经验和有关资料，建立项目成本模型，使各个经验数据在成本估算中产生作用。另外，在项目实施以后，需要根据项目的实际进展和项目需求变动情况，适当地对成本进行修正。

9.3 成本/效益分析

成本/效益分析（Cost/Benefit Analysis）是为组织提供决策支持服务的一种平衡法，是通过比较项目的全部成本和效益来评估项目价值的一种方法。成本/效益分析作为一种经济决策方法，将成本费用分析法运用于项目的计划决策之中，以寻求在投资决策上如何以最小的成本获得最大的收益。

对于软件项目，成本/效益分析的目的是从经济角度来评价开发一个新的软件项目是否可行。对一项软件项目进行成本/效益分析时，了解现状非常重要。首先进行估算并确定该软件项目的成本，然后确定该项目能带来的额外收入的效益（如现金流及其他无形收益）以及确定可节省的费用，同时制定预期成本和预期收入的时间表，最后还需评估难以量化的效益和成本。

例如，某公司为了改进内部管理机制、优化办公流程，打算开发一套办公自动化软件，通过成本/效益分析应考虑如下几点。

成本方面：软件的开发成本，软件安装、运行、实施的成本，操作人员培训成本。

效益方面：优化了业务流程，提高了办公效率，公司领导决策更为科学。

成本/效益分析法常见的问题是，成本总是真实、数量大、容易计算的，而效益往往不那么直观。项目收益一般分为几种情况：用户委托开发的软件项目，效益取决于用户对项目的投资金额是否超过项目实际成本；软件公司自主开发的通用软件；用户使用软件所产生的效益。收益还可能是不可衡量的“软”项目，因此一定要注意反对那种“不能度量的项目就不存在”以及“不能度量的项目就没有价值”的观点。尤其是在一些重要的项目上，无形效益往往要比财务上衡量出来的效益大得多。

在计算项目的经济效益时，需要将未来效益中产生的资金折算为现值进行计算。度量效益可通过货币的时间价值、投资回收期、纯收入、投资回收率等方式来进行衡量。通常用利率表示货币的时间价值。投资回收期是使累计的经济效益等于最初的投资所需的时间，投资回收期越短，就能越快获得利润。纯收入是在整个生命期之内系统的累计经济效益（折合成现在值）与投资之差。投资回收率相当于把数额等于投资额的资金存入银行，每年年底从银行取回的钱等于系统每年预期获得的效益，在存储时间等于系统寿命时，正好把在银行中的钱全部取出，此时的年利率就等于投资回收率。

9.4 制订软件项目开发计划

软件项目开发计划是一个软件项目进入系统实施的启动阶段，用于保证项目团队成员更好地了解项目情况，使项目工作开展的各个过程合理有序，按时保质地完成项目目标。软件项目开发计划将对项目工作任务范围、各项工作的任务分解、项目团队组织结构、各团队成员的工作责任、团队内外沟通协作方式、开发进度、经费预算、项目内外环境条件、风险对策等内容进行安排并形成书面文件，作为项目团队成员以及项目相关人之间的共识与约定，是项目生命周期内的所有活动的行动基础，是项目团队开展和检查项目工作的依据。

制订项目开发计划主要进行的工作包括：确定详细的项目实施范围，定义递交的工作成果，评估实施过程中主要的风险，制订项目实施的时间计划、成本和预算计划、人力资源计划等。最终形成书面的“项目开发计划书”，包含的主要内容如下：

（1）软件项目概述　包括开发目的，项目背景，项目目标与范围。

（2）任务概要　包括本项目开发过程中需要进行的各项主要工作的具体描述，项目交付的程序、文档、服务、非移交的产品，验收标准和验收计划的具体标准。

（3）实施总计划　包括开发过程阶段划分，项目团队组织结构，任务的分解和人员分工，人员的协作与沟通，工作流程，具体进度和完成的最后期限，经费预算（人员成本、设备成本、其他经费预算、项目合计经费预算），开发过程中的关键问题，风险评估及对策，测试工作计划和安排。

（4）支持需求　包括本项目开发所需要的硬件环境和软件开发平台（操作系统、开发环境、数据库等），需要交办单位承担的工作，需要其他单位提供的条件。

（5）质量保证　包括评审和审查计划（质量控制计划，进度监控计划，预算监控计划，配置管理计划等），标准、条例和约定，相关人员，对任务间接承办单位的管理。

（6）软件配置管理　包括配置标识规则，更改控制，更改规程，人员分工等。

9.5　软件项目立项文档

软件项目立项过程中的文档主要包括“立项建议书”“调查报告”“可行性分析报告”“立项申请报告”“立项评审会议议程”“立项评审检查表”“立项评审报告”等。

（1）“立项建议书”　主要包括文档介绍，项目介绍（项目的描述、开发背景、主要功能和特色、项目范围等），市场概述（客户需求、市场规模与发展趋势等），项目发展目标，项目技术方案（产品体系结构、关键技术），项目开发计划（项目团队建设、成本估算、进度表），市场营销计划，总结等部分。

（2）“调查报告”　进行立项调查，包括市场调查，政策调查，同类产品调查，竞争对手调查，用户调查等，最后将有价值的信息系统地分析、归类，形成“调查报告”。

（3）“可行性分析报告”　一般包括市场可行性分析，政策可行性分析，技术可行性分析，成本/效益分析，SWOT 分析几个要素。

（4）“立项申请报告”　包含项目名称、级别、性质，项目小组成员，申请立项情况概述，各级负责人意见，立项处理流程等。

（5）“立项评审会议议程”　包括评审会议时间、地点、参会人员、会议议程安排。

（6）“立项评审检查表”　包括项目需求、目标是否清晰，市场发展前景和预期效果是否令人满意，项目技术方案、技术实现途径是否合理，项目开发计划、成本是否合理，项目质量是否令人满意，是否有政策风险、知识产权风险、财务风险等。

(7)“立项评审报告” 包含项目名称、级别、性质，立项评审材料，评审时间、地点，立项建议小组成员，立项评审小组成员，同意立项人数，反对立项人数，立项评审小组结论，意见总结，各级负责人意见，终审结论，各级负责人签字等。

9.6 软件项目团队的建立

软件项目的开发过程是一个人力密集的过程，开发人员的技术、能力等各种因素，都对软件项目的成败有着举足轻重的作用。因此，对软件开发人员进行高效的管理，是提高软件开发效率和质量、降低开发风险的有效途径，是高质量软件项目的保证。目前，项目管理中团队建设的方法与技巧已成为当今软件项目管理中的一个重要问题。

一个良好的软件项目团队，需要团队各成员具有明确清晰的共同目标，具有共同的工作规范和框架，相互信任、精诚合作，有融洽的关系并能通畅的沟通，保证有高昂的士气和随之带来的高效生产力。

9.6.1 项目团队的定义

现代项目管理认为：项目团队是由一组个体成员，为实现一个具体项目的目标而组建的协同工作队伍。项目团队的根本使命是在项目经理的直接领导下，为实现具体项目的目标，完成具体项目所确定的各项任务而共同努力、协调一致和科学高效地工作。项目团队是一种临时性的组织，一旦项目完成或者中止，项目团队的使命即告完成或终止，随之项目团队即告解散。

9.6.2 项目团队的特征

(1) 共同认可的、明确的目标。
(2) 合理的分工与协作。
(3) 积极地参与。
(4) 互相信任。
(5) 良好的信息沟通。
(6) 高度的凝聚力与民主气氛。
(7) 学习是一种经常化的活动。

9.6.3 团队精神与团队绩效

要想使一群独立的个人组合成为一个成功而有效合作的项目团队，项目经理需要付出巨大的努力去建设项目团队的团队精神和提高团队的绩效。决定一个项目成败的因素有许多，但是团队精神和团队绩效是至关重要的。

项目团队的团队精神是一个团队的思想支柱，是一个团队所拥有的精神的总和。

1. 高度的相互信任

团队精神的一个重要体现是团队成员之间的高度相互信任。每个团队成员都相信团队的其他人所做的和所想的事情是为了整个集体的利益，是为实现项目的目标和完成团队的使命而做的努力。

2. 强烈的相互依赖

团队精神的另一个体现是成员之间强烈的相互依赖。一个项目团队的成员只有充分理解每个团队成员都是不可或缺的项目成功重要因素之一，那么他们才会很好地相处与合作，并且相互真诚而强烈地依赖。这种依赖会形成团队的一种凝聚力，这种凝聚力就是团队精神的一种最好体现。

3. 统一的共同目标

团队精神最根本的体现是全体团队成员具有统一的共同目标。在这种情况下，项目团队的每位成员会强烈地希望为实现项目目标而付出自己的努力。因为在这种情况下，项目团队的目标与团队成员个人的目标是一致的，所以大家都会为共同的目标而努力。这种团队成员积极地为项目成功而付出时间和努力的意愿就是一种团队精神。

4. 全面的互助合作

团队精神还有一个重要的体现是全体成员的互助合作。当人们能够全面互助合作时，他们之间就能够进行开放、坦诚而及时的沟通，就不会羞于寻求其他成员的帮助，团队成员们就能够成为彼此的力量源泉，大家都会希望看到其他团队成员的成功，都愿意在其他成员陷入困境时提供自己的帮助，并且能够相互做出和接受批评、反馈和建议。有了这种全面的互助合作，团队就能够形成一个统一的整体。

5. 关系平等与积极参与

团队精神还表现在团队成员的关系平等和积极参与上。一个具有团队精神的项目团队，它的成员在工作和人际关系上是平等的，在项目的各种事务上大家都有一定的参与权。一个具有团队精神的项目团队多数是一种民主和分权的团队，因为团队的民主和分权机制使人们能够以主人翁或当事人的身份去积极参与项目的各项工作，从而形成一种团队作业和一种团队精神。

6. 自我激励和自我约束

团队精神更进一步还体现在全体团队成员的自我激励与自我约束上。项目团队成员的自我激励和自我约束使得项目团队能够协调一致，像一个整体一样去行动，从而表现出团队的精神和意志。项目团队成员的这种自我激励和自我约束，使得一个团队能够统一意志、统一思想和统一行动。这样团队成员们就能够相互尊重，重视彼此的知识和技能，并且每位成员都能够积极承担自己的责任，约束自己的行为，完成自己承担的任务，实现整个团队的目标。

7. 影响团队绩效的因素

当一个项目团队缺乏团队精神时就会直接影响到团队的绩效和项目的成功。团队精神是影响团队绩效的首要因素。

除了团队精神以外，还有一些影响团队绩效的因素，这些影响因素以及克服它们的具体办法如下。

（1）项目经理领导不力　这是指项目经理不能够充分运用职权和个人权力去影响团队成员的行为，去带领和指挥项目团队为实现项目目标而奋斗。这是影响项目团队绩效的根本因素之一。作为一个项目经理一定要不时地检讨自己的领导工作和领导效果，不时地征询项目管理人员和团队成员对于自己的领导工作的意见，努力去改进和做好项目团队的领导工作。因为项目经理领导不力不但会影响项目团队的绩效，而且会导致整个项目的失败。

（2）项目团队的目标不明　这是指项目经理、项目管理人员和全体团队成员未能充分了解项目的各项目标，以及项目的工作范围、质量标准、预算和进度计划等方面的信息。这也是影响项目团队绩效的一个重要因素。

（3）项目团队成员的职责不清　项目团队成员的职责不清是指项目团队成员们对自己的角色和责任的认识含糊不清，或者存在有项目团队成员的职责重复、角色冲突的问题。这同样是一个影响项目团队绩效的重要因素。

（4）项目团队缺乏沟通　项目团队缺乏沟通是指项目团队成员们对项目工作中发生的事情缺乏足够的了解，项目团队内部和团队与外部之间的信息交流严重不足。项目经理和管理人员需要采用会议、面谈、问卷、报表和报告等沟通形式，及时公告各种项目信息给团队成员，而且还要鼓励团队成员之间积极交流信息，努力进行合作。

（5）项目团队激励不足　项目团队激励不足是指项目经理和项目管理人员所采用的各种激励措施不当或力度不够，使得项目团队缺乏激励机制。要解决这一问题，项目经理和管理人员需要积极采取各种激励措施，包括目标激励、工作挑战性激励、薪酬激励、个人职业生涯激励等措施。项目经理和项目管理人员应该知道每个团队成员的激励因素，并创造出一个充分激励机制和环境。

（6）规章不全和约束无力　这是指项目团队没有合适的规章制度去规范和约束项目团队及其成员的行为和工作。一个项目在开始时，项目经理和管理人员要制定基本的管理规章制度，这些规章制度及其制定的理由都要向全体团队成员做出解释和说明，并把规章制度以书面形式传达给所有团队成员。同时，项目团队要行使规章制度以约束团队成员的不良与错误行为。

9.6.4　团队的建设和发展经历

根据塔克曼（B. W. Tuckman）提出的团队发展四阶段模型可知，任何团队的建设和发展都需要经历：形成阶段、振荡阶段、规范阶段和执行阶段这样四个阶段。

1. 形成阶段

项目团队的形成阶段是团队的初创和组建阶段，这是一组个体成员转变为项目团队成员的阶段。项目团队尚处于形成阶段，几乎还没有进行实际的工作，团队成员不了解他们自己的职责及角色以及其他项目团队成员的角色与职责。在这一阶段，项目经理需要为整个团队明确方向、目标和任务，为每个人确定职责和角色，以创建一个良好的项目团队。

2. 振荡阶段

振荡阶段是项目团队发展的第二阶段。各个团队成员开始着手执行分配给自己工作。但是很快就会有一些团队成员发现各种各样的问题。例如，项目的任务比预计的繁重或困难。项目经理必须要对项目团队每个成员的职责、团队成员相互间的关系、行为规范等进行明确的规定和分类，使每个成员明白无误地了解自己的职责、自己与他人的关系。另外，在这一阶段中项目经理有必要邀请项目团队的成员积极参与解决问题和共同做出相关的决策。

3. 规范阶段

在经受了振荡阶段的考验后，项目团队就进入了正常发展的规范阶段。此时，项目团队成员之间、团队成员与项目管理人员和经理之间的关系已经理顺和确立，绝大部分个人之间的矛盾已得到了解决。

项目经理在这一阶段应该对项目团队成员所取得的进步予以表扬，应积极支持项目团队成员的各种建议和参与，努力地规范团队和团队成员的行为，从而使项目团队不断发展和进步，为实现项目的目标和完成项目团队的使命而努力工作。

4. 执行阶段

执行阶段是项目团队发展的第四个阶段，也就是项目团队不断取得成就的阶段。在这个阶段中，项目团队的成员积极工作，努力为实现项目目标而做出贡献。

项目经理在这一阶段应该进一步积极放权，以使项目团队成员更多地进行自我管理和自我激励。

“团队”发展不同阶段需要的领导风格：

形成阶段——指导型的领导风格；

振荡阶段——影响型的领导风格；

规范阶段——参与型的领导风格；

执行阶段——授权型领导风格。

9.6.5 高效的项目团队的建设措施

1. 选拔或培养适合角色职责的人才

一个软件项目是由多个角色共同协作完成的，项目经理、系统分析员、程序员、测试员和用户培训人员都有各自的职责。

项目经理是项目的负责人，负责整个软件项目的组织、计划及实施的全过程，需要关注项目的进度、与用户进行交流、理解用户需求，在项目管理过程中起着关键作用。需要增强和发挥项目经理的指导和示范作用，明确目标约束和成员的责任分工，充分发挥对团队成员的激励作用。系统分析员需要熟悉项目设计方法，了解用户需求，掌握系统分析和设计的原则，对整个产品的架构和设计负责，确认开发语言，制定开发规范，预先架构潜在问题，拥有完成职责所需的技能和丰富经验，解决开发中遇到的技术问题和测试问题。程序员则按项目的要求进行编码和单元测试。测试员执行测试，描述测试结果，并提出问题的解决方案。用户培训人员撰写用户使用文档、产品说明书等，承担后期的用户培训工作。

2. 发挥项目经理的核心作用

项目经理是项目组织的核心和项目团队的灵魂，对项目进行全面的管理，是开发团队的沟通者、领导者、决策者、气氛创造者。项目经理应勇于承担责任，多从自身的角度找原因，对问题做全面细致的分析；积极主动沟通，了解每个成员的真实想法，以此对自己的工作进行改进；尊重个性，允许成员在遵守规章制度和规范的基础上，使用对自己来说最高效的工作模式去完成相关任务；在管理过程中灵活授权、及时决策，保障开发团队的良好运作。

3. 建立共同的工作框架、规范和纪律约束

共同的工作框架使团队成员知道如何达到目标，知道应该做什么及对开发过程达成共识，分工清晰、权责对等；建立规范使各项工作有标准可以遵循，使成员知道团队的风格；建立一定的纪律约束保证开发计划的正常执行。

4. 营造良好的沟通氛围和交流环境

应加强团队成员间的沟通，引导各成员调整心态和准确定位角色，把个人目标与项目目标结合起来；应促使团队成员尽快熟悉工作环境，学习并掌握相关技术，以利于项目目标及时完成；应加强软件项目团队与其他部门之间的沟通，为团队争取更充足的资源与更好的环境。

5. 增强项目的凝聚力

团队凝聚力是无形的精神力量，高的团队凝聚力会带来高的团队绩效。应设置较高的目标承诺，激发成员的团队荣誉感，增大成员对团队的向心力。创建良好的人际关系，增强成员之间的融合度，形成对团队的认同感和归属感。

6. 鼓舞项目团队士气，激发团队成员的积极性

项目经理需在项目开发过程中对团队成员进行适时的激励，保持整个团队的精神状态和活力，激发每个成员的工作热情。强化绩效管理，公平合理地进行绩效考核；协助成员提升自我技能，让团队成员体会到挑战后的成就感以及个人能力的提高；关注每个团队成员的职业发展，将成员的工作任务和职业成长有机地结合起来；通过各种方式表扬和鼓励团队成员，对已完成的工作给予最大的肯定；定期总结、及时自我批评，让团队成员及时感受到自己的不足和待提高地方。

【实战练习】

针对“学分管理系统”分解的功能模块，将全班同学分成若干个开发小组，每个小组承担其中的一个功能模块的开发过程的项目管理任务。结合本书第2部分谈到的成本控制方法。在小组中要求角色完备，按照管理过程进行管理并完成各个管理过程中的文档资料。

第10章 软件项目管理

【知识导入】

软件系统的开发涉及一系列步骤、活动、产品和人员，需要综合考虑成本、进度和质量等方面的因素，所以应采用项目的形式对其进行有效的管理。自20世纪80年代末以来，来自学术界和工业界的软件工程研究者和实践者逐步认识到管理在软件项目开发过程中的重要性。相关研究与统计数据表明，70%的软件项目由于管理不善而导致难以控制其成本、进度和质量，1/3左右的软件项目在所需时间和成本上超出额定值25%以上。进一步研究表明，管理是决定软件项目能否成功实施的全局性因素，而技术仅仅是局部因素。此外，如果软件开发组织不能对软件项目进行有效的管理，就难以充分发挥软件开发方法和工具的潜力，也无法高效地开发出高质量的软件产品。历史上由于管理不善而导致软件项目失败的例子比比皆是，如美国国税局的现代化税收系统、美国银行的MasterNet系统等，给用户和软件开发组织都带来了巨大的损失。

不同于其他的工程项目，软件项目尤其特殊和复杂，其具体表现是：首先，软件产品是一种无形的逻辑产品，这类产品的成本和质量等属性难以估算和度量；其次，通常难以确定软件需求且其具有易变性的特点，因而难以控制软件项目的开发进度、成本和生产率；第三，软件系统内在的逻辑复杂性往往导致难以控制和预见软件系统的质量以及软件开发过程中遇到的风险。因此，对软件项目进行管理必须符合软件系统以及软件开发的特点。

在信息化时代，软件在信息系统中扮演着越来越重要的角色。随着软件系统规模的扩大和复杂性的提高，管理在软件项目开发中将扮演更为重要的角色，发挥更为关键的作用。尽管由于软件项目和软件开发组织的多样性和特殊性，不同的软件开发组织往往会采用不同的方法和策略来对软件项目进行管理。但是，软件项目管理仍然是有其一般性的任务、策略和模式，尤其是人们在软件工程实践中积累了很多软件项目管理的经验，这将对软件项目的有效管理起到重要的指导作用。

10.1 项目与项目管理

10.1.1 项目及其特征

1. 项目的定义与特征

在当今社会中所谓项目是普遍存在的。大型的项目有城市建设项目、电信工程项目、高速公路建设等。企业中的市场调查与研究、新产品开发、人力资源培训、设备技术改造、信息系统建设等都是一个个具体的项目。各种层次的组织都可以承担项目工作。这些组织也许只有几个人，也许包含成千上万的人；项目也许只需要不到100小时就能完成，也许会需要成千上万小时。项目有时只涉及一个组织的某一部分，有时则可能需要跨越好几个组织。通常，项目是执行组织商业战略的关键。

所谓项目，就是在既定的资源和要求的限制下，为实现某种目标而相互联系的一次性的工作任务。中国项目管理研究委员会对项目的定义是：项目是一个特殊的将被完成的有限任务；它是在一定时间内，满足一系列特定目标的多项相关工作的总成。从这个定义中可以发现项目实际包含以下含义：

项目是一项有待完成的任务，有特定的环境与要求。这一点明确了项目自身的动态概念，既项目是指一个过程，而不是指过程终结后所形成的成果。

项目必须在一定的组织机构内部，利用有限的资源（人力、物力、财力等）在规定的时间内完成。任何项目的实施都会受到一定的条件约束，这些条件是来自多方面的，包括环境、资源、理念等，这些约束条件成为项目管理者必须努力促使其实现的项目管理的具体实施条件。

项目任务要满足一定性能、质量、数量、技术指标等要求。项目是否能实现，是否能交付用户，必须达到事先规定的目标。功能的实现、质量的可靠、技术指标的稳定，是任何可交付项目必须满足的，项目合同对于这些均具有严格的要求。

项目与日常生活的不同点体现在：日常工作通常具有连续性和重复性，而项目则具有时限性和唯一性。因此，可以根据显著特征对项目做这样的定义：项目是一项为了创造某一唯一的产品或服务的时限性工作。所谓时限性是指每一个项目都具有明确的开端和明确的结束；所谓唯一性是指该项产品或服务与同类产品或服务相比，在某些方面具有显著的不同。项目管理是以目标为导向的，而日常管理是通过效率和有效性体现的；项目通常是通过项目经理及其项目团队工作完成的。日常工作与项目也有许多相似的地方，比如说受到资源的限制，它们都必须由人来完成。

（1）项目的分类　项目可以按照不同的标志进行不同的分类。对项目进行分类的主要目的是要对项目的特性有更为深入的了解和认识。项目的主要分类有如下几种：

1）业务项目和自我开发项目。

2）企业项目、政府项目和非盈利机构的项目。

3）盈利性项目和非盈利性项目。

4）大项目、项目和子项目。

其他分类标准如表 10-1 所示。

表 10-1　项目的分类

分类标准	项目分类
分类规模	大型项目、中等项目、小项目
复杂程度	复杂项目、简单项目
项目结果	结果为产品的项目、结果为服务的项目
所属行业	农业项目、工业项目、投资项目、教育项目、社会项目
用户状况	有明确用户的项目、无明确用户的项目

（2）项目的基本特征　一个项目可以是建造一栋大楼、一座工厂，也可以是解决某个研究课题，例如研制一种新药，设计开发一个信息系统或制造一种新型计算机。无论项目的规模、复杂程度、性质如何不同，都会存在一些相同之处。例如，都是一次性的，都要求在

一定的期限内完成，不得超过一定的费用，并有一定的性能要求。所以，认识项目的特征，了解项目管理的方法与技术，有利于项目的成功和达到目标要求。

（3）项目的目标　项目可能是一种期望的产品，也可能是一种希望得到的服务。每一个项目最终都有可以交付的成果，这个成果就是项目的目标，而一系列的项目计划和实施活动都是围绕目标进行的。项目的目标一般包括：项目可交付结果的列表；制定项目最终完成及中间里程碑的截止日期；制定可交付结果必须满足的质量准则；项目不能超过的成本限制等。

（4）项目的独特性　项目所涉及的某些内容是以前没有做过的，也就是说这些内容是唯一的。即使一项产品或服务属于某一大类别，它仍然可以被认为是唯一的。例如，开发一个新的办公自动化系统，由于使用的用户不同，必然会有很强的独特性，虽然以前可能开发过类似的系统，但是每一个系统都是唯一的，它们是分属于不同的用户，具有特殊的要求，做了不同的设计，使用了不同的开发技术，等等。具有重复的要素并不能够改变其整体根本的唯一性。

（5）项目的时限性　时限性指每个项目都具有明确的开始和结束时间与标志，项目不能重复实施。当项目的目标都已经达到时，该项目就结束了，或者当已经可以确定项目的目标不可能达到时，该项目就会被终止。时限性意味着持续的时间短，许多项目会持续好几年，但是无论如何，一个项目持续的时间是确定的。另外，由项目所创造的产品或服务通常不受项目的时限性的影响，大多数项目的实施是为了创造一个具有延续性的成果。例如，企业信息系统项目就能够支持企业的长期运作。项目的这种时限性特征也会在其他方面体现出来。

机遇或市场行情通常是暂时的，大多数项目需要在限定的时间框架内创造产品或服务。

项目工作组作为一个团队，很少会在项目结束以后继续存在。大多数项目都是由一个工作组来实施完成的，而成立这个工作组的唯一目的也就是完成这个项目，当项目完成以后，这个项目团队就会被解散，成员也会被分配到其他的工作当中去。

（6）项目的不确定性　在项目的具体实施中，外部因素和内部因素总是会发生一些变化，因此项目也会出现不确定性。一个项目开始前，一般在一定的假定和预算的基础上准备一份计划，由于有时很难确切定义项目的目标或准确地估算出所需要的时间和成本，这种假定和预算的组合产生了一定程度的不确定性，影响项目目标的成功实现。

（7）结果的不可逆转性　项目存在一个从开始到结束的过程，这称之为项目的生命周期。通常将项目的生命周期划分为若干个阶段：项目启动阶段、项目计划阶段、项目实施阶段和项目收尾阶段。不论结果如何，项目结束了，结果也就确定了，是不可逆转的。

2. 软件项目的特征

软件是与计算机系统操作有关的程序、规程、规则及其文档和数据的统称。软件由两部分组成：一是其可执行的程序和相关的数据；二是与软件开发、运行、维护、使用和培训有关的文档。程序是按事先设计的功能和性能要求执行的语句系列；数据是程序所处理信息的形式化表示；文档则是与程序开发、维护和使用相关的各种图文资料，在文档中记录着软件开发的活动和阶段成果。

（1）软件的特点　软件是一种逻辑产品，而不是一种物理产品，软件功能的发挥依赖于硬件和软件的运行环境，没有计算机相关硬件的支持，软件毫无使用的价值。若要对软件有一个全面而正确的理解，应从软件的本质、软件的生产等方面剖析软件的特征。

（2）软件固有的特性

1）复杂性：软件是一个庞大的逻辑系统，比人类构造的其他产品都要复杂。一方面在软件中客观地体现人类社会的事务，反映业务流程的自然规律，另一方面在软件中还集成了多种多样的功能，以满足用户在激烈的竞争中对大量信息及其处理、传输、存储等方面的需求，这就使得软件变得十分复杂。

2）抽象性：软件是人们经过大脑思维后加工出来的产品，存在于计算机内存、磁盘、光盘等载体上，人们无法观察到它的形态。这使得软件产品的可靠性、移植性、易使用性等方面的性能难以确定，缺少明确的度量标准，因此和有形产品的质量检测的精确度相比有很大差距。这就导致了软件开发不仅工作量难以估计，进度难以控制，而且质量也难以把握。

3）依赖性：软件必须和运行软件的机器（硬件）保持一致。软件的开发和运行受到计算机硬件的限制，对计算机系统有着不同程度的依赖。软件与计算机硬件的这种密切相关性与依赖性，是一般产品所没有的特性。为了减少这种依赖性，在软件开发中提出了软件的可移植性问题。

（3）软件的使用特性　软件的价值在于使用。软件产品不会因多次反复使用而磨损老化，一个久经考验的优质软件可以长期使用。由于用户在选择新机型时，通常提出兼容性要求，所以一个成熟的软件可以在不同型号的计算机上运行。

（4）软件的开发特性　由于软件固有的特性，使得软件的开发不仅具有技术复杂性，还有管理复杂性。技术复杂性体现在软件提供的功能比一般硬件产品提供的功能多，而且功能的实现会有多样性，需要在各种实现中做出选择，更有实现算法上的优化带来的不同，而实现上的差异会带来使用上的差别。管理上的复杂性表现在：第一，软件产品的能见度低（包括如何使用文档表示的概念能见度），看到软件开发进度要比看到有形产品的进度困难得多；第二，软件结构的合理性差，结构不合理使软件管理的复杂性随软件规模增大而呈指数级增长。因此，领导一个庞大人员的软件项目组织进行规模化生产并非易事，软件开发比硬件开发更依赖于开发团队的团队精神、智力和对开发人员的组织与管理。

（5）软件产品形式的特征　软件产品的设计成本高昂而生产成本极低。硬件产品试制成功之后，批量生产需要建设生产线，投入大量的人力、物力和资金，生产过程中还要对产品进行质量控制，对每件产品进行严格的检验。然而，软件是把人的知识与技术转化为信息的逻辑产品，开发成功之后，只需对原版软件进行复制即可。大量人力、物力、资金的投入和质量控制、产品检验都是在软件开发中进行的。由于软件的复制非常容易，软件的知识产权保护就显得极为重要。

（6）软件的维护特性　软件在运行过程中的维护性工作比硬件复杂得多。首先，软件投入运行后，总会存在缺陷，暴露出潜伏的错误，需要进行“纠错性维护”。其次，用户可能要求完善软件性能，对软件产品进行修改，进行“完善性维护”。当支撑软件产品运行的硬件或软件环境改变时，也需要对软件产品进行修改，进行“适应性维护”。软件的缺陷或错误属于逻辑性的。当软件产品规模庞大、内部的逻辑关系复杂时，经常会发生纠正一个错误而产生新的错误的情况，因此，软件产品的维护要比硬件产品的维护工作量大而且复杂。

（7）软件项目的特点　软件项目除了具有一般项目的特征外，它具有自己的特殊性。它不仅是一个新的领域，而且涉及的因素比较多，管理也比较复杂。软件项目的特点主要在以下几个方面。

1）目标的渐进性：作为项目，按理说应该有明确的目标，软件项目也不例外。但是实际的情况却是大多数软件项目的目标不是很明确，经常出现任务边界模糊的情况。在软件系统开发前，用户常常在项目开始时只有一些初步的功能要求，没有明确的、精确的想法，也提不出确切的需求。因而软件项目的质量只是由项目团队来定义的，用户只是负责起审查的任务。因为项目产品和服务事先不可见，在项目前期只能粗略地进行项目定义，随着项目的进行才能逐步完善和明确。在这个逐步明晰的过程中，一般会进行很多修改，产生很多变更，使得项目实施和管理难度加大。

2）项目的阶段性：项目的阶段性决定了项目的历时有限，具有明确的起点和终点，当项目完成或被迫中止时项目结束。随着计算机技术的发展，软件项目的生命周期却越来越短，对有的项目，时间甚至是决定性因素，因为市场时机稍纵即逝，如果项目的实施阶段耗时过长，市场份额将被竞争对手抢走。因此，软件项目的阶段性对实际工作有着重要的指导意义，这就要求项目团队有非常强的时间观念，在项目开始之前，就必须明确时间的约束，对于每项任务都有明确的时间要求。一旦没有按进度完成，必须要有充分的客观理由，否则要追究相关人员的责任。

3）不确定性：不确定性是指软件项目不可能完全在规定时间内、按规定的预算、由规定的人员完成。因为软件项目计划和预算本质上是一种预测，是一种对未来的“估计”和“假设”，在执行过程中与实际情况肯定会有差异。另外，在执行过程中还会遇到各种始料未及的“风险”。这些都是不确定的。

4）智力密集性：软件项目是智力密集型项目，受人力资源的影响最大。项目成员的结构、责任心、工作能力和团队的稳定性对软件项目的质量、进度及是否成功有决定性的影响。软件项目工作的技术性很强，需要大量高强度的脑力劳动。虽然近年来软件辅助工具发展得很快，但项目的各个阶段还是需要大量的手工劳动。这些劳动十分细致、复杂并容易出错。在软件开发中渗透了许多个人的因素，即人力资源的作用更为突出，因此必须在人才激励和团队管理问题上给予足够的重视。

10.1.2 项目管理概述

项目管理是以项目及其资源为对象，运用系统的理论和方法，对项目进行高效率的计划、组织、实施和控制，以实现项目目标管理的方法体系。

（1）项目管理的主体是项目经理。

（2）项目管理的客体是项目本身。

（3）项目管理的职能由计划、组织、协调和控制组成。

（4）项目管理的任务是对项目及资源进行计划、组织、协调和控制。

（5）项目管理的目的是实现项目的目标。

1. 项目管理的产生与发展

（1）项目管理的产生　项目管理作为一种现代化管理方式，最早出现于美国，起源于建筑行业，它伴随着社会建设和管理大型项目的需要而产生，是工程和工程管理实践的结果。

真正意义上的项目管理概念是美国在二战后期实施曼哈顿项目时提出的。

云南鲁布革水电站是我国第一个聘用外国专家、采用国际标准应用项目管理建设的水电工程项目。

（2）项目管理科学的发展　项目管理从经验走向科学，经历了漫长的历程，大致经历了如下四个阶段：

1）潜意识的项目管理：20世纪30年代以前。

2）传统项目管理的形成：从20世纪30年代初到50年代初。

3）项目管理的传播和现代化：20世纪50年代初到70年代末。

4）现代项目管理的发展：从20世纪70年代末到现在。

总之，项目管理科学的发展是人类生产实践活动发展的必然产物。

2. 项目管理的基本特性

（1）普遍性　现有的各种文化物质成果最初都是通过项目的方式实现的，一般是先有项目，后有日常运营。

（2）目的性　一切项目管理活动都是为实现"满足或超越项目有关各方对项目的要求与期望"这一目的服务的。

（3）独特性　项目管理既不同于一般的生产服务运营管理，也不同于常规的行政管理，是一种完全不同的管理活动。

（4）集成性　项目管理要求必须充分强调管理的集成，包括对于项目各要素的集成管理和对项目各阶段的集成管理等。

（5）创新性　项目管理是对于创新的管理。项目管理本身需要创新，没有一成不变的模式和方法。

10.2　CMMI 评估

CMMI 的全称为：Capability Maturity Model Integration，即软件能力成熟度模型集成。CMMI 家族包括 CMMI for Development，CMMI for Service 和 CMMI for Acquisition 三个套装产品。

10.2.1　CMMI 简介

CMMI 是 CMM 模型的最新版本。早期的 CMMI（CMMI-SE/SW/IPPD）1.02 版本是应用于软件业项目的管理方法。SEI（美国卡内基·梅隆大学软件工程研究所）首先在部分国家和地区推广和试用。随着应用的推广与模型本身的发展，现已演变成为一种被广泛应用的综合性模型。

自从1994年SEI正式发布软件CMM以来，相继又开发出了系统工程、软件采购、人力资源管理以及集成产品和过程开发方面的多个能力成熟度模型。虽然这些模型在许多组织都得到了良好的应用，但对于一些大型软件企业来说，可能会出现需要同时采用多种模型来改进自己多方面过程能力的情况。这时它们就会发现存在一些问题，其中主要问题体现在：

（1）不能集中其不同过程改进的能力以取得更大成绩。

（2）要进行一些重复的培训、评估和改进活动，因而增加了许多成本。

（3）不同模型中对某些相同事物说法不一致，或活动不协调，甚至相抵触。

于是，希望整合不同CMM模型的需求产生了。1997年，美国联邦航空管理局（FAA）开发了 FAA-iCMMSM（联邦航空管理局的集成 CMM），该模型集成了适用于系统工程的 SE-CMM、软件获取的 SA-CMM 和软件的 SW-CMM 三个模型中的所有原则、概念和实践。该模型被认为是第一个集成化的模型。

CMMI 与 CMM 最大的不同点在于：CMMISM-SE/SW/IPPD/SS 1.1 版本有四个集成成分，即：系统工程（SE）和软件工程（SW）是基本的科目，对于有些组织还可以应用集成产品和过程开发方面（IPPD）的内容。如果涉及供应商外包管理，则可以相应地应用 SS 部分。

CMMI 有两种表示方法，一种是大家很熟悉的、和软件 CMM 一样的阶段式表示方法，另一种是连续式的表示方法。这两种表示方法的区别是：阶段式表示方法仍然把 CMMI 中的若干个过程区域分成了五个成熟度级别，帮助实施 CMMI 的组织建立一条比较容易实现的过程改进发展道路。连续式表示方法则通过将 CMMI 中的过程区域分为四大类：过程管理、项目管理、工程以及支持，对于每个大类中的过程区域，又进一步分为基本的和高级的。这样，在按照连续式表示方法实施 CMMI 的时候，一个组织可以把项目管理的实践一直做到最好，而其他方面的过程区域可以完全不必考虑。

10.2.2 评估预备工作

评估实践证明：在进行 CMMI 评估之前，制订一个正确的评估计划并将其文档化，确保有一个富有经验的、受过培训且具有适当资格的小组能被用来评估并为执行评估过程做准备，是十分必要的。

文档化 CMMI 评估计划的结果包括：要求、协定、估价、风险、剪裁方法，以及与评估相关的实际考虑（例如日程安排、后勤、组织的背景信息）。此外，还应当获取并记录发起方对于 CMMI 评估计划的正式批准。在制订评估计划之前，应对 CMMI 评估输入中反映出来的协议文档化，该协议将有助于 CMMI 评估目标和关键评估计划参数的共同理解。在对驱动计划过程的关键参数达成共同理解的基础上，CMMI 评估发起方和 SCAMPI（标准的 CMMI 过程改进评估方法）主任评估师应就评估计划达成一致，发起者和评估小组领导者应就已计划的评估中技术和非技术细节达成一致。这个计划在执行其他的计划和准备阶段活动中需要进一步细化。

通过 CMMI 评估小组的准备工作，将产生一支富有经验的、受过培训的且定位准确的小组准备执行 CMMI 评估任务。该小组的成员都应当获得了完成他们各自的任务所必备的知识，或者他们之前所拥有的知识被证实足以完成相关任务。评估小组领导者已经给每一个人提供了为完成他们各自的任务所需的对技能进行实践的机会，或者证实这些技能在过去已经得到了示范。小组成员相互了解，同时开始计划他们如何协调一致地工作。还应该做到：准备好的小组是为评估目标而服务的，小组的成员已接受培训且培训结果被记录，在必要的时候，对他们所做的因知识或技能不足的补救工作已经完成。无论 CMMI 评估小组领导者是从头培训一支全新的评估小组，还是通过从富有经验的小组成员中选择来组建一个小组，确保他们与 CMMI 评估小组领导者能组成一个成功的集体是其责任。此外，在对 CMMI 评估进行的预备工作的过程中，还应当对模型剪裁的原则有所了解。

总之，CMMI 评估是一个十分复杂的过程，更由于其具有的不确定性，在评估的实践中，一定要做到有备无患。真理来自于实践，随着越来越多的软件组织着手 CMMI 评估，越来越多的成功经验将可利用和借鉴。

10.2.3 评估方法

自 1991 年起，CMM 出现了很多模型，覆盖了各种各样的专业领域，其中著名的模型有系统工程、软件工程、软件采购、集成产品和流程开发等。然而当企业想要对组织内不同专业领域的流程进行改进时，这些针对不同专业领域的模型在架构、内容和方法上的不同，限制了组织成功实施改进的能力。此外，将这样的模型在组织内部集成也提高了培训、认证和改进的费用。一套包括多个专业领域的模型加上整合的培训和认证支持将解决这些问题。

CMMI 合并了三个模型到一个框架中：

（1）软件能力成熟度模型（SW-CMM）v2.0 草案 C。

（2）电子产业联盟临时标准（EIA/IS）731。

（3）集成产品开发能力成熟度模型（IPD-CMM）v0.98。

正如其他 CMM 模型，CMMI 提供了流程改进的指导，而不是流程或流程的描述。组织使用的实际流程取决于很多因素，包括应用领域、组织框架和规模。CMMI 将许多经过验证的方法加入架构中，来帮助组织评价成熟度和某个软件流程的能力度，并且建立改进的优先顺序和实施改进。

从 CMMI 框架可以产生不同的 CMMI 模型，因此必须首先确定哪种模型最适合企业流程改进的需要。

使用连续式表示可以根据企业需要选择流程改进顺序，降低企业风险，这给通过 ISO 做流程改进提供了一个比较的依据。使用能力度（Capability）来衡量。

阶段式表示提供了已经过验证的流程改进顺序，方便从 CMM 移植过来。使用成熟度（Maturity）来衡量。

系统工程包括整个系统的开发，可能包括软件也可能不包括。

软件工程用于软件系统的开发，主要集中在使用系统、科学、量化的方法来开发、运行和维护软件。

10.2.4 CMM 项目管理

由美国卡内基梅隆大学的软件工程研究所（SEI）创立的 CMM（Capability Maturity Model 软件能力成熟度模型）认证评估，在过去的十几年中，对全球的软件产业产生了非常深远的影响。CMM 共有五个等级，分别标志着软件企业能力成熟度的五个层次。从低到高，软件开发生产计划精度逐级升高，单位工程生产周期逐级缩短，单位工程成本逐级降低。据 SEI 统计，通过评估的软件公司对项目的估计与控制能力约提升 40% ~50%，生产率提高 10% ~20%，软件产品出错率下降 1/3 以上。

对一个软件企业来说，达到 CMM2 就基本上进入了规模开发，基本具备了一个现代化软件企业的基本架构和方法，具备了承接外包项目的能力。CMM3 评估则需要对大软件集成的把握，包括整体架构的整合。一般来说，通过 CMM 认证的级别越高，其越容易获得用户的信任，在国内、国际市场上的竞争力也就越强。因此，是否能够通过 CMM 认证也成为国际上衡量软件企业工程开发能力的一个重要标志。

CMM 是目前世界公认的软件产品进入国际市场的通行证，它不仅仅是对产品质量的认证，更是一种软件过程改善的途径。通过 CMM 的评估认证可以推动软件企业在产品的研发、生产、服务和管理上不断成熟和进步，可以持续提升和完善企业自身能力。如果一家公司最终通过 CMM 的评估认证，标志着该公司在质量管理的能力已经上升到一个新的高度。

CMM 的五个等级如下。

（1）初始级　软件过程是无序的，有时甚至是混乱的，对过程几乎没有定义，成功取决于个人努力，管理是反应式的。

（2）可重复级　建立了基本的项目管理过程来跟踪费用、进度和功能特性。制定了必要的过程纪律，能重复早先类似应用项目取得的成功经验。

（3）已定义级　已将软件管理和工程两方面的过程文档化、标准化，并综合成该组织的标准软件过程。所有项目均使用经批准和剪裁的标准过程来开发和维护软件，软件产品的生产在整个软件过程是可见的。

（4）量化管理级　分析对软件过程和产品质量的详细度量数据，对软件过程和产品都有定量的理解与控制。管理有一个作出结论的客观依据，管理能够在定量的范围内预测性能。

（5）优化管理级　过程的量化反馈和先进的新思想、新技术促使过程持续不断的改进。

每个等级都由几个过程域组成，这几个过程域共同形成一种软件过程能力。每个过程域都有一些特殊目标和通用目标，通过相应的特殊实践和通用实践来实现这些目标。当一个过程域的所有特殊实践和通用实践都按要求得到实施时，就实现了该过程域的目标。

CMM 各等级的特征如表 10-2 所示。

表 10-2　CMM 各个等级的特征

等　级	名　称	特　征	过 程 域
1	初始级	代表了以不可预测结果为特征的过程成熟度。成功主要取决于团队的技能	无
2	可重复级	组织已实现成熟度 2 级中所有的过程域的所有特定和通用目标。组织中所有的项目均可确保需求得到了管理并且项目采用的过程均得到了策划、执行、度量和控制。对于 2 级而言，主要的关注点在于项目级的活动与实践	需求管理 项目计划 项目监督和控制 供应商合同管理 度量和分析 过程和产品的质量保证 配置管理
3	已定义级	组织已实现成熟度等级 2 和 3 中指定的所有的过程域的所有的特定和通用目标。在等级 3，过程已得到很好的表示，并且易于理解。同时，过程通过标准、规程、工具和方法来描述。对于 3 级而言，主要的关注点在于建立组织统一的过程	需求开发 技术解决方案 产品集成 验证 确认 组织过程资产 组织过程定义 组织级培训 集成化项目管理 风险管理 集成化培训（IPPD） 决策分析和解决方案 组织级集成环境（IPPD）

（续）

等级	名称	特征	过程域
4	量化管理级	对组织的过程建立性能基线及量化管理项目	组织级过程性能 量化项目管理
5	优化管理级	持续改进组织过程	组织级创新和部署 因果分析和解决方案

10.3 软件项目管理过程

项目的实现过程是由一系列的项目阶段或项目工作过程构成的，任何项目都可以划分为多个不同的项目阶段或项目工作过程。但是对于一个项目的全过程而言，所有阶段都需要有一个项目管理过程。项目管理过程一般是由五种不同的项目管理具体过程构成的，这五种项目管理具体过程构成了一个项目管理过程组。项目过程之间的关系如图 10-1 所示。

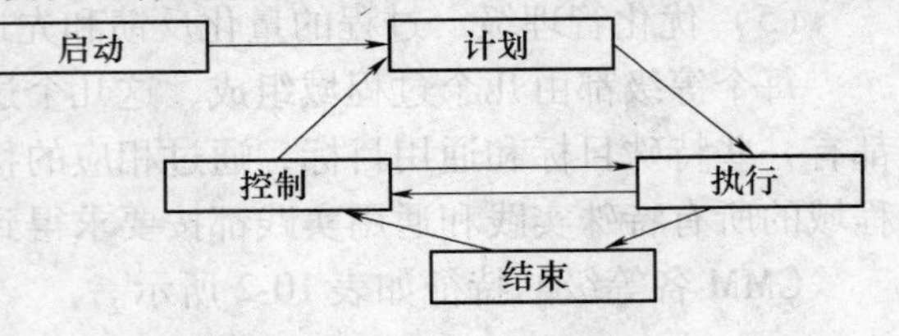

图 10-1　项目过程之间的关系

10.3.1 项目组织结构

软件项目组织结构并不是固定不变的，可以根据项目的具体情况略有不同。一个一般的软件项目组织结构如图 10-2 所示。

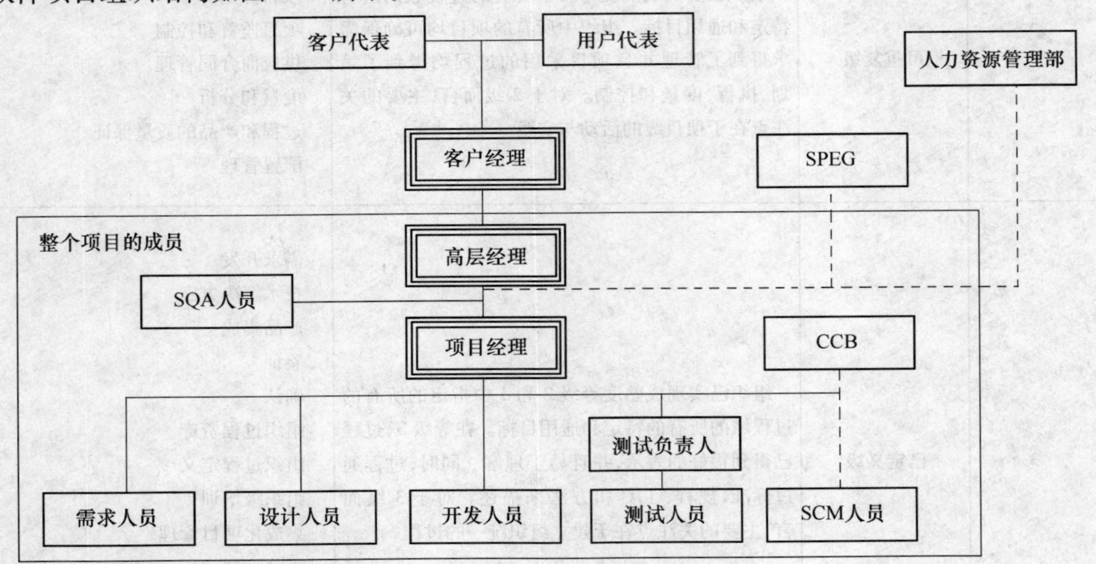

图 10-2　项目组织结构

高层经理：评审和批准项目计划，负责从组织层上监控和评审项目的进度、技术、质量等方面的状态，解决在项目内部无法解决的问题，实现组织预期的目标。

项目经理：负责协调和实施整个项目的策划和监控活动，可能同时也是度量负责人、风险管理负责人，对项目总体负责，评审产品质量和项目状态，解决项目中存在的问题，实现项目预期的目标。

SQA 人员：负责策划和实施对项目活动的评审和工作产品的审计，报告结果，对项目过程的一致性负责。

SCM 人员：负责策划和实施项目的配置管理活动，实施产品配置项的变更，保证产品的一致性。

测试负责人：负责策划项目的测试活动，监控测试活动的进度。

项目组成员：包括需求人员、设计人员、开发人员、测试人员等，负责参与需求确认，协助项目经理进行软件估计、风险识别和度量等活动的策划，并根据项目计划安排，按照组织规定的流程和方法完成软件项目活动，最终实现预期目标。

10.3.2 项目启动

在项目管理中，启动阶段是识别和启动一个新项目或项目新阶段的过程。在这一阶段中用户要向开发方或项目承接单位提供需求（项目）建议书，开发方接到建议书后，根据要求进行项目的识别和项目的构思。为了确保以适当的理由启动合适的项目，需要进行利益相关者分析、可行性研究分析，并确定下一阶段是否有必要开展。

定义项目往往是项目管理过程最初的，也是十分必要的一个任务。在这个阶段需要回答“项目是什么?”“为完成这一项目有哪些目标是必要的?”“是否存在可能影响项目成功的假设、风险、障碍?”等问题。这个阶段还需要确定项目的范围，其中包括开发者与用户双方的合同，软件要完成的主要功能及这些功能的量化范围，项目开发的阶段周期等，软件的限制条件、性能、稳定性也都必须明确地说明，必须满足用户的要求。项目范围是项目实施和变更的依据，只有将项目的范围进行明确的定义，才能进行很好的项目规划。项目目标必须是可实现、可度量的。这一步如果管理不好，会导致项目最终失败。

项目启动期虽然资源投入少，经历的时间较短，但其重要性却是不可估量的。对于开发方来说，它直接决定着能否取得项目的承建权；对项目的目标来说，这一阶段提出的项目方案直接决定着其未来的蓝图和基本框架。

10.3.3 项目过程定义

项目过程定义是根据项目的具体情况选择生命周期模型。

（1）参与角色 项目经理及相关人员。

（2）启动准则 项目的“需求分析报告（需求规格说明书）”“立项建议报告（工作陈述)”已经完成。

（3）过程活动

1）选择生命周期模型。项目经理根据项目的特征从组织批准的生命周期模型中选择合适的生命周期模型。

2）描述项目定义过程。依据选定的生命周期模型对项目定义过程进行说明。如果选择了瀑布或迭代模型，还要说明每个阶段需要完成的主要工作内容。

（4）工作产品 “项目计划”、项目生命周期模型。

（5）结束准则　项目过程定义完成。

10.3.4　工作分解结构

工作分解结构（Work Breakdown Structure WBS）是以可交付成果为导向对项目要素进行的分组，它归纳和定义了项目的整个工作范围每下降一层代表对项目工作的更详细定义。

1. WBS分解的原则

横向到边即百分百原则指WBS分解不能出现漏项，也不能包含不在项目范围之内的任何产品或活动。

纵向到底原则指WBS分解要足够细，以满足任务分配、检测及控制的目的。

2. WBS分解的方法

（1）自上而下与自下而上地充分沟通。

（2）一对一个别交流。

（3）小组讨论。

3. WBS分解的标准

（1）分解后的活动结构清晰。

（2）逻辑上形成一个大的活动。

（3）集成了所有的关键因素。

（4）包含临时的里程碑和监控点。

（5）所有活动全部定义清楚。

4. WBS具有四个主要用途

（1）WBS是一个描述思路的规划和设计工具。它帮助项目经理和项目团队确定和有效地管理项目的工作。

（2）WBS是一个清晰地表示各项目工作之间的相互联系的结构设计工具。

（3）WBS是一个展现项目全貌，详细说明为完成项目所必须完成的各项工作的计划工具。

（4）WBS定义了里程碑事件，可以向高级管理层和用户报告项目完成情况，作为项目状况的报告工具。

5. WBS应包含的信息

WBS应包含项目产品或服务结构，项目组织结构，项目的阶段划分等信息。

WBS是面向项目可交付成果的成组的项目元素，这些元素定义和组织该项目的总的工作范围，未在WBS中包括的工作就不属于该项目的范围。WBS每下降一层就代表对项目工作更加详细的定义和描述。项目可交付成果之所以应在项目范围定义过程中进一步被分解为WBS，是因为较好的工作分解可以：

（1）防止遗漏项目的可交付成果。

（2）帮助项目经理关注项目目标和澄清职责。

（3）建立可视化的项目可交付成果，以便估算工作量和分配工作。

（4）帮助改进时间、成本和资源估计的准确度。

（5）帮助项目团队的建立和获得项目人员的承诺。

（6）为绩效测量和项目控制定义一个基准。

（7）辅助确认清晰的工作责任。

（8）为其他项目计划的制订建立框架。

（9）帮助分析项目的最初风险。

WBS 的最低层次的项目可交付成果称为工作包（Work Package），具有以下特点：

（1）工作包可以分配给另一位项目经理进行计划和执行。

（2）工作包可以通过子项目的方式进一步分解为子项目的 WBS。

（3）工作包可以在制订项目进度计划时，进一步分解为活动。

（4）工作包可以由唯一的一个部门或承包商负责。用于在组织之外分包时，称为委托包（Commitment Package）。

（5）工作包的定义应考虑 80h 法则（80-Hour Rule）或两周法则（Two-Week Rule），即任何工作包的完成时间应当不超过 80h。在每个 80h 或少于 80h 结束时，只报告该工作包是否完成。通过这种定期检查的方法，可以控制项目的变化。

6. 创建 WBS 的方法

创建 WBS 是指将复杂的项目分解为一系列明确定义的项目工作，并作为随后计划活动的指导文档。创建 WBS 的方法主要有以下几种：

（1）使用指导方针。某些情况下，可以为创建项目的 WBS 提供指导方针，例如美国军用标准 MIL-STD 881C。

（2）使用类比方法。参考类似项目的 WBS 创建新项目的 WBS。

（3）自上而下的方法。从项目的目标开始，逐级分解项目工作，直到参与者满意地认为项目工作已经充分地得到定义。该方法由于可以将项目工作定义在适当的细节水平，对于项目工期、成本和资源需求的估计可以比较准确。

（4）自下而上的方法。从详细的任务开始，将识别和认可的项目任务逐级归类到上一层次，直到达到项目的目标。这种方法存在的主要风险是不能完全地识别出所有任务，或者识别出的任务过于粗略或过于琐碎。

7. 创建 WBS 的基本要求

创建 WBS 时需要满足以下几点基本要求：

（1）某项任务应该在 WBS 中的一个地方且只应该在 WBS 中的一个地方出现。

（2）WBS 中某项任务的内容是其下所有 WBS 项的总和。

（3）一个 WBS 项只能由一个人责任，即使许多人都可能在其上工作，也只能由一个人负责，其他人只能是参与者。

（4）WBS 必须与实际工作中的执行方式一致。

（5）应让项目团队成员积极参与创建 WBS，以确保 WBS 的一致性。

（6）每个 WBS 项都必须文档化，以确保准确理解已包括和未包括的工作范围。

（7）WBS 必须在根据范围说明书正常地维护项目工作内容的同时，也能适应无法避免的变更。

8. WBS 的表示方式

WBS 可以由树形的层次结构图或者行首缩进的表格表示。

其中美国国防机构在 MIL-STD 中对 WBS 的描述为：“WBS 是由硬件、软件、服务、数据和设备组成的面向产品的家族树。”

在实际应用中，表格形式的 WBS 应用比较普遍，特别是在项目管理软件中。

9. WBS 的分解方式

WBS 的分解可以采用多种方式进行，包括：

（1）按产品的物理结构分解。

（2）按产品或项目的功能分解。

（3）按照实施过程分解。

（4）按照项目的地域分布分解。

（5）按照项目的各个目标分解。

（6）按部门分解。

（7）按职能分解。

10. 创建 WBS 的过程

创建 WBS 的过程非常重要，因为在项目分解过程中，项目经理、项目成员和所有参与项目的职能经理都必须考虑该项目的所有方面。创建 WBS 的过程是：

（1）得到范围说明书或工作说明书。

（2）召集有关人员，集体讨论所有主要项目工作，确定项目工作分解的方式。

（3）分解项目工作。如果有现成的模板，应该尽量利用。

（4）画出 WBS 的层次结构图。WBS 较高层次上的一些工作可以定义为子项目或子生命周期阶段。

（5）将主要项目可交付成果细分为更小的、易于管理的组分或工作包。工作包必须详细到可以对该工作包进行估算（成本和历时）、安排进度、做出预算、分配负责人员或组织单位。

（6）验证上述分解的正确性。如果发现较低层次的项没有必要，则修改组成成分。

（7）如果有必要，建立一个编号系统。

（8）随着其他计划活动的进行，不断地对 WBS 更新或修正，直到覆盖所有工作。

检验 WBS 是否定义完全、项目的所有任务是否都被完全分解，可以参考以下标准：

（1）每个任务的状态和完成情况是可以量化的。

（2）明确定义了每个任务的开始和结束。

（3）每个任务都有一个可交付的成果。

（4）工期易于估算且在可接受期限内。

（5）容易估算成本。

（6）各项任务是独立的。

11. WBS 的使用

对 WBS 需要建立 WBS 词典来描述各个工作部分。WBS 词典通常包括工作包描述、进度日期、成本预算和人员分配等信息。对于每个工作包，应尽可能地包括有关工作包的必要的、尽量多的信息。

当 WBS 与 OBS（Organizational Breakdown Structure）综合使用时，要建立账目编码。账目编码是用于唯一确定项目工作分解结构每一个单元的编码系统，成本和资源被分配到这一编码结构中。

12. WBS 的实践经验

最多使用 20 个层次，多于 20 层是过度的。对于一些较小的项目 4 ~6 层一般就足够了。

WBS 中的支路没有必要全都分解到同一层次，即不必把结构强制做成对称的。在任意支路，当达到一个层次时，可以作出所要求准确性的估算，就可以停止了。

10.3.5 制订风险计划

软件风险是指软件开发过程中及软件产品本身可能造成的伤害或损失。风险关注未来的事情，这意味着，风险涉及选择及选择本身包含的不确定性。软件开发过程及软件产品都要面临各种决策的选择，风险是介于确定性和不确定性之间的状态，是处于无知和完整知识之间的状态。另一方面，风险将涉及思想、观念、行为、地点等因素的改变。

当在软件工程领域考虑风险时，要关注以下的问题：什么样的风险会导致软件项目的彻底失败？用户需求、开发技术、目标计算机以及所有其他与项目有关的因素的改变将对按时交付和总体成功产生什么影响？对于采用什么方法和工具，需要多少人员参与工作的问题，应如何选择和决策？软件质量要达到什么程度才是“足够的”？

当没有办法消除风险，甚至连试图降低该风险也存在疑问时，这些风险就是真正的风险了。在能够识别出软件项目中的真正风险之前，识别出所有对管理者和开发者而言均为明显的风险是很重要的。

1. 建立风险表

风险表样本见表 10-3。项目组一开始要在表中的第一列列出所有的风险可能。在第二列对风险进行分类。风险发生概率放在第三列。每个风险的概率值可以由项目组成员个别估算，然后将这些值平均，得到一个有代表性的概率值。

表 10-3 风险表样本

风　险	风险类别	发生概率	影响类别	缓解、监控和管理
规模估算可能非常低	人力资源风险	60%	2	
用户数量大大超出计划	人力资源风险	30%	3	
复用程度低于计划	人力资源风险	70%	2	
最终用户抵制该计划	商业风险	40%	3	
交付期限将被紧缩	商业风险	50%	2	
资金将会流失	预算风险	40%	1	
用户将改变需求	人力资源风险	80%	2	
技术达不到预期的效果	技术风险	30%	1	
缺少对工具使用的培训	开发环境风险	80%	3	
人员缺乏经验	缺乏经验风险	30%	2	
人员流动频繁	人员流动风险	60%	2	

注：影响类别取值：1—灾难的，2—严重的，3—轻微的。

2. 风险缓解、监控和管理（RMMM）计划

风险管理策略可以包含在软件项目计划中，或者风险管理步骤也可以组织成一个独立的风险缓解、监控和管理计划（RMMM 计划）。RMMM 计划将所有风险分析文档化，并由项目管理者作为整个项目计划中的一部分来使用。RMMM 计划的大纲如下：

（1）引言。

文档的范围和目的。

主要风险综述。

责任人。

1）管理者。

2）技术人员。

（2）项目风险表。

终止线之上所有风险的描述。

影响概率及影响因素。

（3）风险的缓解、监控和管理。

风险缓解。

1）风险缓解的一般策略。

2）风险缓解的特定步骤。

风险监控。

1）被监控的因素。

2）风险监控办法。

风险管理。

1）意外事件处理计划。

2）特殊的考虑。

（4）RMMM 计划的迭代时间安排表。

（5）总结。

10.3.6 项目的文档管理

1. 项目文档管理概述

项目文档管理是指在一个系统（软件）项目开发进程中将提交的文档进行收集管理的过程。通常，文档管理在项目开发中不是很受重视，当发现其重要性时，往往为时已晚。整个项目可能因此变得管理混乱，问题产生后无据可查。文档管理对于一个项目的顺利进行有着至关重要的作用，其关键性不容忽视。

项目文档管理涉及范围广泛，其内容会根据项目的不同而有所变化。这里将以金融计算机软件开发项目中的文档管理为例来讨论。

首先要了解文档管理的行业标准。目前 ISO 认证的企业通用管理规范为软件系统开发提供了通用的管理规定和行业标准，它涉及文档管理的整个生命周期。细分文档的生命周期，一般包括：创建、审批、发布、修改、分发、签收、追缴、归档、废止与恢复这样几个环节。那么当企业需要按照 ISO 建立标准的文档管理规范时，将从何入手呢？

对此，首先要将文档分为普通纸质文档和电子文档两类来讨论。通常情况，在一个项目中都会确定专门或兼职的项目文档管理员。对于纸质文档，文档管理员只需要关心如何将其较好地分类归档并保存，而之前的各个环节则要由整个项目组共同把握。

就目前业界项目开发的情况来看，电子文档使用较纸质文档更为方便、灵活、广泛。对于电子文档，大可不必头疼如何管理其整个生命周期。VSS（Visual Source Safe）作为一种电子文档管理工具提供了完整的文档管理功能，它覆盖了文档管理全生命周期各环节的管理要求。VSS通过客户端/服务器（C/S）架构收集整个项目组成员的各类文档，通过管理员合理规划管理，将电子文档按目录保存并同时提供给整个项目组的不同成员使用。因此对于文档管理，重要的是如何规划并制定出一套适合于项目自身的文档管理规则。

在文档管理的过程中，需要把握住一些重要的原则和方法，这样可以让文档真正达到预期的目的。

2. 文档模板的管理

面对各类纷繁复杂的文档，如果每个人一个风格，不论从美观性和可读性上都会有影响，所以在文档管理的过程中需要建立一套文档的模板。在建立文档模板时，需要对一些格式进行要求，需要将一些基本的要素固化到文档模板中，确保文档需要的内容能够在文档中体现，例如文档的页眉页脚、文档变更历史、文档的目录方式、文档的字体等。

在建立文档时，要注意做好文档的分类，各种分类有一个清晰的定义，使用者可以清楚地知道实际使用时要采用哪种模板。如果是使用共享目录方式管理文档，需要在一个相对容易找到的文件夹目录中存放模板；如果是使用信息系统方式进行模板管理，最好能够在首页进行一个连接，或者是让使用者可以快速地搜索到。在建立分类时，需要含有一个共同类，或者叫做公用类，因为在实际的使用过程中总是会有一些新的类别出现，也会有一些无法进行分类的文档，这个时候就可以通过共同类进行管理。对于文档模板的变更需要能够做到及时告知使用者，并做好版本管理。

3. 文档目录的管理

为了能够在纷繁复杂的文档中找到需要的文档，需要在进行文档管理时建立一套完整的文档目录体系，主要包括文档的索引管理和文档的分类管理。

在进行文档管理前，需要对不同的文档建立一个分类。建立不同的分类可以便于文档的查找，也可以针对不同的分类制定不同的管理要求。如果是文件夹方式管理，还需要按不同的文件夹内容加以安排并实行权限控制，因为文件夹管理的特殊性，需要注意其权限管理的简洁化。如果是采用信息系统管理，需要注意类型的编码体系的建立。一个好的文档分类体系可以让使用者方便地进行文档的归类和查找。文档的分类在一些管理过程中还需要注意归档管理的需求。

4. 文档的命名规范

各种文档，如果名称多样，或者名称含义模糊将会造成使用和交流上的不便，需要建立一套有效的命名规范体系。对于文档的名称，首先需要能够容易识别。有些使用者不是很注意文档的名称，经常直接用文件的默认名称，或者就是一个自己的姓名、项目的名称等，其他的使用者很难识别是什么类型的文档。在文档的使用过程中，可以规定在文档的某些部位必须放置文档的类型或者某些其他关键字，例如要求将文档的类别放在文件名的头部；对于月度性的文档，规定头部必须放某年某月，等等。

5. 文档的变更管理

文档在使用过程中发生变更是很常见的现象。对于发生变更的文档，需要通过手段加以约束，最常用的方法就是版本的管理，对于形成的文档及时进行归档保存。文档发生变更时，需要能够做到两点：第一，文档有清晰的变更记录，主要是针对变化的部分，不能让每个使用者在文档发生变化后都需要把文件通篇读一遍；第二，文档的最终版本要能方便地阅览，如果出现只能看变更历史才知道最终版本的话将大大提高使用成本。

6. 文档的审核制度

很多文档作为一种指导性文件，需要有一定的严肃性和权威性，因而对文档进行必要的审核是必需的。文档的审核时机一般为文档建立时和文档发生变更时，对于文档的适用范围的变更也应该进行必要的审核。通过文档的审核，可以检查是否存在错误的事项或者一些不合理的事项。撰写者和审核者所处的岗位不同、知识结构不同，对于一个文档如何撰写的角度和看法也会不同，在后续的审核过程中要能够很好地进行文档的校正。同时，文档的审核机制也可以明确各自岗位的责任。

10.3.7 制订项目培训计划

1. 确认培训与人力资源发展预算

制订培训计划工作的最佳起点是确认公司将有多少预算要分配于培训和人力发展。在不确定是否有足够的经费支持的情况下，制订任何综合培训计划都是没有意义的。通常培训预算都是由公司决策层决定的，但是人力资源部应该通过向决策层呈现出为培训投资的“建议书”，说明为什么公司应该花钱培训，公司将得到什么回报。在不同行业，公司的培训预算的差异可能很大，但通常外资企业的培训预算在营业额的1% ~1.5%。人力资源部需要管理的是培训预算被有效地使用，并给公司带来效益。

2. 分析员工评价数据

公司的评价体系应该要求经理们和员工讨论个人的培训需求。如果公司的评价体系做不到这一点，说明公司的评价体系不够科学，需要改善这一个功能。这是关于“谁还需要培训什么”的主要信息来源。当然，也可能有时会被公司指定，为了实施新的质量或生产系统而进行全员培训。人力资源部的职责是负责收集所有的培训需求，有时部门经理可能会提出些建议，指出目前有什么类型的培训是最适合部门经理的下属员工。

3. 制订课程需求单

根据培训需求，列出一个单子，上面列明用来匹配培训需求的所有种类的培训课程。这可能是一个很长的清单，包含了针对少数员工的个性化的培训需求（甚至是一个单独的个人），当然也包含了许多人都想参加的共性化的培训需求。

4. 修订符合预算的清单

经常会遇到的情况是总培训需求量将超出培训预算。在这种情况下，需要进行先后排序，并决定哪些课程将会提供和哪些课程不会。最好的办法是通过咨询部门经理，给他们一个机会说哪些培训是最重要的。基本的考虑是使培训投入为公司达到最佳绩效产出；哪些课程可能对参训员工绩效产生最积极的影响，进而提升公司的总业绩。如果某些有需求的培训无法安排，提出改需求的员工应该得到回应。人力资源部应考虑是否有任何其他方式来满足需求，例如通过岗位传帮带或者轮岗去完成知识传递。

5. 确定培训的供应方

当有了最终版的课程清单，接下来需要决定如何去寻找这些培训的供应方。首先是决定使用内部讲师还是聘请外部讲师。内部讲师的好处是成本较低，而且有时比外部讲师优秀（因为内部讲师更了解组织现状和流程）。然而，有时内部无法找到讲授某个课程的专家，这时就必须寻找外部讲师。另外，对于许多类型的管理培训（尤其是高管培训）外部讲师比内部讲师往往有更多的可信度，这就是通常说的“外来的和尚好念经”。这样说并不一定公平，但确实存在这种现象。

6. 制订和分发开课时间表

人力资源部应该制订一份包含所有计划运营培训的开课时间表，列明开课的时间和地点。一种通常的做法是制作一本包含相关信息的小册子，例如课程描述。这本小册子将被分发给所有的部门作为一份参考文件（某些组织将拷贝发给所有员工）。

7. 为培训安排后勤保障

培训的后勤保障需要确保：运营该课程（不管在内部或外部）的地点，学员住宿（如果需要的话）和所有的设备和设施，如活动挂图、记号笔、投影机等。还要确保教材的复印件可供给每个参训者。这听起来很平常，但常常出错的就是这些方面。最好的做法是假定会出差错，二次确认后勤安排，特别是如果使用酒店或其他一些外部的地点进行培训时。

8. 安排课程对应的参训人员

即使这看起来像一个简单的任务，安排课程对应的参训人员有时可能会有困难。基本上要告知参训人员预订的培训地点，送他们参加培训，告诉他们去哪儿，什么时候到，也许还要建议他们带计算器或在培训前完成一份问卷。公司通常提前两或三个月通知培训报名，以便参训人可以安排好他们的时间表，在培训日时有时间参加。很常见的情况是，一些参训者在最后一刻取消报名（通常是由于工作的压力），所以要有备选学员可以候补空余的培训名额。

9. 课后评估，并据此采取行动

培训投资应尽可能有效，就像任何其他的投资，应该评估取得的结果。最明了的方式是让参训者上完每门课程后都填写课程评估表格，所有评估表格应由人力资源部作为对讲师的授课质量的检查。有持续好评，代表这门课程取得了成果；如果有持续受到劣评的课程，就要利用这些数据来决定什么需要改变（内容、持续时间或主持人等等），采取行动改变以令课程得到优化提升。

10.3.8 制订项目监控计划

制定项目监督计划和过程并控制活动，直到项目结束。

（1）参与角色 项目经理。

（2）启动准则 “项目计划”已经完成。

（3）过程活动

1）确定项目监控需要的资源，主要包括成本跟踪、工作量报告、项目管理和进度。

2）分配职责，确定项目监控人及其职责和权限，确定相关人员并使之理解分配给他们的职责和权限并接受任务。对于小型项目，可能是项目经理作为项目监控人员，进行项目监控的活动。

3）确定需求管理的共同利益者并确定其参与时机。项目经理列出与监控相关的具体的共同利益者清单和参与时机。

4）制定纠正措施审批规程。

（4）工作产品 “项目计划”、项目监控计划。

（5）结束准则“项目计划”、项目监控计划文档已经完成。

10.3.9 制订项目进度表

1. 使用一个先前就有的工作计划

项目经理以前可能没有管理过类似的进度表，但组织中的其他人可能有过这种经历。如果软件开发团队保存了以前的项目进度表，项目经理可能能够从中找到一个相似的进度表。这将帮助他建立一个现实的项目进度表。

2. 使用一个项目模板

软件开发团队可能没有保存以前的进度表，但可以使用进度表模板。例如，软件开发人员可能拥有重复开发、软件包执行、研究员项目等项目的进度表模板。这些模板将为项目的80%的行动提供指导，稍微进行一些修改就能够加以利用。

10.3.10 合成项目计划和从属计划

（1）项目经理评审项目从属计划，确定是否与项目计划一致。

（2）项目经理将从属计划与项目计划相结合。

（3）项目经理结合开发的关键因素和项目风险顺序安排任务进度。在进度安排中要考虑的因素有以下内容：任务的规模和复杂度、集成和测试问题、最终用户的需求、关键资源的可用性、关键人员的可用性。

（4）项目经理在预计的资源与可用的资源之间求得平衡。

（5）如果现有的资源不足，一般通过以下方式实现它们之间的平衡：降低或延缓实现技术性能要求、协商得到更多的资源、寻求提高生产率的途径、采购、对项目人员的技能组合加以调整、修订从属计划或进度。

10.3.11 获得对计划的承诺

（1）承诺的原则　承诺人做出承诺；承诺是公开的；承诺人有责任执行承诺的内容；在承诺期限之内如果很清楚不可能按期完成，应通知相关方进行协商，变更期限。

（2）承诺的方式

1）组织内部承诺：请求承诺可以由项目经理或 QAL（Quality Assurance Laboratory）负责项目计划的评审，以电子邮件的形式发给高层经理、其他评价人员和项目组全体人员。

2）组织外部承诺：可以根据参加承诺的相关方的要求，选择适合的方式。

10.3.12 评审

（1）评审策划　项目经理根据项目的进展确定评审的时间、评审的主要内容和通过评审希望达到的目的。

（2）组织和准备　为了保证评审的成功与顺利，项目经理必须做好评审的组织和准备工作。

（3）评审前沟通　在评审正式进行之前，负责人应该与参加评审的人员进行沟通并通知 QAL，确定评审的时间、地点、内容、目标和议程。沟通方式既可以是举行一个会议，也可以通过电子邮件或电话方式进行。

（4）评审　评审开始后，评审负责人在必要时需要介绍背景和目标，然后根据议程使用适合的检查表进行评审。

（5）评审纪录　记录员记录评审的问题和做出的决定，评审结束后，将评审整理成册，并送评审负责人确认后分发给参加评审的所有人员，同时将评审记录归档。

（6）评审问题管理　评审负责人按照“评审问题管理表”的记录检查评审问题的处理结果，确认问题已经得到解决后，关闭这个问题。当所有问题都解决后，将“评审问题管理表”归档。

10.3.13　跟踪项目计划与评估工作量

1. 跟踪项目计划

项目计划是项目管理的第一步，它可以让思想成为产品。一个项目的管理是否混乱的判断首先应该从项目计划开始。以一个项目为例，可以将从混乱到清晰的状态分成几种情况：

第一种是知道目标，知道现在该作什么，知道将来该做什么，称之为“清晰”。

第二种是知道目标，知道现在可以做什么，但是不清楚将来该做什么，这称之为“半混乱或者半清晰”。

第三种是什么都不知道，那就是“混乱”。

实际遇到的大部分是第二种情况。在这种情况下，项目开始是有计划的。出现这种情况大概有以下几种原因：

（1）对计划认识不清，长远计划或者是整体计划不实际、不准确、不具备实施的指导意义。

（2）计划是为了应付领导或者用户，仅以此搪塞而已，而且领导/用户对拖延、返工司空见惯，不足为奇，所以就完全接受。

（3）计划不够周密，计划总是赶不上变化，总是出现较大的差错，久而久之失去耐心就置之不理。

实际操作中几乎不可能100%的遵照计划，总有些没有想到的事情，这些事情就会影响计划的实施。计划是为了使事情变简单，使事情可见，但是如果计划被变化打乱，那就必然重回混沌状态，计划也就成了摆设！计划被打乱不足为奇，关键是及时地修正计划，所以对于计划必须有一个跟踪。项目跟踪就是及时发现实施中的问题，能够及时地修改计划，使整个项目处于控制之中。

2. 评估工作量

软件本身是科学的产物，但是在软件开发之中，很多工作却处于原始状态，根本谈不上科学，这尤其表现在工作量的评估上。计划中的任务、时间和资源等内容都是依据工作量来安排的，所以工作量的评估是至关重要的。工作量评估不准，必然会影响成本和进度。工作量的评估是个让人头痛的问题，但这个问题主要是自己造成的。

世界上已经有几种被人称道的工作量评估方法，比如PERT、Delphi、COCOMO等。对于软件工作人员来说，“学”并不是难事，难在是不是愿意去做。变革对任何人来说都是比较难以接受的，但是不变就难以改善。也许这些方法也有不科学的地方，但这是走向科学管理的必要的一步。

10.3.14　风险跟踪与管理

软件项目的风险是指在软件开发过程中可能出现的不确定因素所造成的损失或影响，如资金短缺、项目进度延误、人员变更以及预算和进度等方面的问题。风险是对未来的预示，这意味着，软件风险涉及选择及选择本身包含的不确定性。软件开发过程及软件产品都要面临各种决策的选择，风险介于确定性和不确定性之间，很难以知识把握。另一方面，风险还涉及思想、观念、行为、地点等因素。

软件项目风险会影响项目计划的实现，如果项目风险变成现实，就有可能影响项目的进度，增加项目的成本，甚至使软件项目不能实现。因此有必要对软件项目中的风险进行分析并采取相应的措施加以管理，尽可能减少风险造成的损失。风险是在项目开始之后才对项目的执行过程产生负面的影响，所以项目开始之前风险分析不足，或者项目实施过程中风险应对措施不得力，都有可能造成软件项目的失败。

如果对项目进行风险跟踪管理，就可以最大限度地减少风险的发生。它是为了将不确定因素出现的概率控制到最低，将不确定性所造成的损失减少到最低限度，而对项目全过程中的风险进行识别、分析和应对的过程。在整个软件项目的实施过程中，可能形成风险的因素有很多：在项目启动阶段可能存在项目目标不清晰，与用户沟通少导致项目范围不明确等风险因素；在系统设计阶段可能因为缺乏有经验的分析、设计人员，导致设计的结果不能直接用于程序员的开发；在项目实施阶段可能因为开发环境没有准备好，程序员开发能力差，或用户提出新的功能需求而导致原有设计失效、开发费用超支；还有可能因为开发人员的流动导致项目延期，用户不满意等情况。

由于与用户沟通不畅，对用户的需求了解不足造成的风险，在软件开发项目整个生命周期中都存在，主要包括：需求变更风险、设计风险、过程风险、安装及维护风险。由于管理人员素质不够、经验不足、沟通不畅、任务分配不合理、对项目的控制力度不够造成的各种风险，主要包括：进度风险、预算风险、管理能力风险、信息安全风险。由于技术力量不足、开发环境工具不足造成的风险，主要包括：技术风险、质量风险、软件设计工具风险、软件开发工具风险、员工技能风险。由于公司或项目组内外部环境变化所导致的风险，主要包括：人力资源风险、政策风险、市场风险和营销风险。

软件项目中的风险永远不能全部消除，而只能采用避免、减轻、接受和分担的策略。通过分析找出发生风险的原因，消除这些原因来避免一些特定风险事件的发生。通过降低风险事件发生的概率或衡量得失，来减轻风险对项目的影响。也可采用风险转移的方法来减轻风险对项目的影响。对于一些无法避免的风险，应当接受风险造成的后果或者提前设计相应的应对措施，但这需要一定的资金做后盾。还可以采取分担风险，将风险转移给资金雄厚的独立机构的措施。

在出现不可避免、不可接受的风险时，应采取及时的应对措施。对即将发生的风险，要在每天的晨会上通报给全组人员，并安排负责人进行处理。在定期的会议上通告相关人员目前的主要风险以及它们的状态。把握人员分配状况以及成本和时间因素所带来的附加风险。

10.3.15 变更管理

1. 变更原因分析

（1）范围没有圈定就开始细化。

（2）没有良好的软件结构以适应变化。

（3）用户改变需求。

2. 控制需求变更的策略

（1）需求一定要与投入有显然的联系，否则如果需求变更的成本由开发方来承担，则项目需求的变更就成为必然了。所以，在项目的开始无论是软件开发方还是出资方都要明确这一条：需求变化，软件开发的投入也要变化。

（2）需求的变更要经过出资者的认可，这样才会对需求的变更有成本的概念，能够慎重地对待需求的变更。

（3）小的需求变更也要经过正规的需求管理流程，否则会积少成多。

（4）精确的需求与范围定义并不会阻止需求的变更。并非对需求定义得越细，就越能避免需求的渐变，这是两个层面的问题。太细的需求定义对需求渐变没有任何效果，因为需求的变化是永恒的，并非由于需求细化了，它就不会变化了。

3. 变更控制过程

（1）项目启动阶段的变更预防。

（2）项目实施阶段的变更控制。

（3）项目收尾阶段的总结控制。

需求变更处理流程如图 10-3 所示。

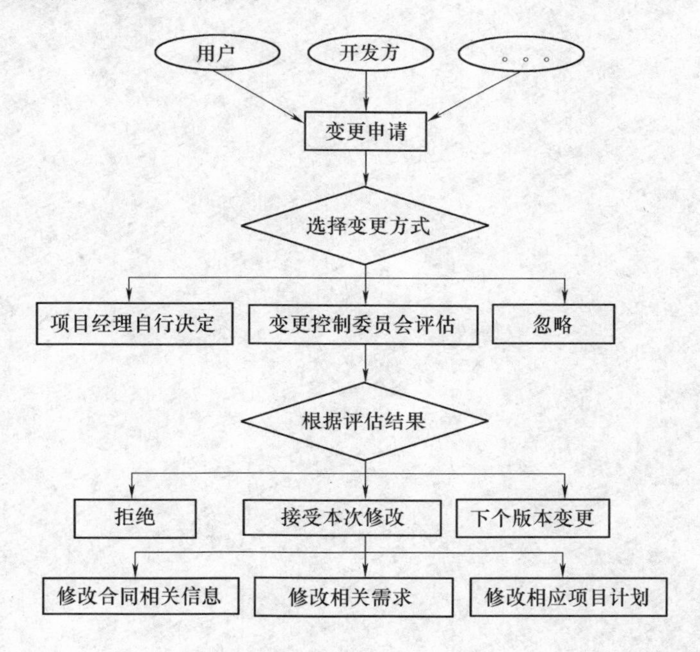

图 10-3　需求变更处理流程

10.3.16　问题管理

（1）收集项目进展过程中的问题并分析问题，确定是否采取纠正措施。

（2）确定需要采取的相应纠正措施，避免不适当的纠正措施。

（3）项目经理与相关共同利益者共同评审并达成一致。

（4）项目经理协商改变内部和外部承诺。相关人员负责执行纠正措施。

（5）QAL 发现的不符合项，由相关人员负责对应解决。

（6）在项目内部无法解决的问题，通过周报或其他方式向高层经理汇报。

（7）项目经理跟踪纠正措施的完成情况。

10.3.17 项目总结

对项目进行总结，内容包括项目目标、项目工作量情况、项目进度情况、项目缺憾情况、项目需求管理情况、风险管理情况、经验和教训。

项目经理召集项目全体人员参加项目总结会。项目经理编制“项目终结报告”，高层经理、SPEG、QAL对项目总结报告进行管理评审。项目经理提交可能纳入组织过程财富库的文件。

CM（配置管理）负责将所有工作文件归档。

【实战练习】

请结合本章知识点，综合软件项目开发流程，阐述“在线考试系统”的自适应构件工作流程和策略。

参 考 文 献

[1] 张家浩. 现代软件工程 [M]. 北京：机械工业出版社，2008.
[2] 李代平，等. 软件工程综合案例 [M]. 北京：清华大学出版社，2009.
[3] 窦万峰，等. 软件工程方法与实践 [M]. 北京：机械工业出版社，2009.
[4] 谭庆平，毛新军，董葳. 软件工程实践教程 [M]. 北京：高等教育出版社，2009.
[5] 张俊兰，王文发，马乐荣，冯伍. 软件工程 [M]. 西安：西安交通大学出版社，2009.
[6] 张权范. 软件工程基础 [M]. 北京：北京交通大学出版社，2009.
[7] 肖丁，吴建林，周春燕，修佳鹏. 软件工程模型与方法 [M]. 北京：北京邮电大学出版社，2008.
[8] 韩万江，姜立新. 软件项目管理案例教程 [M]. 北京：机械工业出版社，2005.